REKURSIVE FUNKTIONEN

VON

Prof. Dr. RÓZSA PÉTER

EÖTVÖS LORÁND UNIVERSITÄT, BUDAPEST

ZWEITE, ERWEITERTE AUSGABE

1957

AKADEMIE-VERLAG · BERLIN

Erschienen im Akadémiai Kiadó, Budapest, in Arbeitsgemeinschaft mit dem Akademie-Verlag GmbH.,
Berlin W 8, Mohrenstrasse 39
Lizenz-Nr. 202 · 100/161/57

Gesamtherstellung: Szegeder Druckerei, Szeged, Bestell- und Verlagsnummer 5264 Printed in Hungary

VORWORT

Die Theorie der rekursiven Funktionen gehört eigentlich zur Zahlentheorie: hier handelt es sich ja sozusagen um die Funktionenlehre der Zahlentheorie. Der Stoff kann also das Interesse aller Mathematiker erwecken. Sogar für die Naturwissenschaften ist er nicht ohne Interesse. Durch den Begriff der rekursiven Funktion werden solche Funktionen abgegrenzt, deren Werte sich an allen konkreten Stellen effektiv berechnen lassen; und in den Naturwissenschaften sind gerade solche Funktionen brauchbar. Die Variablen der rekursiven Funktionen durchlaufen zwar nicht sämtliche reelle Zahlen, sondern nur die natürlichen, doch operiert sowohl die Wahrscheinlichkeitsrechnung, als auch die Quantentheorie mit Funktionen dieser Art; und unlängst begann die Anwendung der rekursiven Funktionen auch in der Analysis.

Eben darum wurde dieses Buch so geschrieben, dass es auch von in der mathematischen Logik Unkundigen ohne Schwierigkeiten gelesen werden könne. Die Behandlung des Stoffes ist nicht formalistisch. Obwohl sich der axiomatische Aufbau der rekursiven Zahlentheorie als ein Teil des Systems der ganzen Zahlentheorie[1]) oder für gewisse Untersuchungen selbständig[2]) als nützlich erwiesen hat, scheint jedoch sogar für die Forscher der mathematischen Grundlagen eine Behandlungsweise erwünschter, die sich auf die unmittelbare Einsicht beruft. Es hat ja einerseits das Auftauchen der mengentheoretischen Antinomien den Wunsch erweckt: möglichst weite Gebiete der Mathematik sich auf die keinen Widerspruch zulassende, unmittelbare Evidenz berufend aufzubauen; andererseits können in der Untersuchung der bedenklichen Gebiete zu Widerspruchsfreiheitsbeweisen nur solche, sich auf die unmittelbare Einsicht berufende Mittel benutzt werden.

Das Buch trachtet überall auch den Weg zu zeigen, der zum angewandten Verfahren führt. Die Behandlungsweise ist vollständig elementar. Aus den berührten Gebieten (elementare Zahlentheorie, Analysis, Mengenlehre, besonders Theorie der transfiniten Ordnungszahlen) wird nur die Kenntnis der ersten Elemente vorausgesetzt. Statt komplizierte allgemeine Beweise zu geben, werden

---

1) Hilbert—Bernays [1].

2) Curry [1] und [2].

die Methoden möglichst an Beispielen gezeigt; dabei wird es angegeben, in welchen Arbeiten die allgemeinen Beweise zu finden sind.

Die Anwendungen der rekursiven Funktionen werden in diesem Buch nur kurz erwähnt. Es gehören ja unter die Anwendungen die wichtigsten Kapitel der mathematischen Grundlagenforschung; ihre ausführliche Behandlung würde selbständige Bände erfordern.

Die Gliederung der einzelnen Kapitel ist im Inhaltsverzeichnis zu finden; hier kann man einen Überblick über den ganzen behandelten Stoff gewinnen. Von den oft benutzten primitiv-rekursiven Funktionen (und auch von ihrem Aufbau) gibt die Tabelle am Ende des § 2 einen Überblick.

Zum Schluss möchte ich Herrn Professor Dr. L. Kalmár in Szeged meinen Dank aussprechen dafür, dass er das Manuskript sorgfältig durchgelesen und mich, wie in meiner ganzen Arbeit, auch beim Verfassen dieses Buches mit seinen wertvollen Ratschlägen unterstützt hat. Herrn E. Hódi in Budapest bin ich für sorgfältige Mithilfe an der Korrektur zum Dank verpflichtet.

Der Ungarischen Akademie der Wissenschaften schulde ich besonderen Dank. Dieses Buch wurde nämlich ursprünglich als ein Band der internationalen Serie „Studies in Logic“ (Amsterdam) geschrieben. Aber als es schon fast beendet war, wurden mir entgegen getroffenen Vereinbarungen unannehmbare neue Bedingungen gestellt. Da kam mir die Ungarische Akademie der Wissenschaften zu Hilfe, und war bereit das Buch ohne Verzögerung in deutscher Sprache herauszugeben.

Budapest, den 15-ten Oktober 1950.

Rózsa Péter

VORWORT ZUR ZWEITEN AUFLAGE

Seit der ersten Auflage sind 5 Jahre vergangen. Es hat sich während dieser Zeit eine ausgedehnte Literatur über rekursive Funktionen zu der bisherigen angeschlossen; ich registriere auch diese in der zweiten Auflage. 1954 ist eine russische Übersetzung des Buches in der Sowjetunion, mit einem Vorwort von A. N. Kolmogorov erschienen. Ich bin ihm für seine Bemerkungen sehr dankbar, und auch den Verfassern der Rezensionen der ersten Auflage: R. M. Robinson (The Journ. of Symb. Log. 1951), S. C. Kleene (Bulletin of the Amer. Math. Soc. 1952), W. Markwald (Zentralblatt f. Math. u. ihre Grenzgebiete 1952), D. Nelson (Math. Reviews 1952) und L. Kalmár (Acta Sci. Math. 1952). In der zweiten Auflage habe ich ihre Bemerkungen berücksichtigt, und auch sonst einige Änderungen vorgenommen. So habe ich hier zum Beispiel den wichtigen Begriff der partiell-rekursiven Funktionen früher und mit stärkerer Betonung eingeführt. Auf die Anwendungen der allgemein-rekursiven Funktionen konnte ich auch hier nicht näher eingehen; das würde einen zweiten Band verlangen.

Es wurde auch darauf hingewiesen, dass ich zur Frage der Identifikation der Berechenbarkeit mit der Allgemein-Rekursivität in der ersten Auflage nicht eindeutig Stellung genommen habe. Es war aber damals meine Absicht, die möglichen Auffassungen in dieser Frage nebeneinander zu stellen. Meine eigene Ansicht war immer, dass der Begriff der Allgemein-Rekursivität zwar eine sehr zu begrüssende Verallgemeinerung der speziellen Rekursionsbegriffe, welche die einheitliche Behandlung des bisherigen Stoffes ermöglicht, aber auch selbst nur eine Stufe — wenn auch eine sehr hohe Stufe — der Verallgemeinerung ist, und damit nicht das letzte Wort in dieser Hinsicht gesagt wurde. Ein „letztes Wort" ist hier nach meiner Meinung garnicht möglich: der Begriff der Berechenbarkeit kann nicht ein für allemal endgültig erfasst werden. Diese Ansicht wurde in letzter Zeit sehr stark unterstützt durch die neuen Ergebnisse von L. KALMÁR, die ich in der zweiten Auflage in Nr. 2 des § 19 und in Nr. 8 des § 21 aufgenommen habe.

Als neuer Stoff werden ausserdem in der zweiten Auflage die Ergebnisse von GRZEGORCZYK über eine — auch die Klasse der elementaren Funktionen enthaltende — unendliche Folge von immer umfassenderen Funktionenklassen erwähnt, die mit Hilfe von beschränkten primitiven Rekursionen definiert werden, und insgesamt die Klasse der primitiv-rekursiven Funktionen ergeben; daran schliesst sich mein Beweis dafür, dass die *beschränkte eingeschachtelte mehrfache Rekursion* nicht über die Klasse der primitiv-rekursiven Funktionen hinausführt. Meine Untersuchungen über Rekursionen der HILBERTschen höheren Stufen und über Rekursionen, wobei frühere Funktionswerte von variabler Anzahl verwendet werden, wurden bereits in die russische Übersetzung meines Buches aufgenommen; auch mit ihnen wird die zweite Auflage ergänzt.

Budapest, den 15-ten Dezember 1955.

Zusatz bei der Korrektur:

In der letzten Zeit haben die rekursiven Funktionen in der Theorie der Relias-Kontakt-Systeme, in der Theorie der Programmierung der Rechenautomaten und in der Kibernetik eine wichtige Rolle erhalten. Neulich haben sich auch ungarische Mathematiker (L. KALMÁR, R. PÉTER, B. DÖMÖLKI) an diese Untersuchungen angeschlossen; aber die Vergleichung ihrer Ergebnisse mit den bezüglichen ausländischen Ergebnissen würde ein gründlicheres Durchstudieren der ausländischen Literatur erfordern, als dies unter den heutigen Verhältnissen möglich ist. So kann ich leider auf diese Anwendungen der rekursiven Funktionen in dieser Aflage nicht eingehen.

Budapest, den 20-ten Dezember 1956.

Rózsa Péter

§ 1. DIE ÜBLICHE DEFINITION VON ZAHLENTHEORETISCHEN FUNKTIONEN DURCH ÜBERGANG VON n ZU $n+1$

1. Man erhält die natürlichen Zahlen, wenn man von 0 oder von 1 ausgeht (in diesem Buch immer von 0), und immer wieder um 1 weiterzählt. Darum ist in der Wissenschaft der natürlichen Zahlen, in der elementaren Zahlentheorie, dieses „um 1 Weiterzählen" eine der wichtigsten Methoden. Die Aussagen über natürliche Zahlen lassen sich meistens so beweisen, dass man von n auf $n+1$ schliesst; und es ist üblich, zahlentheoretische Funktionen so zu definieren, dass der Funktionswert an der Stelle 0, und ausserdem die Art angegeben wird, wie der für $n+1$ angenommene Funktionswert aus an vorherigen Stellen angenommenen Funktionswerten gewonnen werden kann.

2. Die einfachste der vier Spezies, nämlich die Addition einer natürlichen Zahl zu einer anderen natürlichen Zahl a, kann so ausgeführt werden, dass man die Einheiten der betreffenden Zahl einzeln zu a hinzuzählt. Die Addition von $n+1$ zu a kann daher so geschehen, dass zum Ergebnis $a+n$ der Addition von n noch eine 1 addiert wird. Das heisst, wenn die Summe $a+n$ mit $\varphi(n, a)$ bezeichnet wird, so ist

$$\varphi(0, a) = a$$
$$\varphi(n+1, a) = \varphi(n, a) + 1.$$

Hier wurde also die Funktion $\varphi(n, a) = a + n$ mit Hilfe der einfacheren Funktion $\beta(a) = a + 1$ wie folgt definiert:

$$\varphi(0, a) = a$$
$$\varphi(n+1, a) = \beta(\varphi(n, a)).$$

Obwohl die Operation des Weiterzählens β ein Spezialfall der Addition, nämlich $\beta(a) = \varphi(1, a)$ ist, betrachtet man diese Operation mit Recht als einfacher als die Addition; nicht nur, da sie einstellig, die Addition dagegen zweistellig ist, sondern auch, weil sie auch geschichtlich der Addition vorangeht. Auch das Kind, bevor es noch addieren kann, weiss, dass 10 auf 9 folgt (und auch später berechnet es nicht durch Addition von 1, welche Zahl auf 9 folgt). Man kann natürlich die Definition der Addition auch wie folgt schreiben:

$$\varphi(0, a) = a$$
$$\varphi(\beta(n), a) = \beta(\varphi(n, a));$$

und ähnliches gilt weiter unten für die Definitionen anderer Funktionen.

In analoger Weise bedeutet die Multiplikation von a mit den Zahlen $1, 2, 3, \ldots$, dass a 1-mal, 2-mal, 3-mal, ... addiert wird; bei dem Multiplizieren mit $n+1$ wird also noch ein a zum Ergebnis $n \cdot a$ des Multiplizierens mit n addiert. Das heisst, wird jetzt das Produkt $n \cdot a$ mit $\varphi(n, a)$ bezeichnet, so ist

$$\varphi(0, a) = 0$$
$$\varphi(n+1, a) = \varphi(n, a) + a.$$

Ähnlich sieht man ein, dass der Potenzwert a^{n+1} aus dem Wert a^n durch Multiplizieren mit noch einem a hervorgeht; ist also in diesem Fall $\varphi(n, a) = a^n$, so ist

$$\varphi(0, a) = 1$$
$$\varphi(n+1, a) = \varphi(n, a) \cdot a.$$

(Hier wurde der Wert von $\varphi(0, a)$ für alle a als 1 angegeben; damit ist in der Definition auch das Übereinkommen enthalten, dass unter dem sonst unbestimmten Wert 0^0 hier 1 verstanden wird.)

3. Da wir im Gebiete der nicht-negativen ganzen Zahlen bleiben wollen, können wir nicht unbeschränkt die Differenz zweier Zahlen definieren. Statt dessen können wir eine Funktion $a \dot{-} n$ gut gebrauchen, worunter für $a \geqq n$ die Differenz $a - n$, und für $a < n$ (in welchem Fall $a - n$ negativ sein würde) 0 verstanden wird. ($a \dot{-} n$ ist also allgemein der „positive Teil" von $a - n$, wobei unter dem positiven Teil einer positiven Zahl oder von 0 die Zahl selbst, unter dem positiven Teil einer negativen Zahl aber 0 verstanden wird.)

Auch dieses modifizierte Subtrahieren einer Zahl kann so geschehen, dass man die in der Zahl enthaltenen Einheiten einzeln abzieht, aber nur so lange, bis man zu 0 kommt; von hier an wird diese neuartige Differenz immer 0 sein. Zieht man auf diese Art $n+1$ von a ab, so erhält man also um 1 weniger, als wenn man n abzieht — vorausgesetzt, dass nach dem Abziehen von n noch wenigstens 1 übrig geblieben ist; wenn nicht, so ist das Ergebnis dasselbe, nämlich 0. Daher ist das Ergebnis bei dieser „arithmetischen" Subtraktion von $n+1$ nicht $(a \dot{-} n) - 1$, sondern $(a \dot{-} n) \dot{-} 1$; das heisst, ist $\varphi(n, a) = a \dot{-} n$, so ist

$$\varphi(0, a) = a$$
$$\varphi(n+1, a) = \varphi(n, a) \dot{-} 1.$$

In dieser Definition wurde die „arithmetische" Subtraktion von 1 benutzt. $n \dot{-} 1$ bedeutet die Differenz $n-1$, solange $n \geqq 1$ ist, und wird zu 0, wenn $n=0$ ist. Wird $\varphi(n)=n \dot{-} 1$ gesetzt, so ist daher

$$\varphi(0)=0$$
$$\varphi(n+1)=n.$$

4. Eine Summe mit beliebig vielen Gliedern und ein Produkt mit beliebig vielen Faktoren kann ebenfalls leicht durch Übergang von n zu $n+1$ definiert werden. Ist zum Beispiel eine Funktion $\alpha(n, a_1, \ldots, a_r)$ von beliebig vielen Variablen bereits bekannt, so erhält man, indem man die Funktionswerte für $n=0, 1, 2, \ldots$ addiert bzw. multipliziert,

$$\sum_{i=0}^{0} \alpha(i, a_1, \ldots, a_r) = \alpha(0, a_1, \ldots, a_r)$$
$$\sum_{i=0}^{n+1} \alpha(i, a_1, \ldots, a_r) = \left\{ \sum_{i=0}^{n} \alpha(i, a_1, \ldots, a_r) \right\} + \alpha(n+1, a_1, \ldots, a_r),$$

bzw.

$$\prod_{i=0}^{0} \alpha(i, a_1, \ldots, a_r) = \alpha(0, a_1, \ldots, a_r)$$
$$\prod_{i=0}^{n+1} \alpha(i, a_1, \ldots, a_r) = \left\{ \prod_{i=0}^{n} \alpha(i, a_1, \ldots, a_r) \right\} \cdot \alpha(n+1, a_1, \ldots, a_r).$$

$\sum_{i=a}^{b}$ und $\prod_{i=a}^{b}$ sind für $b<a$ zunächst nicht definiert. Ich werde unter einer solchen Summe 0, und unter einem solchen Produkt 1 verstehen. Mit diesem Übereinkommen kann die Summe zwischen beliebigen Grenzen definiert werden:

$$\sum_{i=m}^{n} \alpha(i, a_1, \ldots, a_r) = \begin{cases} 0, \text{ falls } m>n \\ \sum_{i=0}^{n} \alpha(i, a_1, \ldots, a_r), \text{ falls } m=0 \\ \sum_{i=0}^{n} \alpha(i, a_1, \ldots, a_r) - \sum_{i=0}^{m-1} \alpha(i, a_1, \ldots, a_r), \text{ falls } 0<m \leqq n. \end{cases}$$

Freilich könnte auch das Produkt zwischen beliebigen Grenzen in analoger Weise definiert werden, nur übernimmt dann die Rolle der Subtraktion die Division, von welcher erst später die Rede sein wird. Ausserdem bedeutet hierbei das Auftreten von 0-Faktoren einen Ausnahmefall. Um dies zu vermeiden, kann $\prod_{i=m}^{n} \alpha(i, a_1, \ldots, a_r)$ für $n>m$ durch $\prod_{i=0}^{n \dot{-} m} \alpha(i+m, a_1, \ldots, a_r)$ definiert werden.

5. Die Trennung der einzelnen Fälle muss nicht in Worten geschehen. $m > n$, $m = 0$ und $0 < m \leqq n$ sind sich gegenseitig ausschliessende Möglichkeiten, aber eine von diesen gilt immer, wie man auch m und n wählt. Es ist leicht die „charakteristischen Funktionen" dieser Beziehungen anzugeben; das heisst, solche Funktionen $\beta_1(m, n)$, $\beta_2(m, n)$ und $\beta_3(m, n)$, dass

$$\beta_1(m, n) = \begin{cases} 1, \text{ falls } m > n \\ 0 \text{ sonst,} \end{cases} \qquad \beta_2(m, n) = \begin{cases} 1, \text{ falls } m = 0 \\ 0 \text{ sonst,} \end{cases}$$

$$\beta_3(m, n) = \begin{cases} 1, \text{ falls } 0 < m \leqq n \\ 0 \text{ sonst;} \end{cases}$$

und mit diesen kann $\sum_{i=m}^{n} \alpha(i, a_1, \ldots, a_r)$ so aufgeschrieben werden, dass die in den einzelnen Fällen angenommenen Werte mit Hilfe der entsprechenden charakteristischen Funktionen multipliziert und dann addiert werden.

Betrachten wir zunächst die betreffenden charakteristischen Funktionen näher.

$m > n$ ist mit $m \geqq n+1$ und dies mit $(n+1) \dot{-} m = 0$ äquivalent. $\beta_1(m, n)$ ist also eine solche Funktion, die für $(n+1) \dot{-} m = 0$ den Wert 1, und sonst 0 annimmt. $\beta_1(m, n)$ hängt also sozusagen vom „Vorzeichen" der Funktion $(n+1) \dot{-} m$ ab. Es ist nämlich unter den Zahlen mit Vorzeichen die folgende signum-Funktion gebräuchlich:

$$\operatorname{sign}(a) = \begin{cases} 1, & \text{falls } a \text{ positiv ist} \\ 0, & \text{„} \quad a = 0 \\ -1, & \text{„} \quad a \text{ negativ ist.} \end{cases}$$

Hier kommen aber negative Zahlen nicht in Betracht, also lautet die Definition der entsprechenden Funktion (die wir zur Unterscheidung mit sg bezeichnen):

$$\operatorname{sg}(0) = 0$$
$$\operatorname{sg}(n+1) = 1.$$

Aber $\beta_1(m, n)$ verhält sich zu $\operatorname{sg}((n+1) \dot{-} m)$ entgegengesetzt: sein Wert ist 1, falls dies 0 ist, und umgekehrt. Wird die Funktion, die sich „entgegengesetzt" zu $\operatorname{sg}(n)$ verhält, mit $\overline{\operatorname{sg}}(n)$ bezeichnet, so ist

$$\overline{\operatorname{sg}}(0) = 1$$
$$\overline{\operatorname{sg}}(n+1) = 0$$

(es ist freilich $\overline{\operatorname{sg}}(n) = 1 - \operatorname{sg}(n) = 1 \dot{-} \operatorname{sg}(n)$; und wegen unseres früheren Übereinkommens über die Potenz ist auch $\overline{\operatorname{sg}}(n) = 0^n$), und

$$\beta_1(m, n) = \overline{\operatorname{sg}}((n+1) \dot{-} m).$$

Da ferner der Wert $\beta_2(m, n)$ gleich 1 oder 0 ist, je nachdem $m = 0$ oder $m \neq 0$ gilt, so ist

$$\beta_2(m, n) = \overline{\mathrm{sg}}\,(m).$$

Im Fall von $\beta_3(m, n)$ ist endlich zu bedenken, dass $0 < m \leqq n$ mit der Aussage: „$1 \leqq m$ und $m \leqq n$“, ferner diese mit der Aussage „$1 \dot{-} m = 0$ und $m \dot{-} n = 0$“ äquivalent ist; die Letzte gilt aber dann und nur dann, wenn

$$(1 \dot{-} m) + (m \dot{-} n) = 0$$

ist. $\beta_3(m, n)$ muss eben in diesem Fall 1 und sonst 0 sein; daher ist

$$\beta_3(m, n) = \overline{\mathrm{sg}}\,((1 \dot{-} m) + (m \dot{-} n)).$$

6. Wie bereits in der vorigen Nummer erwähnt, lässt sich die Summe mit Zuhilfenahme der charakteristischen Funktionen folgendermassen aufschreiben:

$$\sum_{i=m}^{n} \alpha(i, a_1, \ldots, a_r) = \beta_1(m, n) \cdot 0 + \beta_2(m, n) \cdot \sum_{i=0}^{n} \alpha(i, a_1, \ldots, a_r) +$$
$$+ \beta_3(m, n) \cdot \left(\sum_{i=0}^{n} \alpha(i, a_1, \ldots, a_r) - \sum_{i=0}^{m-1} \alpha(i, a_1, \ldots, a_r) \right).$$

Es wird ja für ein beliebiges Paar (m, n) der β-Faktor des entsprechenden Funktionswertes gleich 1, und die zu den anderen Fällen gehörigen β-Faktoren werden zu 0. (Das erste Glied ist stets 0, und könnte daher freilich auch weggelassen werden.)

Auf diese Weise ist $\sum_{i=m}^{n} \alpha(i, a_1, \ldots, a_r)$ nur mit Hilfe von solchen Funktionen angegeben, die sich mit Übergang von n zu $n+1$ definieren lassen (die vorkommenden Differenzen können durch arithmetische Differenzen ersetzt werden, denn sie kommen nur dann in Frage, wenn der Minuend nicht kleiner als der Subtrahend ist).

Ganz ähnlich verfährt man mit anderen „zusammengeflickten“ Definitionen, bei denen die Funktionswerte in mehreren — einander gegenseitig ausschliessenden — Fällen in verschiedener Weise angegeben werden: Sind $\alpha_1, \alpha_2, \ldots, \alpha_k$ und $\beta_1, \beta_2, \ldots, \beta_k$ bereits bekannte Funktionen der Variablen $a_1, \ldots, a_r$, und ist bei jeder Wahl der Variablen ein und nur ein β_i gleich 0, so kann die durch

$$\varphi(a_1, \ldots, a_r) = \begin{cases} \alpha_1(a_1, \ldots, a_r), & \text{falls } \beta_1(a_1, \ldots, a_r) = 0 \\ \alpha_2(a_1, \ldots, a_r), & \text{,, } \beta_2(a_1, \ldots, a_r) = 0 \\ \ldots\ldots\ldots\ldots & \\ \alpha_k(a_1, \ldots, a_r), & \text{,, } \beta_k(a_1, \ldots, a_r) = 0 \end{cases}$$

definierte Funktion $\varphi(a_1, \ldots, a_r)$ auch folgendermassen aufgeschrieben werden:

$$\begin{aligned}\varphi(a_1, \ldots, a_r) = \alpha_1(a_1, \ldots, a_r) \cdot \overline{\mathrm{sg}}\,(\beta_1(a_1, \ldots, a_r)) + \\ + \alpha_2(a_1, \ldots, a_r) \cdot \overline{\mathrm{sg}}\,(\beta_2(a_1, \ldots, a_r)) + \\ \cdot \quad \cdot \quad \cdot \quad \cdot \quad \cdot \quad \cdot \quad \cdot \\ + \alpha_k(a_1, \ldots, a_r) \cdot \overline{\mathrm{sg}}\,(\beta_k(a_1, \ldots, a_r)).\end{aligned}$$

Falls die Bedingungen für die verschiedenen Fälle, in welchen die Funktionswerte von φ auf verschiedene Weise definiert werden, nicht in der Form $\beta(a_1, \ldots, a_r) = 0$ angegeben werden (wie z. B. oben: $m > n$ und $0 < m \leqq n$), so sollen sie natürlich zuerst auf diese Form gebracht werden (falls dies möglich ist), d. h. man hat die charakteristischen Funktionen der entsprechenden Beziehungen aufzusuchen.

7. Am Ende von Nr. **5** war zu bedenken, dass die Aussage: „$1 \dot{-} m = 0$ und $m \dot{-} n = 0$“ dann und nur dann wahr ist, wenn

$$(1 \dot{-} m) + (m \dot{-} n) = 0.$$

Allgemein kann die Summe nicht-negativer Zahlen dann und nur dann 0 sein, wenn jedes Glied 0 ist. Wenn daher $\alpha(n, a_1, \ldots, a_r)$ nur nicht-negative Werte annimmt, so ist für ein beliebiges r-tupel $a_1, \ldots, a_r$ der Wert von

$$\mathrm{sg}\left(\sum_{i=0}^{n} \alpha(i, a_1, \ldots, a_r)\right)$$

gleich 0 oder 1, je nachdem der Wert von $\alpha(i, a_1, \ldots, a_r)$ für alle i zwischen 0 und n (die Grenzen einbegriffen) gleich 0 ist oder nicht.

Ein Produkt ist dagegen dann und nur dann gleich 0, wenn wenigstens einer seiner Faktoren 0 ist; so ist für ein beliebiges r-tupel $a_1, \ldots, a_r$

$$\mathrm{sg}\left(\prod_{i=0}^{n} \alpha(i, a_1, \ldots, a_r)\right)$$

gleich 0 oder 1, je nachdem es zwischen 0 und n ein i gibt oder nicht, für welches $\alpha(i, a_1, \ldots, a_r) = 0$ ist.

Statt sg kann auch $\overline{\mathrm{sg}}$ benutzt werden, um auszudrücken, ob für alle i bis n (bzw. ob es ein i bis n gibt für welches) der Wert $\alpha(i, a_1, \ldots, a_r)$ gleich 0 ist; wird nämlich in den vorigen Ausdrücken sg durch $\overline{\mathrm{sg}}$ ersetzt, so wird ihr Wert gleich 1, falls dies der Fall ist, und andernfalls 0. So erhält man die charakteristischen Funktionen der betreffenden Aussagen.

8. Natürlich kann von einer unbeschränkten Division im Gebiete der natürlichen Zahlen wieder keine Rede sein. Dafür kann der ganzzahlige „arithmetische“ Quotient und der Rest der Division betrachtet werden. Ist

$n \neq 0$, so ist der arithmetische Quotient der Division $\frac{a}{n}$ die in $\frac{a}{n}$ enthaltene grösste ganze Zahl: $\left[\frac{a}{n}\right]$. Man kann diese Zahl finden, indem man n der Reihe nach mit $0, 1, 2, \ldots$ multipliziert, und die erste Zahl nimmt, deren Nachfolger mit n multipliziert schon mehr als a ergibt. Unter allen natürlichen Zahlen kann man nicht immer die kleinste Zahl mit einer gegebenen Beschaffenheit effektiv aufsuchen; im vorliegenden Fall kann aber der Quotient nicht grösser als der Dividend sein, also können wir ihn sicher unter den Zahlen bis a (a einbegriffen) finden.

Diese in vielen Worten erzählte Definition lässt sich wieder ohne ein einziges Wort aufschreiben. Erstens ist die Aussage, dass der Nachfolger von i mit n multipliziert eine Zahl grösser als a ergibt, das heisst, dass $(i+1)n > a$ ist, mit $(i+1)n \geqq a+1$ und dies mit

$$(a+1) \dot{-} (i+1)n = 0$$

gleichbedeutend. Ferner ist nach Nr. 7 der Wert

$$\operatorname{sg}\left(\prod_{j=0}^{k}((a+1) \dot{-} (j+1)n)\right)$$

gleich 0 oder 1, je nachdem es zwischen 0 und k (die Grenzen einbegriffen) ein j mit $(a+1) \dot{-} (j+1)n = 0$ gibt oder nicht. Daher sind die Werte von

$$\operatorname{sg}\left(\prod_{j=0}^{0}((a+1) \dot{-} (j+1)n)\right), \quad \operatorname{sg}\left(\prod_{j=0}^{1}((a+1) \dot{-} (j+1)n)\right),$$
$$\operatorname{sg}\left(\prod_{j=0}^{2}((a+1) \dot{-} (j+1)n)\right), \ldots$$

solange gleich 1, bis man zur kleinsten Zahl i gelangt, für welche $(a+1) \dot{-} (i+1)n = 0$ ist; von hier an sind alle Werte

$$\operatorname{sg}\left(\prod_{j=0}^{i}((a+1) \dot{-} (j+1)n)\right), \quad \operatorname{sg}\left(\prod_{j=0}^{i+1}((a+1) \dot{-} (j+1)n)\right), \ldots,$$
$$, \operatorname{sg}\left(\prod_{j=0}^{a}((a+1) \dot{-} (j+1)n)\right)$$

gleich 0. Unter den aufgezählten Werten kommt also 1 für $j = 0, 1, 2, \ldots, i-1$, also gerade i-mal vor. Werden daher diese Werte summiert, so ergeben sie i-mal 1, das heisst:

$$i = \sum_{k=0}^{a} \operatorname{sg}\left(\prod_{j=0}^{k}((a+1) \dot{-} (j+1)n)\right).$$

Dieses i war aber gerade die kleinste Zahl, deren Nachfolger mit n multipliziert mehr als a ergibt; für $n \neq 0$ ist daher $i = \left[\frac{a}{n}\right]$. Durch 0 kann man freilich nicht dividieren; es soll aber übereingekommen werden, dass $\left[\frac{a}{0}\right] = 0$ ist. Dieses Übereinkommen kann auch in die vorherige Definition einbezogen werden: Wenn man mit $\mathrm{sg}(n)$ multipliziert, so ergibt sich 0 für $n = 0$; für alle andere n lässt das Multiplizieren mit $\mathrm{sg}(n) = 1$ das Ergebnis unverändert. Also ist

$$\left[\frac{a}{n}\right] = \mathrm{sg}(n) \cdot \sum_{k=0}^{a} \mathrm{sg}\left(\prod_{j=0}^{k} ((a+1) \dot{-} (j+1)n)\right).$$

Auf diese Art ist $\left[\frac{a}{n}\right]$ mit Hilfe von sg, Σ, Π und $\dot{-}$ ausgedrückt; diese sind aber alle durch Übergang von n auf $n+1$ definiert worden.

9. Allgemein sieht man, genau so, wie im in der vorigen Nummer betrachteten Fall ein, dass falls $\alpha(n, a_1, \ldots, a_r)$ eine bereits bekannte Funktion ist, für welche es zu einem beliebigen r-tupel $a_1, \ldots, a_r$ eine Zahl i unter den Zahlen bis zu einer Schranke n gibt, für die $\alpha(i, a_1, \ldots, a_r) = 0$ ist, dann die kleinste derartige Zahl i als Funktion von $a_1, \ldots, a_r$ folgendermassen aufgeschrieben werden kann:

$$\sum_{k=0}^{n} \mathrm{sg}\left(\prod_{j=0}^{k} \alpha(j, a_1, \ldots, a_r)\right).$$

10. Der Rest der Division $\frac{a}{n}$, das heisst, die kleinste von a und n abhängige nichtnegative Zahl r, zu welcher es ein q gibt, so dass

$$a = qn + r,$$

lässt sich nun folgendermassen aufschreiben. Es ist

$$a = \left[\frac{a}{n}\right] n + r, \quad \text{also} \quad r = a - \left[\frac{a}{n}\right] n;$$

hier kann der Subtrahend nicht grösser als der Minuend sein, die Differenz kann also durch die arithmetische Differenz ersetzt werden. Wird daher der Rest r als Funktion von a und n mit $\mathrm{res}(a, n)$ bezeichnet, so ist

$$\mathrm{res}(a, n) = a \dot{-} \left[\frac{a}{n}\right] n.$$

(Für $n = 0$ ist $\mathrm{res}(a, 0) = a \dot{-} 0 = a$).

Es ist klar, dass für $n \neq 0$ die Zahl a durch n teilbar oder nicht teilbar ist, je nachdem der Rest der Division 0 ist oder nicht:

$$\operatorname{sg}(\operatorname{res}(a, n)) = \begin{cases} 0, & \text{falls } a \text{ durch } n \text{ teilbar ist} \\ 1 & \text{sonst;} \end{cases}$$

und daher ist $\overline{\operatorname{sg}}(\operatorname{res}(a, n))$ die charakteristische Funktion der Teilbarkeit einer Zahl a durch n.

11. Mit Hilfe des Begriffes der Teilbarkeit lassen sich auch die mit dem Primzahlbegriff zusammenhängenden zahlentheoretischen Funktionen definieren.

Das Primzahlsein von n kann auf verschiedene Arten ausgedrückt werden. Zum Beispiel dadurch, dass die Teileranzahl der betreffenden Zahl 2 ist. Die Teiler einer Zahl n können so aufgesucht werden, dass man alle Zahlen von 1 bis n darauf hin untersucht, ob sie n teilen, das heisst, ob $\overline{\operatorname{sg}}(\operatorname{res}(n, i))$ den Wert 1 hat. Wird 1 sovielmal addiert, wieviele Teiler gefunden worden sind, so erhält man die Anzahl der Teiler; also ist die Anzahl der Teiler von n:

$$S(n) = \sum_{i=1}^{n} \overline{\operatorname{sg}}(\operatorname{res}(n, i)).$$

Hierin ist auch das Übereinkommen $S(0) = 0$ enthalten, denn der Wert von $\sum_{i=1}^{0}$ ist ja 0.

(Wenn nicht nach der Teileranzahl, sondern nach der Teilersumme gefragt wird, so werden nicht Einse addiert, so oft ein Teiler i von n, das heisst eine solche Zahl gefunden wird, für welche $\overline{\operatorname{sg}}(\operatorname{res}(n, i)) = 1$ ist; sondern diese Zahlen i selber. Daher erhält man die Teilersumme von n, indem man die Glieder der obigen Summe mit diesen Zahlen i multipliziert:

$$\sum_{i=1}^{n} i \cdot \overline{\operatorname{sg}}(\operatorname{res}(n, i)).\ )$$

Es ist nun n dann und nur dann eine Primzahl, wenn $S(n) = 2$, das heisst $|S(n) - 2| = 0$ ist. Es ist also die charakteristische Funktion der Primzahleigenschaft einer Zahl n

$$\overline{\operatorname{sg}}(|S(n) - 2|).$$

Die Anzahl $\pi(n)$ der Primzahlen bis zu einer Zahl n kann wieder so erhalten werden, dass sovielmal 1 gezählt wird, wieviele Primzahlen bis n vorhanden sind. Der Wert von $\overline{\operatorname{sg}}(|S(i) - 2|)$ ist eben 1, wenn i eine Primzahl, und 0, wenn i keine Primzahl ist; also ist die Anzahl der Primzahlen bis n (n einbegriffen)

$$\pi(n) = \sum_{i=2}^{n} \overline{\mathrm{sg}}(|S(i)-2|).$$

12. In der vorigen Nummer wurde der absolute Betrag einer Differenz benutzt. Dieser kann aber leicht mit Hilfe der arithmetischen Differenz aufgeschrieben werden:

$$|a-b| = (a \dot{-} b) + (b \dot{-} a);$$

es ist ja auf der rechten Seite der Wert des Gliedes, in dem der Minuend kleiner als der Subtrahend ist, gleich 0; und im anderen Glied wird von der grösseren (bzw. nicht kleineren) Zahl die andere abgezogen.

13. Die Primzahleigenschaft von n kann auch dadurch charakterisiert werden, dass $n \geqq 2$ ist, und unterhalb n nicht zwei Zahlen zu finden sind, deren Produkt n wäre. $n \geqq 2$ ist mit $2 \dot{-} n = 0$ gleichbedeutend. Die andere Behauptung ist für $n \geqq 2$ damit gleichbedeutend, dass $(n-1)!^2$ nicht durch n teilbar ist, das heisst, dass

$$\overline{\mathrm{sg}}(\mathrm{res}((n-1)!^2, n)) = 0$$

ist; die hier vorkommende Differenz ist der arithmetischen Differenz gleich, und so erhält man — unter Benutzung dessen, was am Anfang von Nr. 7 hervorgehoben wurde — dass n dann und nur dann eine Primzahl ist, wenn

$$(2 \dot{-} n) + \overline{\mathrm{sg}}(\mathrm{res}((n \dot{-} 1)!^2, n)) = 0$$

ist. Die charakteristische Funktion der Primzahleigenschaft von n (die gleich 1 ist, falls n eine Primzahl, und 0, falls n keine Primzahl ist) kann also auch folgendermassen aufgeschrieben werden:

$$\overline{\mathrm{sg}}((2 \dot{-} n) + \overline{\mathrm{sg}}(\mathrm{res}((n \dot{-} 1)!^2, n))).$$

14. Für $n \geqq 2$ lässt sich aber mit Hilfe der bisher definierten Funktionen auch unmittelbar aufschreiben, dass es zwischen 2 und $n-1$ keine Zahlen a und b gibt, deren Produkt gleich n ist, das heisst, für welche $|ab-n| = 0$ ist. Dass es solche Zahlen a und b gibt, kann nach Nr. 7 durch

$$\prod_{a=2}^{n-1} \prod_{b=2}^{n-1} |ab-n| = 0$$

ausgedrückt werden (für $n = 2$ wird ja unter diesen Produkten 1 verstanden, und sonst ist das Produkt dann und nur dann 0, wenn wenigstens einer der

Faktoren 0 ist). Ist also das Produkt auf der linken Seite nicht 0, das heisst (da hier $n-1=n\dot{-}1$ ist), gilt

$$\overline{\mathrm{sg}}\left(\prod_{a=2}^{n\dot{-}1}\prod_{b=2}^{n\dot{-}1}|ab-n|\right)=0,$$

so gibt es keine solche Zahlen a und b; daher ist n eine Primzahl.

15. Geht man endlich von jener Charakterisierung der Primzahleigenschaft von n aus, dass für alle a und b aus $ab=n$ entweder $a=1$ oder $b=1$ folgt, so muss man zuerst bedenken, dass nicht sämtliche natürliche Zahlen zu untersuchen sind (das wäre auch nicht möglich); als Faktor von n kommt ja keine Zahl grösser als n in Betracht. Dann kann die Aussage: „aus $ab=n$ folgt $a=1$ oder $b=1$" auch folgenderweise formuliert werden: „entweder gilt $ab=n$ nicht, oder es gilt eine der Behauptungen $a=1$, $b=1$". Hier ist $ab=n$ mit

$$|ab-n|=0$$

gleichbedeutend; daher kann die Behauptung $ab\neq n$ durch

$$\overline{\mathrm{sg}}(|ab-n|)=0$$

ausgedrückt werden. Dass wenigstens eine der Behauptungen $a=1$, $b=1$ gilt, ist mit

$$|a-1|\cdot|b-1|=0$$

gleichbedeutend; das Produkt ist ja dann und nur dann 0, wenn wenigstens einer seiner Faktoren 0 ist. Es kann also die Aussage: „aus $ab=n$ folgt $a=1$ oder $b=1$" folgendermassen aufgeschrieben werden:

$$\overline{\mathrm{sg}}(|ab-n|)\cdot|a-1|\cdot|b-1|=0.$$

Und dass diese Behauptung für alle a und b zwischen 1 und n gilt (die Grenzen einbegriffen), ist nach Nr. **7** der Aussage

$$\sum_{a=1}^{n}\sum_{b=1}^{n}\overline{\mathrm{sg}}(|ab-n|)\cdot|a-1|\cdot|b-1|=0$$

äquivalent; die Summe ist ja dann und nur dann gleich 0, wenn jedes Glied gleich 0 ist.

16. Mit Hilfe der bisher definierten Funktionen kann auch die n-te Primzahl als Funktion von n aufgeschrieben werden. Die n-te Primzahl wird im allgemeinen durch p_n bezeichnet, um aber p_n auch für $n=0$ als eine Primzahl zu definieren, ist es zweckmässig $p_0=2$ zu setzen, und für $n\neq 0$

unter p_n die n-te *ungerade* Primzahl zu verstehen (so dass allgemein p_n die $n+1$-te Primzahl ist). Die $n+1$-te Primzahl ist nun die erste unter den Zahlen, bis zu welchen genau $n+1$ Primzahlen in der Zahlenreihe zu finden sind. Da die Anzahl der Primzahlen bis i mit $\pi(i)$ bezeichnet wird, kann die Aussage, dass es bis i (i einbegriffen) genau $n+1$ Primzahlen gibt, folgenderweise aufgeschrieben werden:

$$\pi(i) = n+1, \quad \text{das heisst} \quad |n+1-\pi(i)| = 0.$$

Die kleinste Zahl i dieser Art könnte freilich wieder nicht aus allen natürlichen Zahlen herausgesucht werden; sie kann aber bekanntlich gewisse Schranken nicht überschreiten; man kann z. B. elementar beweisen, dass[3])

$$p_n < 2^{2^{n+1}}$$

gilt.

Nach Nr. **9** ist daher die kleinste Zahl der gewünschten Art bis zur Schranke $2^{2^{n+1}}$:

$$\sum_{k=0}^{2^{2^{n+1}}} \mathrm{sg}\left(\prod_{j=0}^{k} |n+1-\pi(j)|\right).$$

Es ist also

$$p_n = \sum_{k=0}^{2^{2^{n+1}}} \mathrm{sg}\left(\prod_{j=0}^{k} |n+1-\pi(j)|\right).$$

17. Auch die Primfaktorenzerlegung einer Zahl n kann in analoger Weise behandelt werden. Mit welchem Exponenten wird darin p_a teilnehmen? Gewiss mit dem grössten Exponenten, mit dem p_a erhoben noch einen Teiler von n ergibt. Dieser grösste Exponent kann als die erste Zahl i aufgesucht werden, für welche n durch p_a^{i+1} nicht mehr teilbar ist, für welche also $\mathrm{res}(n, p_a^{i+1}) \neq 0$, das heisst $\overline{\mathrm{sg}}(\mathrm{res}(n, p_a^{i+1})) = 0$ ist. Und dieser Exponent i kann freilich nicht beliebig gross sein; er kann nämlich die Schranke n nicht überschreiten. Nach Nr. **9** ist die kleinste derartige Zahl i:

$$\sum_{k=0}^{n} \mathrm{sg}\left(\prod_{j=0}^{k} \overline{\mathrm{sg}}(\mathrm{res}(n, p_a^{j+1}))\right).$$

Es soll der Exponent von p_a in der Primfaktorenzerlegung von n mit $\exp_a(n)$ bezeichnet werden. Von der Primfaktorenzerlegung von $n = 0$ kann man nicht reden; nach Übereinkommen sei jedoch

$$\exp_a(0) = 0.$$

---

[3]) Siehe z. B. G. Pólya und G. Szegő: *Aufgaben und Lehrsätze aus der Analysis* (1925) Abschnitt VIII. Kapitel 2, Aufgabe 94, S. 133., Lösung S. 342.

Dieses Übereinkommen kann derart in die vorherige Definition einbezogen werden, dass man einen Faktor hinzunimmt, der für $n=0$ gleich 0, und in allen anderen Fällen gleich 1 ist. Aber $\operatorname{sg}(n)$ wurde gerade auf diese Art definiert; es ist also allgemein

$$\exp_u(n) = \operatorname{sg}(n) \cdot \sum_{k=0}^{n} \operatorname{sg}\left(\prod_{j=0}^{k} \overline{\operatorname{sg}}(\operatorname{res}(n, p_u^{j+1}))\right).$$

18. Man kann auch die Frage stellen, welcher der grösste Primfaktor einer Zahl $n>1$ sei? Wenn in die Zerlegung von n in Primzahlpotenzen sämtliche Glieder der Primzahlenfolge bis zum grössten Primfaktor — eventuell mit dem Exponenten 0 — aufgenommen werden, so ist der Index des grössten Primfaktors sozusagen das Mass der „Länge" dieser Zerlegung; darum bezeichnen wir diesen Index mit $\operatorname{long}(n)$. Dieser *grösste* Index kann als ein gewisser *kleinster* Index aufgesucht werden; nämlich als der kleinste solche Index i, über den schon alle Primzahlen mit dem Exponenten 0 in der Zerlegung von n teilnehmen. Freilich braucht man dazu die übrigen Primzahlen nicht bis ins Unendliche zu untersuchen; es sind nämlich nicht alle Zahlen Primzahlen, daher ist die n-te Primzahl sicher grösser als n, und daher hat n über p_n gewiss keine Primfaktoren mehr. Dass die Primzahl p_l für alle Indizes l von i bis n mit dem Exponenten 0 in der Primfaktorenzerlegung von n teilnimmt, kann mit Hilfe der in der vorigen Nummer eingeführten Funktion folgendermassen aufgeschrieben werden:

$$\sum_{l=i+1}^{n} \exp_l(n) = 0.$$

Und die kleinste Zahl i, für welche dies gilt (unterhalb $n>1$ gibt es freilich immer eine solche Zahl i) ist nach Nr. **9**

$$\operatorname{long}(n) = \sum_{k=0}^{n} \operatorname{sg}\left(\prod_{j=0}^{k}\left(\sum_{l=j+1}^{n} \exp_l(n)\right)\right).$$

Da für jedes l

$$\exp_l(0) = \exp_l(1) = 0$$

ist, so ist nach der Definition für $n \leqq 1$

$$\operatorname{long}(n) = 0.$$

19. Es ist üblich gewisse zahlentheoretische Funktionen mit Hilfe der Primfaktorenzerlegung zu definieren. Wenn zum Beispiel $\varphi(n)$ die Eulersche φ-Funktion, das heisst, die Anzahl der zu n relativ-primen Zahlen unterhalb n bedeutet, so ist nach Übereinkommen $\varphi(0)=\varphi(1)=1$, und wenn die

Primfaktorenzerlegung einer Zahl $n > 1$

$$n = q_1^{\alpha_1} q_2^{\alpha_2} \dots q_r^{\alpha_r}$$

ist, so gilt, wie bekannt,

$$\varphi(n) = (q_1^{\alpha_1} - q_1^{\alpha_1 - 1})(q_2^{\alpha_2} - q_2^{\alpha_2 - 1}) \dots (q_r^{\alpha_r} - q_r^{\alpha_r - 1}).$$

Wie bereits hervorgehoben wurde, ist die n-te Primzahl grösser als n, und die Primfaktoren von n sind sämtlich kleiner als sie. Dass n durch p_i teilbar ist, kann durch $\operatorname{res}(n, p_i) = 0$ ausgedrückt werden. Wird daher

$$p(i) = \begin{cases} p_i^{\exp_i(n)} - p_i^{\exp_i(n)-1} = p_i^{\exp_i(n)} \dot{-} p_i^{\exp_i(n) \dot{-} 1}, & \text{falls } \operatorname{res}(n, p_i) = 0 \\ 1 \text{ sonst (das heisst, falls } \overline{\operatorname{sg}}(\operatorname{res}(n, p_i)) = 0) \end{cases}$$

gesetzt, so ist, da „$n = 0$ oder $n = 1$" mit $n \cdot |n-1| = 0$ gleichbedeutend ist,

$$\varphi(n) = \begin{cases} 1, \text{ falls } n \cdot |n-1| = 0, \\ \prod\limits_{i=0}^{n} p(i) \text{ sonst (das heisst, falls } \overline{\operatorname{sg}}(n \cdot |n-1|) = 0). \end{cases}$$

20. Der grösste gemeinsame Teiler und das kleinste gemeinsame Vielfache zweier Zahlen lassen sich ebenfalls auf Grund der Primfaktorenzerlegung definieren; es treten ja in diesen dieselben Primfaktoren wie in den beiden Zahlen auf, und zwar mit dem kleineren (richtiger nicht-grösseren), bzw. grösseren (nicht-kleineren) Exponenten. Die nicht-grössere der Zahlen a und b ist:

$$\min(a, b) = \begin{cases} a, \text{ falls } a \leqq b, \text{ das heisst } a \dot{-} b = 0 \\ b, \text{ falls } a > b, \text{ das heisst } a \geqq b+1, \text{ das heisst } b + 1 \dot{-} a = 0. \end{cases}$$

Nach Nr. **6** kann diese Definition auch folgendermassen aufgeschrieben werden:

$$\min(a, b) = a \cdot \overline{\operatorname{sg}}\,(a \dot{-} b) + b \cdot \operatorname{sg}\,((b+1) \dot{-} a).$$

Ganz ähnlich lässt sich mit bereits eingeführten Funktionen auch die nicht-kleinere der Zahlen a und b definieren:

$$\max(a, b) = a \cdot \overline{\operatorname{sg}}\,(b \dot{-} a) + b \cdot \overline{\operatorname{sg}}\,((a+1) \dot{-} b).$$

(Man kann aus diesen natürlich auch das Minimum oder Maximum von mehreren Zahlen erhalten; es ist ja zum Beispiel

$$\min(a, b, c) = \min(\min(a, b), c)).$$

21. Der grösste gemeinsame Teiler zweier Zahlen kann aber auch ohne Benutzung der Primfaktorenzerlegung charakterisiert werden. Das Aufsuchen des grössten gemeinsamen Teilers von zwei grossen Zahlen kann dadurch erleichtert werden, dass auch in der Differenz und in der Summe der betreffenden Zahlen alle ihre gemeinsamen Teiler aufgehen; dies ermöglicht ja statt des grössten gemeinsamen Teilers grosser Zahlen, den grössten gemeinsamen Teiler ihrer Differenz und der kleineren Zahl zu bestimmen. In 0 gehen alle Zahlen auf; wird also der grösste gemeinsame Teiler von m und n mit $\mathrm{dv}(m, n)$ bezeichnet, und 0 unter $\mathrm{dv}(0, 0)$ verstanden, so ist

$$\mathrm{dv}(0, n) = n, \qquad \mathrm{dv}(m+1, 0) = m+1$$

und

$$\mathrm{dv}(m+1, n+1) = \begin{cases} \mathrm{dv}(m+1-(n+1), n+1), & \text{falls } m \geqq n, \text{ das heisst } n \dot{-} m = 0 \\ \mathrm{dv}(m+1, n+1-(m+1)), & \text{„} \quad n \dot{-} m \neq 0. \end{cases}$$

(Hier ist natürlich $m+1-(n+1) = m-n$ und $n+1-(m+1) = n-m$.)
Da nach den Definitionen in Nr. 5

$$\overline{\mathrm{sg}}(n \dot{-} m) = \begin{cases} 1, & \text{falls } n \dot{-} m = 0 \\ 0, & \text{„} \quad n \dot{-} m \neq 0 \end{cases} \quad \text{und} \quad \mathrm{sg}(n \dot{-} m) = \begin{cases} 1, & \text{falls } n \dot{-} m \neq 0 \\ 0, & \text{„} \quad n \dot{-} m = 0, \end{cases}$$

kann der letzte Fall der Definition (die Differenzen durch die mit ihnen übereinstimmenden arithmetischen Differenzen ersetzt) auf folgende Form gebracht werden:

$$\mathrm{dv}(m+1, n+1) = \overline{\mathrm{sg}}(n \dot{-} m) \cdot \mathrm{dv}(m \dot{-} n, n+1) + \\ + \mathrm{sg}(n \dot{-} m) \cdot \mathrm{dv}(m+1, n \dot{-} m).$$

Hier werden die Werte der zweistelligen Funktion $\mathrm{dv}(m, n)$ mit Hilfe von Werten bestimmt, welche an Stellen mit kleinerem ersten und unverändertem zweiten Argument, oder mit unverändertem ersten und kleinerem zweiten Argument angenommen werden. Da auf diese Art die Berechnung von $\mathrm{dv}(m, n)$ allmählich auf Funktionswerte an solchen Stellen zurückgeführt wird, wo das eine oder das andere Argument durch immer kleinere Zahlen vertreten wird, gelangt man in endlich vielen Schritten zu Stellen, wo das eine Argument 0 ist, und dort ist der Funktionswert dem anderen Argument gleich.

Im Besitz der grössten gemeinsamen Teilers kann man das kleinste gemeinsame Vielfache von m und n erhalten, indem man das Produkt von m und n durch ihren grössten gemeinsamen Teiler teilt; dieser geht darin natürlich auf, und so ist das kleinste gemeinsame Vielfache von m und n:

$$\left[\frac{mn}{\mathrm{dv}(m, n)}\right].$$

22. Man begegnet weiteren zahlentheoretischen Funktionen z. B. in der Kombinatorik. Die Anzahl der möglichen Vertauschungen, Permutationen von

n Elementen lässt sich bekanntlich mit Übergang von n auf $n+1$ bestimmen. Ist nämlich die Anzahl der Permutationen von n Elementen P_n, so kann in den Permutationen von $n+1$ Elementen jedes dieser $n+1$ Elemente sovielmal als erstes Element auftreten, auf wieviele Arten die anderen n Elemente untereinander vertauscht werden können, das heisst P_n-mal; also ist

$$P_{n+1} = (n+1)P_n.$$

Hier geht man gewöhnlich nicht von 0, sondern von 1 aus. Ein einziges Element kann freilich nur in eine einzige Reihenfolge gebracht werden; also lautet die vollständige Definition:

$$P_1 = 1$$
$$P_{n+1} = (n+1)P_n.$$

Damit wir auch hier von 0 ausgehen können, sei nach Übereinkommen $P_0 = 1$. Das stört hier nichts, denn wird in der zweiten Definitionsgleichung 0 für n eingesetzt, so ergibt sich daraus

$$P_1 = 1 \cdot P_0 = 1.$$

Daher kann die Definition von P_n auch folgendermassen lauten:

$$P_0 = 1$$
$$P_{n+1} = (n+1) \cdot P_n.$$

Überlegen wir bei dieser Definition, wie sich der Funktionswert an einer beliebig gegebenen Stelle auf Grund des Überganges von n auf $n+1$ bestimmen lässt. Es sei zum Beispiel $n=3$. Wird für n in der zweiten Definitionsgleichung 2, dann zur Berechnung des auftretenden P_2-Wertes 1, endlich um P_1 berechnen zu können, 0 eingesetzt, so gewinnt man der Reihe nach:

$$P_3 = 3 \cdot P_2,$$
$$P_2 = 2 \cdot P_1, \text{ also } P_3 = 3 \cdot 2 \cdot P_1,$$
$$P_1 = 1 \cdot P_0, \text{ also } P_3 = 3 \cdot 2 \cdot 1 \cdot P_0.$$

Der Wert von P_0 ist aber nach der ersten Definitionsgleichung 1; also ist endlich

$$P_3 = 3 \cdot 2 \cdot 1 \cdot 1 = 1 \cdot 2 \cdot 3.$$

Ähnlich sieht man auch an anderen Stellen n ein, dass man Schritt für Schritt zurückgehend — deshalb wird eine solche Definition „Rekursion" genannt —

$$P_n = n(n-1)(n-2)\ldots 3 \cdot 2 \cdot 1 \cdot 1 = 1 \cdot 2 \cdot 3 \ldots n$$

erhält; und dieses Produkt wird kürzer als $n!$ bezeichnet.

23. Mit Verwendung von $n!$ lassen sich auch andere in der Kombinatorik benutzte Funktionen ausdrücken. Solche Funktionen können aber auch selbständig definiert werden. Die Zahl $\binom{n}{a}$ gibt zum Beispiel an, auf wieviele Arten a Elemente aus n Elementen ausgewählt werden können. Dieser Wert lässt sich mit Übergang von n auf $n+1$ folgendermassen bestimmen: ist $0 < a \leqq n+1$, und will man a Elemente aus $n+1$ Elementen auswählen, so sei eines der $n+1$ Elemente ausgezeichnet. Es kann unter a ausgewählten Elementen das ausgezeichnete vorkommen oder nicht. Nicht-ausgezeichnete Elemente der Anzahl a können aus den übrigen n Elementen auf $\binom{n}{a}$ Arten ausgewählt werden; und zu dem ausgezeichneten Element noch $a-1$ nicht-ausgezeichnete auf $\binom{n}{a-1}$ Arten. Daher ist

$$\binom{n+1}{a} = \binom{n}{a} + \binom{n}{a-1}.$$

Da nach Annahme $a > 0$ ist, so ist hier $a - 1 = a \dot{-} 1$. Nach Übereinkommen ist $\binom{n}{0} = 1$ für alle n; für $a = 0$ gilt also $\binom{n+1}{a} = \binom{n}{a} = 1$. Also kann man den Fall $a = 0$ dadurch in das vorherige Ergebnis einbeziehen, dass man das Glied $\binom{n}{a-1}$ mit 0 multipliziert, falls $a = 0$, und mit 1, falls $a \neq 0$; das heisst, dieses Glied ist mit $\mathrm{sg}(a)$ zu multiplizieren. Ferner ist nach Übereinkommen $\binom{n}{a} = 0$ für $a > n$. Da

$$\overline{\mathrm{sg}}(a \dot{-} n) = \begin{cases} 1, & \text{falls } a \leqq n \\ 0, & \text{„} \quad a > n \end{cases}$$

ist, hat man zur Berücksichtigung des Falls $a > n+1$ noch einen Faktor $\overline{\mathrm{sg}}(a \dot{-} (n+1))$ zu dem Ausdruck von $\binom{n+1}{a}$ zu fügen. Dazu kommt noch, dass nach unserem Übereinkommen

$$\binom{0}{a} = \begin{cases} 1, & \text{falls } a = 0 \\ 0, & \text{„} \quad a \neq 0, \end{cases}$$

also $\binom{0}{a} = \overline{\mathrm{sg}}(a)$ ist. Also lautet die vollständige Definition:

$$\binom{0}{a} = \overline{\mathrm{sg}}(a)$$

$$\binom{n+1}{a} = \overline{\mathrm{sg}}(a \dot{-} (n+1)) \cdot \left(\binom{n}{a} + \mathrm{sg}(a) \cdot \binom{n}{a \dot{-} 1} \right).$$

Bei dieser Definition schliesst man vom Funktionswert an der Stelle n auf den Funktionswert an der Stelle $n+1$, das andere Argument bleibt aber dabei nicht unverändert; zur Berechnung von $\binom{n+1}{a}$ wird nämlich nicht nur der für dasselbe a angenommene Wert $\binom{n}{a}$, sondern auch $\binom{n}{a \dot{-} 1}$ verwendet. Bekanntlich taugt diese Definition dennoch zur Berechnung von $\binom{n}{a}$ an allen Stellen (die Bildung des „Pascalschen Dreiecks" beruht darauf).

24. In verschiedenen Gebieten der Mathematik spielt die „Folge von Fibonacci"

$$0, 1, 1, 2, 3, 5, 8, 13, 21, \ldots$$

eine Rolle. Vom dritten Glied an ist jedes Glied dieser Folge die Summe der beiden vorherigen Glieder. Wird das erste Glied als der Wert einer Funktion an der Stelle 0, das $n+1$-te Glied als der Wert dieser Funktion an der Stelle n betrachtet, so lässt sich die betreffende Funktion $\mathrm{Fib}(n)$ durch

$$\mathrm{Fib}(0) = 0$$

$$\mathrm{Fib}(n+1) = \begin{cases} 1, \text{ falls } n = 0 \\ \mathrm{Fib}(n-1) + \mathrm{Fib}(n) \text{ sonst} \end{cases}$$

definieren. Hier ist $n - 1 = n \dot{-} 1$; wenn man noch die Definitionen von $\mathrm{sg}(n)$ und von $\overline{\mathrm{sg}}(n)$ in Nr. **5** in Betracht zieht, so kann die Definition auch auf die Form

$$\mathrm{Fib}(0) = 0$$

$$\mathrm{Fib}(n+1) = \overline{\mathrm{sg}}(n) + \mathrm{sg}(n) \cdot (\mathrm{Fib}(n \dot{-} 1) + \mathrm{Fib}(n))$$

gebracht werden.

Dass diese Definition an jeder Stelle die Berechnung des Wertes $\mathrm{Fib}(n)$ ermöglicht, das sieht jeder, der sich daran macht, die Folge von Fibonacci beliebig weitgehend aufzuschreiben. In der Definition geschieht der Übergang nicht gerade von n auf $n+1$, es werden aber jedenfalls die Funktionswerte an grösseren Stellen durch an kleineren Stellen angenommene Funktionswerte festgelegt.

25. Auch solche zahlentheoretische Funktionen können eine Rolle spielen, die von der Analysis geliefert werden. $a \dot{-} n$ und $\left[\frac{a}{n}\right]$ waren bereits solche Funktionen: in diesen wurden nur die nicht-negativen ganzen Werte der in der Analysis gebrauchten Differenz- und Quotient-Funktionen in Betracht gezogen. Statt $\sqrt{n}$ kann im Gebiete der nicht-negativen ganzen Zahlen ähnlich $[\sqrt{n}]$ (das heisst, die in $\sqrt{n}$ enthaltene grösste ganze Zahl) benutzt werden. Dieser Wert ist für eine Quadratzahl n gleich $\sqrt{n}$; von hier an ändert sich der Wert von $[\sqrt{n}]$ bis zur nächsten Quadratzahl nicht. Wenn man zur nächsten Quadratzahl $([\sqrt{n}]+1)^2$ gelangt, so wächst der Funktionswert um 1. Es ist also

$$[\sqrt{n+1}] = \begin{cases} [\sqrt{n}], & \text{falls } n+1 \neq ([\sqrt{n}]+1)^2 \\ [\sqrt{n}]+1, & \text{,, } \quad n+1 = ([\sqrt{n}]+1)^2. \end{cases}$$

$n+1 = ([\sqrt{n}]+1)^2$ ist gleichbedeutend damit, dass $|n+1-([\sqrt{n}]+1)^2| = 0$; und der Wert von $\overline{\text{sg}}(|n+1-([\sqrt{n}]+1)^2|)$ ist 0 oder 1, je nachdem $n+1$ ungleich oder gleich $([\sqrt{n}]+1)^2$ ist. Daher ist

$$[\sqrt{n+1}] = [\sqrt{n}] + \overline{\text{sg}}(|n+1-([\sqrt{n}]+1)^2|);$$

und dazu muss noch hinzugenommen werden, dass

$$[\sqrt{0}] = 0.$$

Also kann auch $[\sqrt{n}]$ durch Übergang von n zu $n+1$, das heisst, durch Rekursion definiert werden.

Mit Benutzung von $[\sqrt{n}]$ kann die Quadratzahleigenschaft einer Zahl charakterisiert werden. Die n am nächsten liegende nicht-grössere Quadratzahl ist $[\sqrt{n}]^2$. Es sei ihre Abweichung

$$\text{quadres}(n) = n \dot{-} [\sqrt{n}]^2.$$

n ist dann und nur dann eine Quadratzahl, wenn

$$\text{quadres}(n) = 0$$

ist. Und die charakteristische Funktion der Quadratzahleigenschaft von n ist

$$\text{quad}\,(n) = \overline{\text{sg}}(\text{quadres}\,(n));$$

der Wert dieser Funktion ist ja 1 oder 0, je nachdem n eine Quadratzahl ist oder nicht.

26. Als ein anderes Beispiel einer zahlentheoretischen Funktion, die von der Analysis geliefert wird, kann z. B. die in $e \cdot n$ enthaltene grösste ganze Zahl

$$[e \cdot n]$$

untersucht werden, wobei e die Basis der natürlichen Logarithmen ist.

Werden die ersten $n+1$ Glieder der Reihe von e auf einen gemeinsamen Nenner gebracht, so findet man

$$e = \left(1 + \frac{1}{1!} + \frac{1}{2!} + \cdots + \frac{1}{n!}\right) + \left(\frac{1}{(n+1)!} + \frac{1}{(n+2)!} + \cdots\right) =$$

$$= \frac{n! + \frac{n!}{1!} + \frac{n!}{2!} + \cdots + \frac{n!}{n!}}{n!} + \frac{1}{n!}\left(\frac{1}{n+1} + \frac{1}{(n+1)(n+2)} + \cdots\right) =$$

$$= \frac{S_n}{n!} + R_n,$$

wobei

$$S_n = n! + \frac{n!}{1!} + \frac{n!}{2!} + \cdots + \frac{n!}{n!} \quad \text{und} \quad R_n = \frac{1}{n!}\left(\frac{1}{n+1} + \frac{1}{(n+1)(n+2)} + \cdots\right)$$

ist. Die Werte von S_n sind natürlich ganze Zahlen. Man kann von S_n zu S_{n+1} folgendermassen übergehen:

$$S_{n+1} = (n+1)! + \frac{(n+1)!}{1!} + \frac{(n+1)!}{2!} + \cdots + \frac{(n+1)!}{n!} + \frac{(n+1)!}{(n+1)!} =$$

$$= (n+1)\left(n! + \frac{n!}{1!} + \frac{n!}{2!} + \cdots + \frac{n!}{n!}\right) + 1 = (n+1)S_n + 1.$$

Ausserdem ist $S_0 = 1$; die vollständige Definition von S_n lautet also

$$S_0 = 1$$

$$S_{n+1} = (n+1)S_n + 1.$$

Für $n > 0$ ist ferner $n+1 \geqq 2$, und $n+2$, $n+3, \ldots$ sind alle grösser als 2, also ist

$$R_n = \frac{1}{n!}\left(\frac{1}{n+1} + \frac{1}{(n+1)(n+2)} + \frac{1}{(n+1)\,(n+2)\,(n+3)} + \cdots\right) <$$

$$< \frac{1}{n!}\left(\frac{1}{2} + \frac{1}{2 \cdot 2} + \frac{1}{2 \cdot 2 \cdot 2} + \cdots\right) = \frac{1}{n!}\left(\frac{1}{2} + \frac{1}{2^2} + \frac{1}{2^3} + \cdots\right) =$$

$$= \frac{1}{n!} \cdot \frac{\frac{1}{2}}{1 - \frac{1}{2}} = \frac{1}{n!},$$

und daher gilt

$$nR_n < n \cdot \frac{1}{n!} = \frac{1}{(n-1)!}.$$

Daher ist für $n \neq 0$

$$e \cdot n = \frac{nS_n}{n!} + nR_n = \frac{S_n}{(n-1)!} + nR_n,$$

und hierbei

$$nR_n < \frac{1}{(n-1)!}.$$

Sind nun bei der Division $\frac{S_n}{(n-1)!}$ der ganzzahlige Quotient und Rest q_n und r_n, das heisst, ist

$$S_n = q_n(n-1)! + r_n,$$

wo q_n und r_n nicht-negative ganze Zahlen sind, und

$$r_n < (n-1)!,$$

so ist

$$\frac{S_n}{(n-1)!} = q_n + \frac{r_n}{(n-1)!},$$

und hierbei ist der Wert des echten Bruchs $\frac{r_n}{(n-1)!}$ höchstens

$$\frac{(n-1)!-1}{(n-1)!}.$$

Also ist

$$\left[\frac{S_n}{(n-1)!}\right] = q_n;$$

und es müsste zu $\frac{S_n}{(n-1)!}$ wenigstens $\frac{1}{(n-1)!}$ addiert werden, damit sich sein ganzer Teil ändert. Wir sahen aber, das $n \cdot R_n$ weniger als $\frac{1}{(n-1)!}$ beträgt; also ist für $n > 0$

$$[e \cdot n] = \left[\frac{S_n}{(n-1)!} + n \cdot R_n\right] = \left[\frac{S_n}{(n-1)!}\right].$$

Also lautet die Definition von $[e \cdot n]$:

$$[e \cdot 0] = 0$$

$$[e \cdot (n+1)] = \left[\frac{S_{n+1}}{n!}\right].$$

$[e \cdot n]$ kann daher ebenfalls mit Hilfe von Rekursionen definiert werden.

27. Es soll endlich ein Beispiel einer zahlentheoretischen Funktion betrachtet werden, welche der Mengenlehre entnommen wurde.

Wenn man beweisen will, dass die Mächtigkeit der Menge der rationalen Zahlen mit der Mächtigkeit der Menge der natürlichen Zahlen übereinstimmt, dann ordnet man die Zahlenpaare in eine Folge. Das kann für nichtnegative Zahlen so geschehen, dass die Zahlenpaare in endliche Folgen geordnet, und diese Folgen aneinander gereiht werden. Nehmen wir an, dass $(0, 0)$ das 0-te Paar ist. In die n-te Gruppe können z. B. jene Zahlenpaare kommen, die aus n und aus einer nicht grösseren Zahl als n bestehen. n wird zuerst mit 0, dann mit 1, mit 2 gepaart, usw. bis n. Ein Paar verschiedener Zahlen kann in zweierlei Reihenfolgen geschrieben werden; hier werden die betreffenden Zahlen erst wachsend, und unmittelbar darauffolgend abnehmend hintereinander gesetzt. Die Folge beginnt also mit

$$\underline{(0,0)},\ \underline{(0,1),\ (1,0),\ (1,1)},\ \underline{(0,2),\ (2,0),\ (1,2),\ (2,1),\ (2,2)}, \ldots$$

Das wievielte Glied dieser Folge wird das Zahlenpaar (a, b) sein?

Wenn $a > b$, so kommt dieses Zahlenpaar in der a-ten Gruppe vor; wenn $a \leqq b$, so in der b-ten Gruppe. Die 0-te Gruppe besteht aus einem Paar, die erste Gruppe aus 3 Paaren, die zweite Gruppe aus 5 Paaren; allgemein besteht die $k-1$-te Gruppe aus $2k-1$ Paaren; es stehen also vor der k-ten Gruppe insgesamt

$$1 + 3 + 5 + \cdots + (2k-1) = k^2$$

Paare. Jetzt muss man noch nachschauen, an wievielter Stelle in seiner eigenen Gruppe das Paar (a, b) steht. Ist $a > b$, so handelt es sich um die a-te Gruppe. Darin stehen vor dem Paar (a, b) die Paarungen von a mit den Zahlen $0, 1, 2, \ldots, (b-1)$, und diese kommen alle doppelt vor, somit ist ihre Anzahl $2b$; ausserdem steht auch (b, a) vor (a, b). Es ist also für $a > b$ das Paar (a, b) das $a^2 + 2b + 1$-te Glied der Folge (da $(0, 0)$ als 0-tes Glied betrachtet wurde). Ist andererseits $b \geqq a$, so kommt (a, b) in der b-ten Gruppe vor, darin stehen vor (a, b) die Paarungen von b mit den Zahlen $0, 1, \ldots, a-1$, und diese treten alle doppelt auf, somit ist ihre Anzahl $2a$; daher ist für $b \geqq a$ das Paar (a, b) das $b^2 + 2a$-te Glied der Folge. Da nach Nr. 5

$$\mathrm{sg}(a \dot{-} b) = \begin{cases} 1, & \text{falls } a > b \\ 0, & \text{„} \quad b \geqq a \end{cases} \quad \text{und} \quad \overline{\mathrm{sg}}(a \dot{-} b) = \begin{cases} 1, & \text{falls } b \geqq a \\ 0, & \text{„} \quad a > b \end{cases}$$

gilt, so ist, wenn die Stellenzahl des Paares (a, b) in der Folge mit $\sigma(a, b)$ bezeichnet wird,

$$\sigma(a, b) = \mathrm{sg}(a \dot{-} b)\,(a^2 + 2b + 1) + \overline{\mathrm{sg}}(a \dot{-} b)\,(b^2 + 2a).$$

Falls $a = b = 0$, so ist der Faktor $\mathrm{sg}(a \dot{-} b)$ im ersten, und der Faktor $b^2 + 2a$ im zweiten Glied der rechten Seite gleich 0; demnach ist in dieser Definition enthalten, dass (0, 0) das 0-te Glied der Folge ist.

Wie können umgekehrt die Glieder des n-ten Paares der Folge als Funktionen von n aufgeschrieben werden?

Sei $\sigma_1(n)$ das erste Glied, $\sigma_2(n)$ das zweite Glied des n-ten Paars. Wir wissen, dass

$$\sigma_1(0) = 0 \quad \text{und} \quad \sigma_2(0) = 0$$

ist. Ist bereits das n-te Paar $(\sigma_1(n), \sigma_2(n))$ bekannt, so kann man daraus leicht auch das $n+1$-te Paar bestimmen. Ist nämlich $\sigma_1(n) < \sigma_2(n)$, so entsteht das nächste Paar durch Vertauschung der Glieder als $(\sigma_2(n), \sigma_1(n))$; ist $\sigma_1(n) > \sigma_2(n)$, so wird das erste Glied des nächsten Paars $\sigma_2(n) + 1$, und das zweite $\sigma_1(n)$ sein; ist endlich $\sigma_1(n) = \sigma_2(n)$, so übergeht man zum ersten Paar $(0, \sigma_1(n) + 1)$ der nächsten Gruppe. Es ist also

$$\sigma_1(n+1) = \begin{cases} \sigma_2(n), & \text{falls} \quad \sigma_1(n) < \sigma_2(n) \\ \sigma_2(n) + 1, & \text{„} \quad \sigma_1(n) > \sigma_2(n) \\ 0, & \text{„} \quad \sigma_1(n) = \sigma_2(n), \end{cases}$$

und

$$\sigma_2(n+1) = \begin{cases} \sigma_1(n), & \text{falls} \quad \sigma_1(n) \neq \sigma_2(n) \\ \sigma_1(n) + 1, & \text{„} \quad \sigma_1(n) = \sigma_2(n). \end{cases}$$

Da nach Nr. 5

$$\overline{\mathrm{sg}}\,((\sigma_1(n) + 1) \dot{-} \sigma_2(n)) = \begin{cases} 1, & \text{falls} \quad \sigma_1(n) < \sigma_2(n) \\ 0 & \text{sonst,} \end{cases}$$

$$\overline{\mathrm{sg}}\,((\sigma_2(n) + 1) \dot{-} \sigma_1(n)) = \begin{cases} 1, & \text{falls} \quad \sigma_1(n) > \sigma_2(n) \\ 0 & \text{sonst,} \end{cases}$$

$$\mathrm{sg}\,(|\sigma_1(n) - \sigma_2(n)|) = \begin{cases} 1, & \text{falls} \quad \sigma_1(n) \neq \sigma_2(n) \\ 0 & \text{sonst} \end{cases}$$

und

$$\overline{\mathrm{sg}}\,(|\sigma_1(n) - \sigma_2(n)|) = \begin{cases} 1, & \text{falls} \quad \sigma_1(n) = \sigma_2(n) \\ 0 & \text{sonst} \end{cases}$$

gilt, können die gefundenen Definitionen auf die Form:

$$\sigma_1(0) = 0 \quad \text{und} \quad \sigma_2(0) = 0$$

$$\sigma_1(n+1) = \operatorname{sg}((\sigma_1(n)+1) \dot{-} \sigma_2(n)) \cdot \sigma_2(n) + \overline{\operatorname{sg}}((\sigma_2(n)+1) \dot{-} \sigma_1(n)) \cdot (\sigma_2(n)+1)$$

und

$$\sigma_2(n+1) = \operatorname{sg}(|\sigma_1(n) - \sigma_2(n)|) \cdot \sigma_1(n) + \overline{\operatorname{sg}}(|\sigma_1(n) - \sigma_2(n)|) \cdot (\sigma_1(n)+1)$$

gebracht werden.

Hier wurden zwei Funktionen simultan durch Rekursion definiert; man kann den Wert beider Funktionen an der Stelle $n+1$ berechnen, wenn man bereits den Wert von beiden an der Stelle n kennt.

§ 2. REKURSIVE FUNKTIONEN UND BEZIEHUNGEN

1. Im vorigen Kapitel wurden mannigfaltige Definitionen solcher Funktionen angegeben, die in der elementaren Zahlentheorie eine Rolle spielen, wobei darauf geachtet wurde, dass die Definition die Berechnung des Funktionswertes an jeder konkreten Stelle tatsächlich ermöglicht (also, dass sie nicht die Auswahl einer Zahl mit gewissen Eigenschaften aus allen natürlichen Zahlen fordert; und sich nicht darauf beruft, dass sämtliche natürliche Zahlen eine gewisse Eigenschaft haben). SKOLEM[1]) hat als erster dargelegt, dass sich die elementare Zahlentheorie in diesem Sinne konstruktiv aufbauen lässt. Es hat sich herausgestellt, dass ein Teil der betreffenden Definitionen eine Art Rekursion ist, das heisst, eine derartige Definition, welche den Wert der definierten Funktion an gewissen Anfangsstellen angibt, und vorschreibt, wie die übrigen Funktionswerte aus Funktionswerten an vorangehenden Stellen zu berechnen sind. Die anderen Funktionen wurden aus bereits bekannten Funktionen durch Substitutionen aufgebaut (unsere erste durch Substitutionen aufgebaute Funktion war $\beta_1(m, n)$ in Nr. **5** des § **1**; $\beta_1(m, n)$ ist nämlich so entstanden, dass in der Funktion $a \dot{-} n$ erst n in m umbenannt und $n+1$ für a eingesetzt, dann die so gebildete Funktion $(n+1) \dot{-} m$ in $\overline{\operatorname{sg}}(n)$ an Stelle von n substituiert wurde).

Man beruft sich nicht nur bei der Substitution auf bereits bekannte Funktionen, sondern auch bei der rekursiven Definition; es beruht ja z. B. die Definition von $[\sqrt{n}]$ in Nr. **25** des § **1**:

$$[\sqrt{0}] = 0$$

$$[\sqrt{n+1}] = [\sqrt{n}] + \overline{\operatorname{sg}}(|n+1-([\sqrt{n}]+1)^2|)$$

[1]) SKOLEM [1].

auf der Annahme, dass die Konstante 0, und die aus $n+1$, n^2, $|a-b|$, $\overline{\mathrm{sg}}(n)$ und $a+n$ durch Substitution aufgebaute Funktion

$$a+\overline{\mathrm{sg}}(|n+1-(a+1)^2|)$$

bereits bekannt sind.

Die verwendeten bekannten Funktionen lassen sich ähnlich aus anderen bekannten Funktionen aufbauen. Werden die Definitionen in § 1 rückwärts verfolgt, so stellt es sich heraus, dass sämtliche dort definierte Funktionen von den Konstanten und von den Funktionen n und $n+1$ ausgehend durch Substitutionen und Rekursionen aufgebaut werden können. Sogar n muss nicht als Grundfunktion genommen werden; man kann ja die Funktion $\varphi(n)=n$ mit Hilfe von 0 und $n+1$ durch die Rekursion

$$\varphi(0)=0$$
$$\varphi(n+1)=n+1$$

definieren (hier hängt $\varphi(n+1)$ eigentlich gar nicht von dem an der vorangehenden Stelle angenommenen Funktionswert $\varphi(n)$, sondern nur von der Stelle ab; das Gleiche gilt aber auch für die Definition der Funktionen $n \dot{-} 1$, $\mathrm{sg}(n)$ und $\overline{\mathrm{sg}}(n)$). Und von den Konstanten genügt es 0 als Grundfunktion zu nehmen; denn geht man von $n+1$ aus, und substituiert man für n immer wieder $n+1$, so erhält man die Funktionen

$$n+1, \qquad (n+1)+1=n+2, \qquad (n+1)+2=n+3, \ldots;$$

aus diesen ergeben sich aber, wenn man 0 für n einsetzt, der Reihe nach die Konstanten

$$1, 2, 3, \ldots$$

So genügt es für die Definitionen in § 1 als Ausgangsfunktionen 0 und $n+1$ zu nehmen.

Unter „Zahlen" werde ich in den Folgenden immer nicht-negative ganze Zahlen, unter „Funktionen" solche Funktionen verstehen, deren Variablen die nicht-negativen ganzen Zahlen durchlaufen, und deren Werte ebenfalls nicht-negative ganze Zahlen sind.

Man nennt die Funktionen, die aus gewissen Ausgangsfunktionen durch eine endliche Anzahl von Substitutionen und Rekursionen aufgebaut werden können, rekursiv. Ich bezeichne die *rekursiven Funktionen* entweder mit kleinen griechischen Buchstaben, oder auf eine solche Art, die an ihre Bedeutung erinnert.

Der Aufbau der rekursiven Funktionen in endlich vielen Schritten aus den Ausgangsfunktionen ermöglicht es, dass man unter den Funktionen der elementaren Zahlentheorie, sozusagen in der Funktionenlehre der elementaren Zahlentheorie, ähnliche Schlussweisen wie in der Lehre der natürlichen Zahlen gebraucht. Dass die natürlichen Zahlen eine gewisse Eigenschaft haben, kann so bewiesen werden, dass man zeigt: 0 besitzt die betreffende Eigenschaft, und diese „vererbt sich“ von vorangehenden Zahlen auf die nachfolgenden. Ähnlich können die Eigenschaften der rekursiven Funktionen dadurch bestätigt werden, dass man zeigt: die Ausgangsfunktionen besitzen die betreffende Eigenschaft, und diese „vererbt sich“ von beliebigen Funktionen auch auf jene Funktionen, die aus ihnen durch Substitution oder durch Rekursion entstehen.

2. Der Begriff der Rekursion muss aber noch präzisiert werden. Im **§ 1** waren die meisten Rekursionen von folgender Form: Eine Funktion einer Variablen, kurz eine einstellige Funktion, wurde aus einer Konstanten k und aus einer Funktion $\beta(n, a)$ durch die Gleichungen

$$\varphi(0) = k$$
$$\varphi(n+1) = \beta(n, \varphi(n))$$

aufgebaut; oder allgemein, eine $r+1$-stellige Funktion $\varphi(n, a_1, \ldots, a_r)$ wurde aus einer r-stelligen Funktion $\alpha(a_1, \ldots, a_r)$ und aus einer $r+2$-stelligen Funktion $\beta(n, a_1, \ldots, a_r, a_{r+1})$ durch Gleichungen der Form:

$$\varphi(0, a_1, \ldots, a_r) = \alpha(a_1, \ldots, a_r)$$
$$\varphi(n+1, a_1, \ldots, a_r) = \beta(n, a_1, \ldots, a_r, \varphi(n, a_1, \ldots, a_r))$$

aufgebaut. Hier ist n die Rekursionsvariable; $a_1, \ldots, a_r$ sind Parameter.

Eine derartige Rekursion wird eine primitive Rekursion genannt, und die Funktionen, die von 0 *und* $n+1$ *ausgehend durch endlich viele Substitutionen und primitive Rekursionen definiert werden können, primitiv-rekursive Funktionen.*

Zum Beispiel wurde in Nr. **22** des **§ 1** die Anzahl P_n der Permutationen, als einstellige Funktion der Elementenzahl n durch die Rekursion

$$P_0 = 1$$
$$P_{n+1} = (n+1) \cdot P_n$$

definiert. Hier ist $k = 1$, und die Funktion $\beta(n, a)$ ist $(n+1) \cdot a$. In der Definition

$$\varphi(0, a) = a$$
$$\varphi(n+1, a) = \varphi(n, a) + 1$$

der zweistelligen Funktion $a+n$ (**§ 1** Nr. **2**) ist

$$\alpha(a_1) = a_1 \qquad \text{und} \qquad \beta(n, a_1, a_2) = a_2 + 1.$$

(Es ist natürlich gleichgültig, wie die Variablen bezeichnet werden; in unserer Definition steht z. B. a statt a_1.) Wie man auch hier sieht, muss β nicht tatsächlich von all seinen Variablen abhängen; *es wird immer die Hinzunahme fiktiver Variablen zugelassen, von welchen die Funktion nicht tatsächlich abhängt.* Wäre das nicht erlaubt, so könnte man von der Konstanten 0 und von der einstelligen Funktion $n+1$ (die hier durch Umbenennung der Variablen die Form a_2+1 angenommen hat) ausgehend, gar keine mehrstellige Funktion erhalten; unser Beispiel zeigt aber, dass man mit Hilfe der als dreistellig betrachteten Funktion $n+1$ eine echte zweistellige Funktion definieren kann.

3. Es wurden aber im § **1** auch vier solche Rekursionen verwendet, die nicht in das Schema der primitiven Rekursion passen:

1) in Nr. **24** die Definition

$$\mathrm{Fib}\,(0)=0$$
$$\mathrm{Fib}\,(n+1)=\overline{\mathrm{sg}}\,(n)+\mathrm{sg}\,(n)\cdot(\mathrm{Fib}\,(n\dot{-}1)+\mathrm{Fib}\,(n))$$

der Folge von Fibonacci, wo zur Berechnung des Funktionswertes an der Stelle $n+1$ nicht nur der unmittelbar vorangehende Wert benutzt wird, sondern auch ein früher angenommener;

2) in Nr. **27** die Definition

$$\sigma_1(0)=0 \quad \text{und} \quad \sigma_2(0)=0$$
$$\sigma_1(n+1)=\overline{\mathrm{sg}}\,((\sigma_1(n)+1)\dot{-}\sigma_2(n))\cdot\sigma_2(n)+\overline{\mathrm{sg}}\,(\sigma_2(n)+1)\dot{-}\sigma_1(n))\cdot(\sigma_2(n)+1)$$

und

$$\sigma_2(n+1)=\mathrm{sg}\,(|\sigma_1(n)-\sigma_2(n)|)\cdot\sigma_1(n)+\overline{\mathrm{sg}}\,(|\sigma_1(n)-\sigma_2(n)|)\cdot(\sigma_1(n)+1)$$

der Glieder des n-ten Paars in der angegebenen Anordnung der Zahlenpaare, wo die Werte zweier Funktionen simultan aus früher angenommenen Werten beider Funktionen berechnet werden;

3) in Nr. **23** die Definition

$$\binom{0}{a}=\overline{\mathrm{sg}}\,(a)$$
$$\binom{n+1}{a}=\mathrm{sg}\,(a\dot{-}(n+1))\left(\binom{n}{a}+\mathrm{sg}\,(a)\cdot\binom{n}{a\dot{-}1}\right)$$

der Anzahl der Kombinationen a-ter Klasse aus n Elementen, wo a nicht die Rekursionsvariable und doch kein unveränderter Parameter ist; es wird nämlich auch $a\dot{-}1$ für a eingesetzt;

4) in Nr. **21** die Definition

$$\mathrm{dv}(0,n)=n, \qquad \mathrm{dv}(m+1,0)=m+1$$
$$\mathrm{dv}(m+1,n+1)=\overline{\mathrm{sg}}(n\dot{-}m)\,\mathrm{dv}(m\dot{-}n,n+1)+$$
$$+\mathrm{sg}(n\dot{-}m)\,\mathrm{dv}(m+1,n\dot{-}m)$$

des grössten gemeinsamen Teilers von m und n, wo die Rekursion zugleich nach beiden Variablen verläuft; der Wert an der Stelle $(m+1, n+1)$ wird nämlich aus Werten an solchen Stellen aufgebaut, wo entweder das erste Argument, oder bei unverändertem ersten Argument das zweite Argument verkleinert wird.

Es wird sich aber in den folgenden Paragraphen herausstellen, dass man die genannten vier nicht-primitiven Rekursionen durch primitive Rekursionen und Substitutionen ersetzen kann. Daher kann man sich bei der Definition der gebräuchlichen Funktionen der elementaren Zahlentheorie auf die Verwendung von primitiven Rekursionen beschränken.

4. Im § **1** ist es öfters vorgekommen, dass in der Definition einer Funktion gewisse Fälle zu unterscheiden waren, je nachdem, welche Beziehungen zwischen den Argumenten bestehen. Es wurden z. B. in Nr. **4** in der Definition von $\sum_{i=m}^{n}\alpha(i, a_1, \ldots, a_r)$ die Fälle $m>n, m=0$ und $0<m\leqq n$ unterschieden. Diese Relationen wurden in Nr. **5** durch die „charakteristischen Funktionen“ $\beta_1(m,n), \beta_2(m,n), \beta_3(m,n)$ charakterisiert. Diese haben den Wert 1, wenn zwischen den Argumenten die betreffende Relation besteht, und 0, wenn dies nicht der Fall ist. Die genannten Beziehungen können aber ebensogut mit Hilfe von $\overline{\mathrm{sg}}(\beta_1(m,n)), \overline{\mathrm{sg}}(\beta_2(m,n))$ und $\overline{\mathrm{sg}}(\beta_3(m,n))$ charakterisiert werden: diese Funktionen werden dann und nur dann zu 0, wenn die betreffende Beziehung zwischen m und n besteht.

Ich werde Relationen allgemein mit grossen griechischen Buchstaben bezeichnen. *Eine Beziehung $B(a_1, \ldots, a_r)$ heisst rekursiv, wenn es eine rekursive Funktion $\beta(a_1, \ldots, a_r)$ gibt, welche dann und nur dann verschwindet, wenn zwischen $a_1, \ldots, a_r$ die Beziehung B besteht. Ist hierbei β eine primitiv-rekursive Funktion, so ist B eine primitiv-rekursive Beziehung.*[5])

Bereits in § **1** kamen viele primitiv-rekursive Beziehungen zur Verwendung.

Wie schon soeben darauf gezeigt wurde, ist

$$a>b$$

eine solche Relation; diese ist ja mit $a\geqq b+1$ gleichbedeutend, und dies

[5]) Gödel [1].

gilt dann und nur dann, wenn

$$(b+1) \dot{-} a = 0$$

ist. $(b+1) \dot{-} a$ ist aber eine primitiv-rekursive Funktion, da sie durch Substitution (und Umbenennung der Variablen) aus $n+1$ und $a \dot{-} n$ aufgebaut wird.

Natürlich ist auch die Beziehung

$$a = b$$

primitiv-rekursiv, denn sie besteht dann und nur dann, wenn

$$|a-b| = 0,$$

und $|a-b|$ ist nach Nr. **12** des § **1** primitiv-rekursiv.

Nach Nr. **10** des § **1** ist auch die Teilbarkeit von a durch b für $b \neq 0$ primitiv-rekursiv, dies ist ja mit

$$\text{res}(a, b) = 0$$

gleichbedeutend.

Aus Nr. **11—13—14—15** des § **1** kann auf verschiedene Weisen eingesehen werden, dass die Primzahleigenschaft, und aus Nr. **25** des § **1**, dass auch die Quadratzahleigenschaft einer Zahl primitiv-rekursiv ist.

5. Haben sich bereits gewisse Beziehungen als primitiv-rekursiv erwiesen, so kann man daraus schliessen, dass gewisse Verknüpfungen dieser Beziehungen auch primitiv-rekursiv sind.

Ich werde in diesem Kapitel jene primitiv-rekursive Funktion, von der behauptet wird, dass sie dann und nur dann verschwindet, wenn eine primitiv-rekursive Beziehung $B(a_1, \ldots, a_r)$ bzw. $B_i(a_1, \ldots, a_r)$ besteht, mit $\beta(a_1, \ldots, a_r)$ bzw. $\beta_i(a_1, \ldots, a_r)$ bezeichnen.

Ist nun $B(a_1, \ldots, a_r)$ eine primitiv-rekursive Beziehung, so gilt das auch für ihre Negation, die mit $\bar{B}(a_1, \ldots, a_r)$ bezeichnet wird. Denn

$$\overline{\text{sg}}\,(\beta(a_1, \ldots, a_r))$$

verschwindet dann und nur dann, wenn

$$\beta(a_1, \ldots, a_r) \neq 0$$

ist, das heisst, wenn $B(a_1, \ldots, a_r)$ nicht besteht.

Also sind die Beziehungen: $a \neq b$, „b teilt nicht a“, ferner „a ist eine zusammengesetzte Zahl“, sämtlich primitiv-rekursiv.

6. In Nr. **5** des § **1** hatte man zu bedenken, dass die Behauptung

$$„1 \dot{-} m = 0 \quad \text{und} \quad m \dot{-} n = 0“$$

dann und nur dann wahr ist, wenn

$$(1 \dot{-} m) + (m \dot{-} n) = 0$$

gilt; es ist ja die Summe von nicht-negativen Zahlen dann und nur dann gleich 0, wenn alle Glieder verschwinden.

Genau so sieht man allgemein ein, dass mit $B_1(a_1, \ldots, a_r)$, $B_2(a_1, \ldots, a_r)$, $\ldots$, $B_k(a_1, \ldots, a_r)$ auch die Aussage

$$„B_1(a_1, \ldots, a_r) \text{ und } B_2(a_1, \ldots, a_r) \text{ und } \ldots \text{ und } B_k(a_1, \ldots, a_r)“,$$

welche etwas kürzer in der Form

$$B_1(a_1, \ldots, a_r) \,\&\, B_2(a_1, \ldots, a_r) \,\&\, \ldots \,\&\, B_k(a_1, \ldots, a_r)$$

geschrieben werden kann, primitiv-rekursiv ist; denn sie ist ja mit

$$\beta_1(a_1, \ldots, a_r) + \beta_2(a_1, \ldots, a_r) + \cdots + \beta_k(a_1, \ldots, a_r) = 0$$

gleichbedeutend. (Natürlich ist mit der zweigliedrigen Summe auch die mehrgliedrige Summe primitiv-rekursiv; z. B. kann $a+b+c$ aus $a+b$ durch Einsetzen der zweigliedrigen Summe $b+c$ für b erhalten werden.)

7. In Nr. **15** des § **1** kam zur Verwendung, dass die Aussage

$$„|a-1| = 0 \quad \text{oder} \quad |b-1| = 0“$$

welche man kürzer in der Form

$$|a-1| = 0 \vee |b-1| = 0$$

aufzeichnet, dann und nur dann wahr ist, wenn

$$|a-1| \cdot |b-1| = 0;$$

ein Produkt ist ja dann und nur dann 0, wenn einer seiner Faktoren 0 ist. (Hier bedeutet das Wörtchen „oder“ genauer, dass wenigstens eine der Aussagen wahr ist; wobei die Möglichkeit, dass beide wahr sind, nicht ausgeschlossen wird.)

Genau so sieht man allgemein ein, dass mit $B_1(a_1, \ldots, a_r)$, $B_2(a_1, \ldots, a_r)$, $\ldots$, $B_k(a_1, \ldots, a_r)$ auch die Aussage

$$B_1(a_1, \ldots, a_r) \vee B_2(a_1, \ldots, a_r) \vee \cdots \vee B_k(a_1, \ldots, a_r)$$

primitiv-rekursiv ist; diese ist ja mit

$$\beta_1(a_1, \ldots, a_r) \cdot \beta_2(a_1, \ldots, a_r) \cdot \ldots \cdot \beta_k(a_1, \ldots, a_r) = 0$$

gleichbedeutend. (Es ist natürlich auch das mehrgliedrige Produkt primitiv-rekursiv, es kann ja durch Substitutionen aus zweigliedrigen Produkten aufgebaut werden.)

8. Es kam ebenfalls in Nr. **15** des § **1** zur Verwendung, dass die Aussage

$$\text{„Aus } |ab-n| = 0 \text{ folgt } |a-1|\,|b-1| = 0\text{“}$$

die kürzer mit

$$|ab-n| = 0 \rightarrow |a-1|\,|b-1| = 0$$

bezeichnet werden kann, damit als gleichbedeutend betrachtet wird, dass entweder $|ab-n| = 0$ nicht besteht, oder es besteht auch $|a-1|\,|b-1| = 0$. Dies kann aber nach der vorherigen Nummer folgendermassen aufgezeichnet werden:

$$|ab-n| \neq 0 \vee |a-1|\,|b-1| = 0;$$

und dies ist eine primitiv-rekursive Beziehung.

Genau so sieht man allgemein ein, dass mit $B_1(a_1, \ldots, a_r)$ und $B_2(a_1, \ldots, a_r)$ auch

$$B_1(a_1, \ldots, a_r) \rightarrow B_2(a_1, \ldots, a_r)$$

eine primitiv-rekursive Beziehung ist.

9. Auch in Nr. **7** des § **1** haben wir uns auf jene Eigenschaften der Summe und des Produktes berufen, die in den vorherigen Nummern benutzt wurden. Auf Grund des dort Durchdachten, aber auch unabhängig davon sieht man leicht ein, dass die Aussage:

„*Für alle i* zwischen 0 und n (die Grenzen einbegriffen) besteht $B(i, a_1, \ldots, a_r)$“,

die, falls man den Ausdruck „für alle i“ mit „(i)“ abkürzt, in der Form

$$(i)[i \leqq n \rightarrow B(i, a_1, \ldots, a_r)]$$

geschrieben werden kann, mit

$$\sum_{i=0}^{n} \beta(i, a_1, \ldots, a_r) = 0$$

gleichbedeutend, also mit $B(i, a_1, \ldots, a_r)$ primitiv-rekursiv ist. Und die Aussage:

„*Es gibt ein i* zwischen 0 und n (die Grenzen einbegriffen), *für welches* $B(i, a_1, \ldots, a_r)$ besteht",

die, falls man den Ausdruck „es gibt ein i für welches" mit „(Ei)" abkürzt, in der Form

$$(Ei)\,[i \leqq n \,\&\, B(i, a_1, \ldots, a_r)]$$

geschrieben werden kann, ist mit

$$\prod_{i=0}^{n} \beta(i, a_1, \ldots, a_r) = 0$$

gleichbedeutend, also ebenfalls mit $B(i, a_1, \ldots, a_r)$ primitiv-rekursiv.

Die Zeichen für „alle" und für „es gibt" werden auch Quantoren genannt. Die in ihnen auftretenden Variablen sind „gebunden"; d. h. die betreffende Beziehung hängt von diesen nicht mehr ab. Es hängt ja der Wert von

$$\sum_{i=0}^{n} \beta(i, a_1, \ldots, a_r) \quad \text{und} \quad \prod_{i=0}^{n} \beta(i, a_1, \ldots, a_r)$$

nicht von i ab; diese Werte sind vielmehr vollständig bestimmt, wenn die Funktion β, ferner der Wert von $a_1, \ldots, a_r$ und n angegeben wird.

Natürlich liefern Kombinationen solcher mit Quantoren versehenen primitiv-rekursiven Beziehungen wieder primitiv-rekursive Relationen. Z. B. ist bei einer primitiv-rekursiven Beziehung $B(a, b)$ die Aussage:

„Für alle i_1 zwischen 0 und n_1 gibt es ein i_2 zwischen 0 und n_2, so dass $B(i_1, i_2)$ besteht",

kürzer:

$$(i_1)\,[i_1 \leqq n_1 \rightarrow (Ei_2)\,[i_2 \leqq n_2 \,\&\, B(i_1, i_2)]],$$

mit

$$\sum_{i_1=0}^{n_1} \left(\prod_{i_2=0}^{n_2} \beta(i_1, i_2) \right) = 0$$

gleichbedeutend, also primitiv-rekursiv.

10. Aus Nr. **6** des § **1** kann man entnehmen, dass, falls $B_1(a_1, \ldots, a_r)$, $B_2(a_1, \ldots, a_r), \ldots, B_k(a_1, \ldots, a_r)$ solche primitiv-rekursive Beziehungen sind, dass für alle $a_1, \ldots, a_r$ eine und nur eine von ihnen besteht (es ist also das Bestehen von $B_k(a_1, \ldots, a_r)$ damit gleichbedeutend, dass keine der übrigen Beziehungen $B_1(a_1, \ldots a_r), \ldots, B_{k-1}(a_1, \ldots, a_r)$ besteht, kürzer, dass

$$\overline{B}_1(a_1, \ldots, a_r) \,\&\, \overline{B}_2(a_1, \ldots, a_r) \,\&\, \ldots \,\&\, \overline{B}_{k-1}(a_1, \ldots, a_r)$$

besteht, daher folgt die primitiv-rekursive Beschaffenheit von B_k nach Nr. **5** und **6** dieses Kapitels bereits daraus, dass die übrigen Beziehungen primitiv-rekursiv sind), so ist auch die mit ihnen aus den primitiv-rekursiven Funktionen $\alpha_1(a_1, \ldots, a_r)$, $\alpha_2(a_1, \ldots, a_r), \ldots$, $\alpha_k(a_1, \ldots, a_r)$ „zusammengeflickte" Funktion

$$\varphi(a_1, \ldots, a_r) = \begin{cases} \alpha_1(a_1, \ldots, a_r), & \text{falls } B_1(a_1, \ldots, a_r) \text{ besteht} \\ \alpha_2(a_1, \ldots, a_r), & \quad\text{„} \quad B_2(a_1, \ldots, a_r) \quad \text{„} \\ \ldots\ldots\ldots & \\ \alpha_k(a_1, \ldots, a_r), & \quad\text{„} \quad B_k(a_1, \ldots, a_r) \quad \text{„} \end{cases}$$

primitiv-rekursiv.

Nach der Bemerkung in der vorigen Klammer kann man das auch folgendermassen formulieren: Sind $\alpha_1(a_1, \ldots, a_r), \ldots, \alpha_{k-1}(a_1, \ldots, a_r)$, $\alpha_k(a_1, \ldots, a_r)$ primitiv-rekursive Funktionen und $B_1(a_1, \ldots, a_r), \ldots, B_{k-1}(a_1, \ldots, a_r)$ sich gegenseitig ausschliesende primitiv-rekursive Beziehungen, so ist auch die durch

$$\varphi(a_1, \ldots, a_r) = \begin{cases} \alpha_1(a_1, \ldots, a_r), & \text{falls } B_1(a_1, \ldots, a_r) \text{ besteht} \\ \ldots\ldots\ldots & \\ \alpha_{k-1}(a_1, \ldots, a_r), & \quad\text{„} \quad B_{k-1}(a_1, \ldots, a_r) \quad \text{„} \\ \alpha_k(a_1, \ldots, a_r) \text{ sonst} & \end{cases}$$

definierte „zusammengeflickte" Funktion $\varphi(a_1, \ldots, a_r)$ primitiv-rekursiv.

Daraus folgt auch, dass für sich gegenseitig ausschliessende primitiv-rekursive Beziehungen $B_1(n, a_1, \ldots, a_r, a_{r+1}), \ldots, B_{k-1}(n, a_1, \ldots, a_r, a_{r+1})$, die aus den primitiv-rekursiven Funktionen $\alpha_0(a_1, \ldots, a_r), \alpha_1(n, a_1, \ldots, a_r, a_{r+1}), \ldots$, $\alpha_k(n, a_1, \ldots, a_r, a_{r+1})$ durch die folgende „zusammengeflickte" Rekursion definierte Funktion primitiv-rekursiv ist:

$$\varphi(0, a_1, \ldots, a_r) = \alpha_0(a_1, \ldots, a_r)$$

$$\varphi(n+1,\ a_1, \ldots, a_r) = \begin{cases} \alpha_1(n, a_1, \ldots, a_r,\ \varphi(n, a_1, \ldots, a_r)), \\ \qquad \text{falls } B_1(n, a_1, \ldots, a_r, \varphi(n, a_1, \ldots, a_r)) \text{ besteht} \\ \ldots\ldots\ldots \\ \alpha_{k-1}(n, a_1, \ldots, a_r, \varphi(n, a_1, \ldots, a_r)), \\ \qquad \text{falls } B_{k-1}(n, a_1, \ldots, a_r, \varphi(n, a_1, \ldots, a_r)) \text{ besteht} \\ \alpha_k(n, a_1, \ldots, a_r, \varphi(n, a_1, \ldots, a_r)) \text{ sonst.} \end{cases}$$

Es ist nämlich

$$\beta_0(n, a_1, \ldots, a_r, a_{r+1}) = \begin{cases} \alpha_1(n, a_1, \ldots, a_r, a_{r+1}), \\ \qquad \text{falls } B_1(n, a_1, \ldots, a_r, a_{r+1}) \text{ besteht} \\ \ldots\ldots\ldots \\ \alpha_{k-1}(n, a_1, \ldots, a_r, a_{r+1}), \\ \qquad \text{falls } B_{k-1}(n, a_1, \ldots, a_r, a_{r+1}) \text{ besteht} \\ \alpha_k(n, a_1, \ldots, a_r, a_{r+1}) \text{ sonst} \end{cases}$$

primitiv-rekursiv, und mit Verwendung von β_0 lässt sich $\varphi(n, a_1, \ldots, a_r)$ durch die primitive Rekursion

$$\varphi(0, a_1, \ldots, a_r) = \alpha_0(a_1, \ldots, a_r)$$
$$\varphi(n+1, a_1, \ldots, a_r) = \beta_0(n, a_1, \ldots, a_r, \varphi(n, a_1, \ldots, a_r))$$

definieren.

11. Es wurden aber nicht nur in den „zusammengeflickten" Definitionen rekursive Beziehungen verwendet.

„*Das kleinste* i zwischen 0 und n (die Grenzen einbegriffen), *für welches* eine Beziehung $B(i, a_1, \ldots, a_r)$ besteht"

kann, wenn „das kleinste i, für welches" mit μ_i abgekürzt wird, in der Form

$$\mu_i[i \leqq n \ \& \ B(i, a_1, \ldots, a_r)]$$

geschrieben werden. Aus Nr. **9** des § **1** kann man entnehmen, dass, wenn es überhaupt ein solches i zwischen 0 und n gibt, das kleinste derartige i als Funktion von $a_1, \ldots, a_r$ folgendermassen erhalten werden kann:

$$\sum_{k=0}^{n} \operatorname{sg}\left(\prod_{j=0}^{k} \beta(j, a_1, \ldots, a_r)\right).$$

Gibt es zwischen 0 und n kein solches i, für welches $B(i, a_1, \ldots, a_r)$ besteht, dass heisst, unter Benutzung der Abkürzungen von Nr. **5** und **9** dieses Kapitels, wenn

$$(i)\,[i \leqq n \rightarrow \overline{B}(i, a_1, \ldots, a_r)]$$

besteht, so versteht man 0 unter μ_i. Also lautet die Definition dieses Ausdrucks:

$$\mu_i[i \leqq n \ \& \ B(i, a_1, \ldots, a_r)] = \begin{cases} 0, \text{ falls } (i)\,[i \leqq n \rightarrow \overline{B}(i, a_1, \ldots, a_r)] \\ \sum_{k=0}^{n} \operatorname{sg}\left(\prod_{j=0}^{k} \beta(j, a_1, \ldots, a_r)\right) \text{ sonst.} \end{cases}$$

Nach der vorigen Nummer ist diese „zusammengeflickte" Funktion samt der Beziehung $B(i, a_1, \ldots, a_r)$ primitiv-rekursiv.

In Nr. **8, 16** und **17** des § **1** wurden $\left[\frac{a}{n}\right]$, p_{n+1} und $\exp_n(n)$ als ein kleinstes i von einer gewissen Beschaffenheit definiert. Unter Verwendung von μ_i lassen sich diese Definitionen einfacher aufschreiben; und dabei kann auch der Faktor $\operatorname{sg}(n)$, der wegen des Ausnahmefalles $n = 0$ hinzugenommen wurde, weggelassen werden. Es ist z. B.

$$\left[\frac{a}{n}\right] = \mu_i[i \leqq a \ \& \ a+1 \leqq (i+1)\,n],$$

und darin ist zugleich auch $\left[\frac{a}{0}\right] = 0$ enthalten; denn es gibt kein i, für wel-

Tabelle für die gebräuchlichsten pr

	Die Funktion	$\varphi(0,\ldots)$ (für $n=0$)	$\varphi(n+1,\ldots)$, bzw. die explizite Definition von $\varphi(n,\ldots$
1.	n	0	$n+1$
2.	$a+n$	a	$(a+n)+1$
3.	$n\cdot a$	0	$n\cdot a+a$
4.	$n!$	1	$(n+1)\cdot n!$
5.	a^n	1	$a^n\cdot a$
6.	$n\dot{-}1$	0	n
7.	$a\dot{-}n$	a	$(a\dot{-}n)\dot{-}1$
8.	$\lvert a-b\rvert$ *		$(a\dot{-}b)+(b\dot{-}a)$
9.	$\mathrm{sg}\,(n)$	0	1
10.	$\overline{\mathrm{sg}}\,(n)$	1	0
11.	$\max\,(a,b)$ *		$a\,\overline{\mathrm{sg}}\,(b\dot{-}a)+b\,\overline{\mathrm{sg}}\,((a+1)\dot{-}b)$
12.	$\min\,(a,b)$ *		$a\,\overline{\mathrm{sg}}\,(a\dot{-}b)+b\,\overline{\mathrm{sg}}\,((b+1)\dot{-}a)$
13.	$[\sqrt{n}]$	0	$[\sqrt{n}]+\overline{\mathrm{sg}}\,(\lvert n+1-([\sqrt{n}]+1)^2\rvert)$
14.	quadres (n) *		$n\dot{-}[\sqrt{n}]^2$
15.	quad (n) *		$\overline{\mathrm{sg}}$ (quadres (n))
16.	$\varphi=\begin{cases}\alpha_1, \text{ falls } B_1 \text{ besteht}\\ \cdots\\ \alpha_k, \text{ falls } B_k \text{ besteht}\end{cases}$ *		$\alpha_1\overline{\mathrm{sg}}\,(\beta_1)+\cdots+\alpha_k\,\overline{\mathrm{sg}}\,(\beta_k)$
17.	Durch eine „zusammengeflickte" Rekursion definierte $\varphi(n,\ldots)$	$\alpha_0(\ldots)$	$\begin{cases}\alpha_1(n,\ldots,\varphi(n,\ldots)), \text{ falls } B_1(n,\ldots,\varphi(n,\ldots)) \text{ gilt}\\ \cdots\\ \alpha_{k-1}(n,\ldots,\varphi(n,\ldots)), \text{ falls } B_{k-1}(n,\ldots,\varphi(n,\ldots)) \text{ gilt}\\ \alpha_k(n,\ldots,\varphi(n,\ldots)) \text{ sonst}\end{cases}$
18.	$\sum_{i=0}^{n}\alpha(i,a_1,\ldots,a_r)$	$\alpha(0,\ldots)$	$\left\{\sum_{i=0}^{n}\alpha(i,\ldots)\right\}+\alpha(n+1,\ldots)$
19.	$\prod_{i=0}^{n}\alpha(i,a_1,\ldots,a_r)$	$\alpha(0,\ldots)$	$\left\{\prod_{i=0}^{n}\alpha(i,\ldots)\right\}\cdot\alpha(n+1,\ldots)$
20.	$\sum_{i=m}^{n}\alpha(i,a_1,\ldots,a_r)$ *		$\begin{cases}0, \text{ falls } m>n\\ \sum_{i=0}^{n}\alpha(i,\ldots), \text{ falls } m=0\\ \sum_{i=0}^{n}\alpha(i,\ldots)\dot{-}\sum_{i=0}^{m\dot{-}1}\alpha(i,\ldots) \text{ sonst}\end{cases}$
21.	$\prod_{i=m}^{n}\alpha(i,a_1,\ldots,a_r)$ *		$\begin{cases}1, \text{ falls } m>n\\ \prod_{i=0}^{n\dot{-}m}\alpha(i+m,\ldots) \text{ sonst}\end{cases}$
22.	$\mu_i[i\leqq n \;\&\; B(i,a_1,\ldots,a_r)]$ *		$\begin{cases}0, \text{ falls } (i)\,[i\leqq n\rightarrow\overline{B}(i,\ldots)]\\ \sum_{k=0}^{n}\mathrm{sg}\left(\prod_{j=0}^{k}\beta(j,\ldots)\right) \text{ sonst}\end{cases}$
23.	$\mu_i'\,[i\leqq n \;\&\; B(i,a_1,\ldots,a_r)]$ *		$\mu_i[i\leqq n \;\&\; B(i,\ldots) \;\&\; (k)\,[k\leqq n\rightarrow(k>i\rightarrow\overline{B}\,(i,\ldots))]]$
24.	$\left[\frac{a}{n}\right]$ *		$\mu_i[i\leqq a \;\&\; a+1\leqq(i+1)\,n]$
25.	res (a,n) *		$a\dot{-}\left[\frac{a}{n}\right]n$
26.	$S(n)$ *		$\sum_{i=1}^{n}\overline{\mathrm{sg}}\,(\mathrm{res}\,(n,i))$
27.	$\pi(n)$ *		$\sum_{i=2}^{n}\overline{\mathrm{sg}}\,(\lvert S(i)-2\rvert)$
28.	p_n *		$\mu_i[i\leqq 2^{2^{n+1}} \;\&\; \pi(i)=n+1]$
29.	$\exp_a(n)$ *		$\mu_i[i\leqq n \;\&\; p_a^{i+1}$ teilt nicht $n]$
30.	long (n) *		$\mu_i'[i\leqq n \;\&\; p_i$ geht in n auf$]$
31.	S_n	1	$(n+1)\,S_n+1$
32.	$[en]$	0	$\left[\frac{S_{n+1}}{n!}\right]$

rsiven Funktionen und Beziehungen

dingung für $(n)=0$	Die darauf gebauten Beziehungen	Bemerkungen
$n=0$	B_1 & B_2 & ... & B_k	
r $a=0$	$B_1 \vee B_2 \vee \ldots \vee B_k$; $B_1 \rightarrow B_2$	
		$0!=1$
		$0^0=1$
		$n-1$ für $n>0$
	$a \leqq n$; $a<n$ als $a+1 \leqq n$	$a-n$ für $a \geqq n$
	$a=b$	
	$\bar{B}$ (Negation von B)	
Quadrat	n ist eine Quadratzahl	Abweichung vom nächsten Quadrat
Quadrat		Charakt. Funktion des Quadratseins
		Überall gilt genau eines der $B_1, \ldots, B_k$
		$B_1, \ldots, B_{k-1}$ schliessen sich aus
$\leqq n$ gilt $\alpha(i,\ldots)=0$	$(i)\,[i \leqq n \rightarrow B(i,\ldots)]$	Die Relation: für alle i bis n gilt $B(i,\ldots)$
n $i \leqq n$, so dass $=0$	$(Ei)\,[i \leqq n$ & $B(i,\ldots)]$	Die Relation: es gibt ein i bis n für das $B(i,\ldots)$ gilt
		0, falls $m>n$
		1, falls $m>n$
		Das kleinste i bis n, für welches $B(i,\ldots)$ gilt, und 0, wenn es kein solches i gibt
		Das grösste i bis n, für das $B(i,\ldots)$ gilt, und 0, wenn es kein solches i gibt
		$\left[\frac{a}{0}\right]=0$
ar durch n	a ist teilbar durch n	Der Rest von a (mod n), für $n \neq 0$. res $(a, 0)=a$
	(aus $S(n)=2$) n ist eine Primzahl	Die Anzahl der Teiler von n
		Die Anzahl der Primzahlen bis n
		p_n ist die $n+1$-te Primzahl
	(aus $\exp_a(n)=k$) n ist genau durch die k-te Potenz von p_a teilbar	$\exp_a(0)=0$. Für $\exp_a(n) \neq 0$ ist $p_a \leqq p_a^{\exp_a(n)} \leqq n$ und $\exp_a(n) \leqq p_a^{\exp_a(n)} \leqq n$; für $n>0$ ist sogar $\exp_a(n)<n$
		Für $n>1$ der Index des grössten Primteilers von n (die „Länge" der Primfaktorenzerlegung)
		$n!$-mal die n-te Teilsumme der Reihe für e

ches $a+1 \leqq (i+1)\cdot 0$ wäre, und wenn es kein solches i gibt, so is der Wert von μ_i für $n=0$ gleich 0.

Ähnlich ist

$$p_n = \mu_i[i \leqq 2^{2^{n+1}} \ \& \ \pi(i) = n+1],$$

und

$$\exp_a(n) = \mu_i[i \leqq n \ \& \ \operatorname{res}(n, p_a^{i+1}) \neq 0].$$

Wenn es bis n nur ein einziges i gibt, für welches eine primitiv-rekursive Beziehung $B(i, a_1, \ldots, a_r)$ besteht, so ergibt μ_i dieses einzige i. So lässt sich auch *das grösste i bis n* für welches $\beta(i, a_1, \ldots, a_r)$ besteht, falls ein solches i überhaupt existiert, ebenfalls als ein gewisses kleinstes i, also mit μ_i aufschreiben; nämlich als das kleinste (das einzige) i, für welches $B(i, a_1, \ldots, a_r)$ besteht, wobei für grössere $k \leqq n$ $\bar{B}(k, a_1, \ldots, a_r)$ besteht (ähnlich wurde schon in Nr. **18** des § **1** verfahren). Wird das betrachtete grösste i mit μ_i' bezeichnet, so ist daher

$$\mu_i'[i \leqq n \ \& \ B(i, a_1, \ldots, a_r)] =$$
$$= \mu_i[i \leqq n \ \& \ B(i, a_1, \ldots, a_r) \ \& \ (k)[k \leqq n \rightarrow (k > i \rightarrow \bar{B}(k, a_1, \ldots, a_r))]].$$

Mit Benutzung von μ_i' lässt sich z. B. die Definition von $\operatorname{long}(n)$ in Nr. **18** des § **1** auf folgende Form bringen:

$$\operatorname{long}(n) = \mu_i'[i \leqq n \ \& \ \exp_i(n) \neq 0].$$

12. Nun werde ich die wichtigsten primitiv-rekursiven Funktionen, indem ich auf die Reihenfolge ihres Aufbau aus den Ausgangsfunktionen

$$0 \text{ und } n+1$$

achte, in einer Tabelle zusammenfassen. Dabei lege ich kein Gewicht auf eine reine Systematisierung, sondern nur auf die Brauchbarkeit der Tabelle. Die leeren Spalten sind für uns uninteressant. Die mit einem * bezeichneten Funktionen werden nur durch Substitutionen aufgebaut. Die ebenfalls primitiv-rekursiven konstanten Zahlen kommen nicht in die Tabelle. α, α_i bedeuten bereits definierte primitiv-rekursive Funktionen; B_i eine bereits definierte primitiv-rekursive Beziehung, und β_i eine solche primitiv-rekursive Funktion, welche dann und nur dann verschwindet, wenn B_i besteht.

Die Funktionen, die in der Tabelle auf eine Art, die an ihre Bedeutung erinnert, bezeichnet werden, setze ich im Folgenden als bekannt voraus (auch μ_i und μ_i'). Die Bezeichnungen anderer Funktionen betrachte ich nicht als ein für alle Mal festgelegt; ich werde in verschiedenen Nummern verschiedene Funktionen nach Bedarf mit denselben griechischen Buchstaben bezeichnen.

§ 3. DIE WERTVERLAUFSREKURSION [1])

1. Nun werde ich zeigen, dass sich die in Nr. **24** des § **1** angegebene Definition

$$\mathrm{Fib}(0)=0$$
$$\mathrm{Fib}(n+1)=\overline{\mathrm{sg}}(n)+\mathrm{sg}(n)\,(\mathrm{Fib}(n\dot{-}1)+\mathrm{Fib}(n))$$

für die Folge

$$0, 1, 1, 2, 3, 5, 8, \ldots$$

von FIBONACCI, durch eine primitive Rekursion und Substitutionen ersetzen lässt.

Die Definition kann etwas kürzer geschrieben werden, wenn

$$\beta(n, a, b)=\overline{\mathrm{sg}}(n)+\mathrm{sg}(n)\,(a+b)$$

gesetzt wird; denn dann ist

$$\mathrm{Fib}(0)=0$$
$$\mathrm{Fib}(n+1)=\beta(n, \mathrm{Fib}(n\dot{-}1), \mathrm{Fib}(n)).$$

Diese Definition ist jedenfalls eine Rekursion, denn sie bestimmt den Wert $\mathrm{Fib}(n+1)$ mit Hilfe von Funktionswerten, die an kleineren Stellen als $n+1$ angenommen werden.

Ich werde gleich allgemeiner Folgendes zeigen: hat man mit einer solchen Rekursion zu tun, welche den Funktionswert an der Stelle $n+1$ mit Benutzung von beliebig vielen (eventuell von allen) Gliedern des unterhalb $n+1$ genommenen Wertevorrats der definierten Funktion angibt, so kann man diese (den ganzen Wertverlauf benutzende) Definition auf eine primitive Rekursion und Substitutionen zurückführen.

Dass der Wert $\varphi(n+1)$ einer Funktion φ von vor $n+1$ angenommenen Funktionswerten abhängt, kann auch so ausgedrückt werden, dass er vom Ausdruck

$$p_0^{\varphi(0)} \cdot p_1^{\varphi(1)} \ldots p_n^{\varphi(n)}$$

das heisst, von

$$\psi(n)=\prod_{i=0}^{n} p_i^{\varphi(i)}$$

[1]) PÉTER [2] § 1. und [4] § 2.

abhängt, worin ja all diese Werte enthalten sind. Die Definition

$$\varphi(0) = k$$
$$\varphi(n+1) = \gamma\left(n, \prod_{i=0}^{n} p_i^{\varphi(i)}\right) = \gamma(n, \psi(n))$$

kann *allgemeine Wertverlaufsrekursion* genannt werden. (Man kann natürlich auch eine mehrstellige Funktion durch eine Wertverlaufsrekursion der Form

$$\varphi(0, a_1, \ldots, a_r) = \alpha(a_1, \ldots, a_r)$$
$$\varphi(n+1, a_1, \ldots, a_r) = \gamma\left(n, a_1, \ldots, a_r, \prod_{i=0}^{n} p_i^{\varphi(i, a_1, \ldots, a_r)}\right)$$

definieren; die folgenden Folgerungen lassen sich ohne weiteres auch auf mehrstellige Funktionen übertragen.) Man erhält hier an einer beliebigen Stelle a zwischen 0 und n den Wert $\varphi(a)$ als den Exponent von p_a

$$\varphi(a) = \exp_a(\psi(n))$$

in der Primfaktorenzerlegung

$$\psi(n) = p_0^{\varphi(0)}\, p_1^{\varphi(1)} \cdots p_n^{\varphi(n)}.$$

So ist für $\varphi(n) = \mathrm{Fib}(n)$

$$\mathrm{Fib}\,(n \dot{-} 1) = \exp_{n \dot{-} 1}(\psi(n)) \text{ und } \mathrm{Fib}\,(n) = \exp_n(\psi(n)),$$

und daher ist die Definition von Fib (n) jener einfache Spezialfall der allgemeinen Wertverlaufsrekursion, bei dem

$$k = 0 \qquad \text{und} \qquad \gamma(n, a) = \beta(n, \exp_{n \dot{-} 1}(a), \exp_n(a))$$

(γ ist freilich eine primitiv-rekursive Funktion).

2. Nun lassen sich die Werte von

$$\psi(n) = \prod_{i=0}^{n} p_i^{\varphi(i)}$$

mit Benutzung der Wertverlaufsrekursion für $\varphi(n)$, folgendermassen berechnen:

$$\psi(0) = p_0^{\varphi(0)} = 2^k$$
$$\psi(n+1) = \psi(n) \cdot p_{n+1}^{\varphi(n+1)} = \psi(n) \cdot p_{n+1}^{\gamma(n, \psi(n))}.$$

Die Definition

$$\psi(0) = 2^k$$
$$\psi(n+1) = \psi(n) \cdot p_{n+1}^{\gamma(n, \psi(n))}$$

ergibt aber den Wert $\psi(n+1)$ mit Hilfe von $\psi(n)$; sie ist also eine primitive Rekursion. Und, wie bereits erwähnt, ergibt sich $\varphi(n)$ durch die einfache Substitution

$$\varphi(n)=\exp_n(\psi(n))$$

aus $\psi(n)$. Daher ***führt die Verwendung von Wertverlaufsrekursionen aus der Klasse der primitiv-rekursiven Funktionen nicht heraus;*** insbesondere ist auch die Funktion Fib(n), welche die Folge von Fibonacci angibt, primitiv-rekursiv.

§ 4. DIE SIMULTANE REKURSION

1. Kehren wir jetzt zur Definition

$$\sigma_1(0)=0 \quad \text{und} \quad \sigma_2(0)=0$$
$$\sigma_1(n+1)=\overline{\text{sg}}((\sigma_1(n)+1)\dot{-}\sigma_2(n))\cdot\sigma_2(n)+\overline{\text{sg}}((\sigma_2(n)+1)\dot{-}\sigma_1(n))\cdot(\sigma_2(n)+1)$$

und

$$\sigma_2(n+1)=\text{sg}(|\sigma_1(n)-\sigma_2(n)|)\cdot\sigma_1(n)+\overline{\text{sg}}(|\sigma_1(n)-\sigma_2(n)|)\cdot(\sigma_1(n)+1)$$

zurück, die in Nr. **27** des § **1** bei der Anordnung der Zahlenpaare in eine Folge entstanden ist. Diese Definition kann eine *simultane Rekursion* der Funktionen $\sigma_1(n)$ und $\sigma_2(n)$ genannt werden. Um dies kürzer aufschreiben zu können, setzen wir

$$\beta_1(a, b)=\overline{\text{sg}}((a+1)\dot{-}b)\cdot b+\text{sg}((b+1)-a)\cdot(b+1)$$

und

$$\beta_2(a, b)=\text{sg}(|a-b|)\cdot a+\overline{\text{sg}}(|a-b|)\cdot(a+1).$$

Dann lautet die Definition

$$\sigma_1(0)=0 \quad \text{und} \quad \sigma_2(0)=0$$
$$\sigma_1(n+1)=\beta_1(\sigma_1(n), \sigma_2(n)) \quad \text{und} \quad \sigma_2(n+1)=\beta_2(\sigma_1(n), \sigma_2(n));$$

wobei natürlich $\beta_1(a, b)$ und $\beta_2(a, b)$ primitiv-rekursiv sind.

Die simultane Rekursion der beiden Funktionen kann auf die Definition der Funktion

$$\varphi(n)=3^{\sigma_1(n)}\,5^{\sigma_2(n)}$$

zurückgeführt werden. Für diese gilt

$$\sigma_1(n)=\exp_1(\varphi(n)) \quad \text{und} \quad \sigma_2(n)=\exp_2(\varphi(n)).$$

Daher ist

$$\varphi(0) = 3^0 \cdot 5^0 = 1$$

und

$$\varphi(n+1) = 3^{\beta_1(\sigma_1(n), \sigma_2(n))} \cdot 5^{\beta_2(\sigma_1(n), \sigma_2(n))} = 3^{\beta_1(\exp_1(\varphi(n)), \exp_2(\varphi(n)))} \cdot 5^{\beta_2(\exp_1(\varphi(n)), \exp_2(\varphi(n)))}$$

Sei

$$\beta(a) = 3^{\beta_1(\exp_1(a), \exp_2(a))} \cdot 5^{\beta_2(\exp_1(a), \exp_2(a))}$$

so ist $\beta(a)$ primitiv-rekursiv, und $\varphi(n)$ kann durch die folgende primitive Rekursion definiert werden:

$$\varphi(0) = 1$$
$$\varphi(n+1) = \beta(\varphi(n)).$$

Somit sind auch $\sigma_1(n)$ und $\sigma_2(n)$ primitiv-rekursive Funktionen, da man sie durch die Substitutionen

$$\sigma_1(n) = \exp_1(\varphi(n)) \quad \text{und} \quad \sigma_2(n) = \exp_2(\varphi(n))$$

erhalten kann.

2. *Es führt auch die simultane Rekursion von mehreren Funktionen nicht über die Klasse der primitiv-rekursiven Funktionen hinaus;*[7] es kann nämlich die allgemeine simultane Rekursion von k Funktionen:

$$\sigma_1(0, a_1, \ldots, a_r) = \alpha_1(a_1, \ldots, a_r)$$
$$\cdots$$
$$\sigma_k(0, a_1, \ldots, a_r) = \alpha_k(a_1, \ldots, a_r)$$
$$\sigma_1(n+1, a_1, \ldots, a_r) = \beta_1(n, a_1, \ldots, a_r, \sigma_1(n, a_1, \ldots, a_r), \ldots, \sigma_k(n, a_1, \ldots, a_r))$$
$$\cdots$$
$$\sigma_k(n+1, a_1, \ldots, a_r) = \beta_k(n, a_1, \ldots, a_r, \sigma_1(n, a_1, \ldots, a_r), \ldots, \sigma_k(n, a_1, \ldots, a_r))$$

ganz ähnlich wie im betrachteten Fall auf die primitive Rekursion der Funktion

$$\varphi(n, a_1, \ldots, a_r) = \prod_{i=1}^{k} p_i^{\sigma_i(n, a_1, \ldots, a_r)}$$

und auf Substitutionen zurückgeführt werden

---

[7]) Dies wurde zuerst in HILBERT—BERNAYS [1] Band 1. S. 328—329 bewiesen; der hier geschilderte einfache Beweis ist neu und stammt von B. DÖMÖLKI.

§ 5. REKURSION, BEI DER FÜR DIE PARAMETER EINSETZUNGEN ERFOLGEN[8])

1. Es soll nun die in Nr. **23** des § **1** angegebene Definition

$$\binom{0}{a} = \overline{\mathrm{sg}}\,(a)$$

$$\binom{n+1}{a} = \overline{\mathrm{sg}}\,(a \dot{-} (n+1)) \cdot \left(\binom{n}{a} + \mathrm{sg}(a)\binom{n}{a \dot{-} 1}\right)$$

von $\binom{n}{a}$ untersucht werden.

Der kürzeren Schreibweise halber sei

$$\alpha(a) = \overline{\mathrm{sg}}\,(a),$$
$$\gamma(a) = a \dot{-} 1$$

und

$$\beta(n, a, b, c) = \overline{\mathrm{sg}}\,(a \dot{-} (n+1)) \cdot (b + \mathrm{sg}(a) \cdot c);$$

dann lautet die Definition

$$\binom{0}{a} = \alpha(a)$$

$$\binom{n+1}{a} = \beta\left(n, a, \binom{n}{a}, \binom{n}{\gamma(a)}\right).$$

In dieser Definition wird nicht nur $\binom{n}{a}$, sondern auch $\binom{n}{\gamma(a)}$ zur Berechnung von $\binom{n+1}{a}$ verwendet. Daher *genügt es nicht zur Berechnung von* $\binom{n+1}{a}$ *den Wert* $\binom{n}{a}$ *zu kennen: es muss die Funktion* $\binom{n}{a}$ *als Funktion von a bekannt sein* (um darin auch $\gamma(a)$ für a setzen zu können). Ich werde aber zeigen, dass man auch eine solche Definition auf primitive Rekursionen und Substitutionen zurückführen kann. Im vorliegenden einfachen Beispiel wäre das sehr leicht durchzuführen; ich werde aber eine solche Methode anwenden, die auch allgemein brauchbar ist.

---

[8]) Péter [2], [4], [7]. Siehe noch Csillag [1] (darin muss die Definition der Funktion $\psi(n, a)$ etwas modifiziert werden).

Die Zurückführung kann so geschehen, dass man die Schritte einzeln untersucht, die beim Aufbau von $\binom{n}{a}$ von $\binom{0}{a}$ ausgehend allmählich gemacht werden müssen; und hierauf eine Funktion definiert, deren Werte die dabei gefundenen „Bausteine“ sind. Beobachten wir den Aufbau einiger Anfangswerte:

$$\binom{0}{a} = \alpha(a);$$

$$\binom{1}{a} = \beta\left(0, a, \binom{0}{a}, \binom{0}{\gamma(a)}\right) = \beta(0, a, \alpha(a), \alpha(\gamma(a)));$$

daraus wird $\binom{1}{\gamma(a)}$, wenn für a überall $\gamma(a)$ gesetzt wird; es ist also

$$\binom{2}{a} = \beta\left(1, a, \binom{1}{a}, \binom{1}{\gamma(a)}\right) =$$
$$= \beta(1, a, \beta(0, a, \alpha(a), \alpha(\gamma(a))), \beta(0, \gamma(a), \alpha(\gamma(a)), \alpha(\gamma(\gamma(a)))));$$

. . . .

Man sieht, dass diese Werte durch Einsetzungen, „Ineinanderschachtelungen“ von α, β, γ zustande kommen; dabei erfolgt in die erste Leerstelle von β niemals eine Einsetzung; dort kommt nämlich beim Aufbau von $\binom{n}{a}$ immer eine kleinere Zahl als n vor; alle andere Leerstellen unserer Funktionen werden entweder mit a besetzt, oder es erfolgen dort Einschachtelungen. Als Hilfsfunktion, welche die Bausteine von $\binom{n}{a}$ annimmt, hat man daher eine solche Funktion $\psi(n, a)$ zu definieren, welche erstens den Wert a annimmt (zum Beispiel für $n = 0$); und dann mit bereits angenommenen Werten auch jene Werte annimmt, die aus deren Einschachtelungen in α, γ und in die zweite, dritte und vierte Leerstelle von β entstehen. Die Definition von $\psi(n, a)$ wird daher so gewählt, dass

$$\psi(0, a) = a,$$

ferner für beliebiges m_1 mit geeignetem n_1 und n_2.

$$\psi(n_1, a) = \alpha(\psi(m_1, a)),$$
$$\psi(n_2, a) = \gamma(\psi(m_1, a)),$$

endlich für beliebige m_0, m_1, m_2 und m_3 mit geeignetem n

$$\psi(n, a) = \beta(m_0, \psi(m_1, a), \psi(m_2, a), \psi(m_3, a))$$

ist.

2. Diese Forderungen lassen noch eine grosse Freiheit in der Definition von $\psi(n, a)$ zu. Es können z. B. die drei Fälle, wobei ψ durch Einschachtelung in α, γ oder β zustande kommt, danach getrennt werden, ob $n (> 0)$ ungerade, oder genau durch die erste Potenz von 2, oder durch eine höhere Potenz von 2 teilbar ist. Der Exponent von 2 in der Primfaktorenzerlegung von n wurde mit $\exp_0(n)$ bezeichnet; in diesem Fall hat also die Definition von $\psi(n, a)$ die Struktur:

$$\psi(0, a) = a$$

und für $n > 0$

$$\psi(n, a) = \begin{cases} \alpha(\psi(m_1, a)), & \text{falls} \quad \exp_0(n) = 0 \\ \gamma(\psi(m_1, a)), & \text{„} \quad \exp_0(n) = 1 \\ \beta(m_0, \psi(m_1, a), \psi(m_2, a), \psi(m_3, a)) & \text{sonst;} \end{cases}$$

und hierbei kann noch m_0, m_1, m_2, m_3 auf vielerlei Weise gewählt werden. Um eine rekursive Definition zu gewinnen, hat man m_0, m_1, m_2 und m_3 so zu wählen, dass sie für $n > 0$ kleiner als n ausfallen. Zum Beispiel entsprechen die Exponenten von 3, 5, 7 und 11 in der Primfaktorenzerlegung von n dieser Forderung. Es sei also

$$m_0 = \exp_1(n), \quad m_1 = \exp_2(n), \quad m_2 = \exp_3(n) \quad \text{und} \quad m_3 = \exp_4(n);$$

dann lautet die Definition von $\psi(n, a)$

$$\psi(0, a) = a$$

und für $n > 0$

(D)
$$\psi(n, a) = \begin{cases} \alpha(\psi(\exp_2(n), a)), & \text{falls} \quad \exp_0(n) = 0 \\ \gamma(\psi(\exp_2(n), a)), & \text{„} \quad \exp_0(n) = 1 \\ \beta(\exp_1(n), \psi(\exp_2(n), a), \psi(\exp_3(n), a), \psi(\exp_4(n), a)) & \text{sonst.} \end{cases}$$

Die so definierte Funktion $\psi(n, a)$ genügt tatsächlich den Forderungen. Zum Beispiel ist $(5^{m_1}, a)$ eine Stelle, wo sie den Wert $\alpha(\psi(m_1, a))$ annimmt, da der Exponent von 2 und von 5 in der Primfaktorenzerlegung von 5^{m_1}

$$\exp_0(5^{m_1}) = 0 \quad \text{bzw.} \quad \exp_2(5^{m_1}) = m_1$$

ist, und also nach (D)

$$\psi(5^{m_1}, a) = \alpha(\psi(m_1, a)).$$

Ähnlich sieht man ein, dass $(2 \cdot 5^{m_1}, a)$ eine solche Stelle ist, wo die ψ-Funktion den Wert $\gamma(\psi(m_1, a))$, und dass $(2^2 \cdot 3^{m_0} \cdot 5^{m_1} \cdot 7^{m_2} \cdot 11^{m_3}, a)$ eine solche Stelle ist, wo sie den Wert $\beta(m_0, \psi(m_1, a), \psi(m_2, a), \psi(m_3, a))$ annimmt:

$$\psi(2 \cdot 5^{m_1}, a) = \gamma(\psi(m_1, a)),$$
$$\psi(2^2 \cdot 3^{m_0} \cdot 5^{m_1} \cdot 7^{m_2} \cdot 11^{m_3}, a) = \beta(m_0, \psi(m_1, a), \psi(m_2, a), \psi(m_3, a)).$$

Der kürzeren Schreibweise halber sei

$$\xi(m, n, a, b, c) = \begin{cases} \alpha(a), & \text{falls} \quad m = 0 \\ \gamma(a), & \quad \text{„} \quad\quad m = 1 \\ \beta(n, a, b, c) & \text{sonst;} \end{cases}$$

dann ist die aus primitiv-rekursiven Funktionen „zusammengeflickte" Funktion ξ primitiv-rekursiv, und mit ihr kann die Definition von $\psi(n, a)$ auf folgende Form gebracht werden:

$$\psi(0, a) = a$$
$$\psi(n+1, a) = \xi(\exp_0(n+1), \exp_1(n+1), \psi(\exp_2(n+1), a),$$
$$, \psi(\exp_3(n+1), a), \psi(\exp_4(n+1), a)).$$

Man sieht — und ich werde mich darauf berufen — dass

$$\xi(m, m_0, \psi(m_1, a), \psi(m_2, a), \psi(m_3, a)) = \psi(2^m \cdot 3^{m_0} \cdot 5^{m_1} \cdot 7^{m_2} \cdot 11^{m_3}, a):$$

es sind nämlich in der Primfaktorenzerlegung von

$$n+1 = 2^m \cdot 3^{m_0} \cdot 5^{m_1} \cdot 7^{m_2} \cdot 11^{m_3}$$

die Exponenten von 2, 3, 5, 7 und 11 der Reihe nach m, m_0, m_1, m_2 und m_3.

$\psi(n, a)$ entsteht durch eine Wertverlaufsrekursion aus primitiv-rekursiven Funktionen (es gehören ja $\psi(\exp_2(n+1), a)$, $\psi(\exp_3(n+1), a)$ und $\psi(\exp_4(n+1), a)$ zum Wertevorrat der Funktion ψ vor der Stelle $(n+1, a)$; und damit ist sie auch selber primitiv-rekursiv.

3. Die Werte von $\psi(n, a)$ sind die Bausteine, die beim Aufbau von $\binom{n}{a}$ allmählich gebraucht werden. Unter den Bausteinen kommen auch die Werte $\binom{0}{a}, \binom{1}{a}, \binom{2}{a}, \ldots$ vor. Wie können diese aus den Werten von $\psi(n, a)$ herausgehoben werden?

Ich werde zeigen, dass es eine primitiv-rekursive Funktion $\varkappa(n)$ gibt, für welche

$$\binom{n}{a} = \psi(\varkappa(n), a).$$

Zum Beweis benutze ich eine interessante Eigenschaft der ψ-Funktion, nämlich, dass die eingeschachtelten Ausdrücke $\psi(n, \psi(s, a))$ auch als uneingeschachtelte ψ-Werte ausgedrückt werden können (es kamen ja durch Ineinanderschachtelung der Bausteine von $\binom{n}{a}$ neue Bausteine zustande); genauer: *Es gibt eine primitiv-rekursive Funktion $\nu(n, s)$, so dass*

$$\psi(n, \psi(s, a)) = \psi(\nu(n, s), a).$$

Nach der ersten Definitionsgleichung von ψ gilt nämlich

$$\psi(0, \psi(s, a)) = \psi(s, a).$$

Angenommen, dass es bereits zu einem beliebigen s für $i = 1, 2, \ldots, n$ solche von i und s abhängige Zahlen $\nu(i, s)$ gibt, dass

$$\psi(i, \psi(s, a)) = \psi(\nu(i, s), a),$$

dann gibt es auch zu $i = n+1$ eine derartige Zahl $\nu(n+1, s)$; denn nach der zweiten Definitionsgleichung von ψ ist

$$\begin{aligned}\psi(n+1, \psi(s, a)) &= \xi(\exp_0(n+1), \exp_1(n+1), \psi(\exp_2(n+1), \psi(s, a)),\\ &\quad, \psi(\exp_3(n+1), \psi(s, a)), \psi(\exp_4(n+1), \psi(s, a))) =\\ &= \xi(\exp_0(n+1), \exp_1(n+1), \psi(\nu(\exp_2(n+1), s), a),\\ &\quad, \psi(\nu(\exp_3(n+1), s), a), \psi(\nu(\exp_4(n+1), s), a)),\end{aligned}$$

und dies ist — nach der Bemerkung am Ende der vorigen Nummer — gleich

$$\psi(2^{\exp_0(n+1)} \cdot 3^{\exp_1(n+1)} \cdot 5^{\nu(\exp_2(n+1), s)} \cdot 7^{\nu(\exp_3(n+1), s)} \cdot 11^{\nu(\exp_4(n+1), s)}, a).$$

Wird also $\nu(n, s)$ durch die Wertverlaufsrekursion

$$\begin{aligned}\nu(0, s) &= s\\ \nu(n+1, s) &= 2^{\exp_0(n+1)} \cdot 3^{\exp_1(n+1)} \cdot 5^{\nu(\exp_2(n+1), s)} \cdot 7^{\nu(\exp_3(n+1), s)} \cdot 11^{\nu(\exp_4(n+1), s)}\end{aligned}$$

definiert, so ist $\nu(n, s)$ primitiv-rekursiv, und für alle n gilt

$$\psi(n, \psi(s, a)) = \psi(\nu(n, s), a).$$

4. Nun kann man beweisen, dass es zu jedem n eine Zahl $\varkappa(n)$ gibt, für welche

$$\binom{n}{a} = \psi(\varkappa(n), a)$$

gilt. Erstens kann man aus der ursprünglichen Definition (D) für $\psi(n, a)$ und aus der Definition in Nr. 1 dieses Kapitels für $\binom{n}{a}$ entnehmen, dass

$$\psi(1, a) = \psi(2^0 \cdot 5^0, a) = \alpha(\psi(0, a)) = \alpha(a) = \binom{0}{a},$$

das heisst

$$\binom{0}{a} = \psi(1, a)$$

ist. Angenommen, dass es zu irgendeinem n bereits eine Zahl $\varkappa(n)$ gibt, für welche bei beliebigem a

$$\binom{n}{a} = \psi(\varkappa(n), a)$$

gilt, dann werde ich zeigen, dass es auch zu $n+1$ eine der entsprechenden Forderung genügende Zahl $\varkappa(n+1)$ gibt. Es ist nämlich nach der Definition von $\binom{n}{a}$ und nach der Annahme

$$\binom{n+1}{a} = \beta\left(n, a, \binom{n}{a}, \binom{n}{\gamma(a)}\right) = \beta(n, a, \psi(\varkappa(n), a), \psi(\varkappa(n), \gamma(a))).$$

Hier kann nach der Definition (D) für a auch $\psi(0, a)$ und für $\gamma(a) = \gamma(\psi(0, a))$. auch

$$\psi(2^1 \cdot 5^0, a) = \psi(2, a)$$

gesetzt werden; es ist also

$$\binom{n+1}{a} = \beta(n, \psi(0, a), \psi(\varkappa(n), a), \psi(\varkappa(n), \psi(2, a))).$$

Nun ist nach der vorigen Nummer

$$\psi(\varkappa(n), \psi(2, a)) = \psi(\nu(\varkappa(n), 2), a)$$

und also

$$\binom{n+1}{a} = \beta(n, \psi(0, a), \psi(\varkappa(n), a), \psi(\nu(\varkappa(n), 2), a)).$$

Endlich ist nach der Definition (D)

$$\beta(n, \psi(0, a), \psi(\varkappa(n), a), \psi(\nu(\varkappa(n), 2), a)) = \psi(2^2 \cdot 3^n \cdot 5^0 \cdot 7^{\varkappa(n)} \cdot 11^{\nu(\varkappa(n), 2)}, a);$$

also ist

$$\binom{n+1}{a} = \psi(2^2 \cdot 3^n \cdot 5^0 \cdot 7^{\varkappa(n)} \cdot 11^{\nu(\varkappa(n), 2)}, a);$$

und damit ist es tatsächlich gelungen auch zu $n+1$ eine der Forderung genügende Zahl zu finden.

Wird daher $\varkappa(n)$ durch die primitive Rekursion

$$\varkappa(0) = 1$$
$$\varkappa(n+1) = 2^2 \cdot 3^n \cdot 7^{\varkappa(n)} \cdot 11^{\nu(\varkappa(n), 2)}$$

definiert, so ist

$$\binom{n}{a} = \psi(\varkappa(n), a),$$

also entsteht $\binom{n}{a}$ durch Substitution aus primitiv-rekursiven Funktionen. Somit hat sich auch $\binom{n}{a}$ als primitiv-rekursiv erwiesen.

5. Ähnlich sieht man auch allgemein ein, dass *die Rekursion der Form*

$$\varphi(0, a) = \alpha(a)$$
$$\varphi(n+1, a) = \beta(n, a, \varphi(n, \gamma_1(n, a)), \varphi(n, \gamma_2(n, a)), \ldots, \varphi(n, \gamma_k(n, a))),$$

und auch die Definition

$$\varphi(0, a_1, \ldots, a_r) = \alpha(a_1, \ldots, a_r)$$
$$\begin{aligned}\varphi(n+1, a_1, \ldots, a_r) = \beta(n, a_1, \ldots, a_r, &\\ , \varphi(n, \gamma_{11}(n, a_1, \ldots, a_r), \ldots, \gamma_{1r}(n, a_1, \ldots, a_r)), &\\ , \varphi(n, \gamma_{21}(n, a_1, \ldots, a_r), \ldots, \gamma_{2r}(n, a_1, \ldots, a_r)), \ldots, &\\ , \varphi(n, \gamma_{k1}(n, a_1, \ldots, a_r), \ldots, \gamma_{kr}(n, a_1, \ldots, a_r))) &\end{aligned}$$

einer beliebig vielstelligen Funktion nicht über die Klasse der primitiv-rekursiven Funktionen hinausführt. Im § **10** komme ich darauf zurück, dass sich das hier benutzte Verfahren auch auf eine noch viel allgemeinere Definitionsart anwenden lässt.

§ 6. REKURSION NACH MEHREREN VARIABLEN[9])

1. Man hat noch die in Nr. **21** des § **1** angegebene Definition

$$\mathrm{dv}(0, n) = n, \qquad \mathrm{dv}(m+1, 0) = m+1$$
$$\mathrm{dv}(m+1, n+1) = \overline{\mathrm{sg}}(n \dot{-} m)\, \mathrm{dv}(m \dot{-} n, n+1) + \\ + \mathrm{sg}(n \dot{-} m)\, \mathrm{dv}(m+1, n \dot{-} m)$$

---

9) Péter [5] § 3.

des grössten gemeinsamen Teilers von m und n zu untersuchen, bei der zur Berechnung des Funktionswertes an der Stelle $(m+1, n+1)$ nicht nur ein Funktionswert mit kleinerem ersten Argument gebraucht wird, sondern auch ein Funktionswert mit unverändertem ersten, aber kleinerem zweiten Argument.

Der einfacheren Schreibweise halber sei

$$\beta(m, n, a, b) = \overline{\mathrm{sg}}(n \dot{-} m) \cdot a + \mathrm{sg}(n \dot{-} m) \cdot b$$

und

$$\gamma(m, n) = m \dot{-} n;$$

dann kann die Definition auch in der Form

$$\mathrm{dv}(0, n) = n, \qquad \mathrm{dv}(m+1, 0) = m+1$$

$$\mathrm{dv}(m+1, n+1) = \beta(m, n, \mathrm{dv}(\gamma(m, n), n+1), \mathrm{dv}(m+1, \gamma(n, m)))$$

geschrieben werden, wobei

$$\gamma(m, n) < m+1 \quad \text{und} \quad \gamma(n, m) < n+1$$

gilt. Hier steht neben dem ersten Argument $\gamma(m, n)$, das kleiner als $m+1$ ist, das unveränderte zweite Argument $n+1$; und dies erleichtert die Zurückführung der Definition auf primitive Rekursion und Substitution. Ich werde das aber im Folgenden nicht ausnutzen, um einen solchen Weg zu zeigen, der auch allgemein gangbar ist.

Die vorliegende Definition ist eine Wertverlaufsrekursion nach beiden Variablen; das auftretende kleinere erste Argument als $m+1$ ist nämlich nicht das unmittelbar vorstehende m, und das auftretende kleinere zweite Argument als $n+1$ ist nicht das unmittelbar vorangehende n. Ich verwende auf die beiden Variablen einzeln die Methode, die zur Auflösung der Wertverlaufsrekursion im § **3** eingeführt wurde.

Erstens sei bei gegebenem n die Funktion, welche den Wertevorrat unterhalb $m+1$ charakterisiert:

$$\psi_1(m, n) = \prod_{i=0}^{m} p_i^{\mathrm{dv}(i, n)},$$

und also für beliebige a, b und $u \geqq a$

$$\mathrm{dv}(a, b) = \exp_a(\psi_1(u, b)).$$

Dann ist nach der Definition von $\mathrm{dv}(m, n)$ wegen $\gamma(m, n) \leqq m$

$$\psi_1(0, n) = p_0^{\mathrm{dv}(0, n)} = 2^n$$

$$\psi_1(m+1, 0) = \prod_{i=0}^{m+1} p_i^{\mathrm{dv}(i, 0)} = \prod_{i=0}^{m+1} p_i^i,$$

$$\begin{aligned}\psi_1(m+1, n+1) &= \psi_1(m, n+1) \cdot p_{m+1}^{\mathrm{dv}(m+1, n+1)} = \\ &= \psi_1(m, n+1) \cdot p_{m+1}^{\beta(m, n, \mathrm{dv}(\gamma(m, n), n+1), \mathrm{dv}(m+1, \gamma(n, m)))} = \\ &= \psi_1(m, n+1) \cdot p_{m+1}^{\beta(m, n, \exp_{\gamma(m, n)}(\psi(m, n+1)), \exp_{m+1}(\psi(m+1, \gamma(n, m))))}.\end{aligned}$$

Es sei der einfacheren Schreibweise halber

$$\alpha'(m, n) = \begin{cases} 2^n, & \text{falls} \quad m = 0 \\ \prod_{i=0}^{m} p_i^i & \text{sonst} \end{cases}$$

und

$$\beta'(m, n, a, b) = a \cdot p_{m+1}^{\beta(m, n, \exp_{\gamma(m, n)}(a), \exp_{m+1}(b))},$$

dann sind α' und β' primitiv-rekursive Funktionen, und mit ihrer Hilfe kann die Definition von $\psi_1(m, n)$ auf die Form

$$\begin{aligned}\psi_1(m, n) &= \alpha'(m, n), \quad \text{falls} \quad m \cdot n = 0 \\ \psi_1(m+1, n+1) &= \beta'(m, n, \psi_1(m, n+1), \psi_1(m+1, \gamma(n, m)))\end{aligned}$$

gebracht werden.

2. Jetzt sei bei gegebenem m die Funktion, welche den Wertevorrat von ψ_1 unterhalb $n+1$ charakterisiert:

$$\psi_2(m, n) = \prod_{i=0}^{n} p_i^{\psi_1(m, i)},$$

so dass für beliebige a, b und $u \geqq b$

$$\psi_1(a, b) = \exp_b(\psi_2(a, u))$$

gilt. (Diese Wertverlaufsfunktion würde ich aus Gründen, die zu Beginn der nächsten Nummer erörtert werden, auch dann einführen, wenn die Rekursion nach n keine Wertverlaufsrekursion wäre.) Dann ist nach der Definition von

$\psi_1(m, n)$, wegen $\gamma(n, m) \leqq n$

$$\psi_2(0, n) = \prod_{i=0}^{n} p_i^{\psi_1(0, i)} = \prod_{i=0}^{n} p_i^{\alpha'(0, i)},$$

$$\psi_2(m+1, 0) = p_0^{\psi_1(m+1, 0)} = p_0^{\alpha'(m+1, 0)},$$

$$\begin{aligned} \psi_2(m+1, n+1) &= \psi_2(m+1, n) \cdot p_{n+1}^{\psi_1(m+1, n+1)} = \\ &= \psi_2(m+1, n) \cdot p_{n+1}^{\beta'(m, n, \psi_1(m, n+1), \psi_1(m+1, \gamma(n, m)))} = \\ &= \psi_2(m+1, n) \cdot p_{n+1}^{\beta'(m, n, \exp_{n+1}(\psi_2(m, u)), \exp_{\gamma(n, m)} \psi_2(m+1, n)))}, \end{aligned}$$

wenn nur $u \geqq n+1$ ist.

Sei der einfacheren Schreibweise halber

$$\alpha''(m, n) = \begin{cases} \prod_{i=0}^{n} p_i^{\alpha'(0, i)}, & \text{falls } m = 0 \\ p_0^{\alpha'(m, 0)} & \text{sonst,} \end{cases}$$

und

$$\beta''(m, n, a, b) = b \cdot p_{n+1}^{\beta'(m, n, \exp_{n+1}(a), \exp_{\gamma(n, m)}(b))},$$

dann sind α'' und β'' primitiv-rekursive Funktionen, und mit ihnen kann die Definition von $\psi_2(m, n)$ in der Form

$$\psi_2(m, n) = \alpha''(m, n), \quad \text{falls } m \cdot n = 0$$

$$\psi_2(m+1, n+1) = \beta''(m, n, \psi_2(m, u), \psi_2(m+1, n))$$

geschrieben werden, wobei $u \geqq n+1$ beliebig ist.

3. Hierbei könnte freilich einfach $n+1$ für u gesetzt werden. Unser Ziel ist aber, die Definition auf eine Rekursion nach einer einzigen Variablen zurückzuführen. Das kann man so erreichen, dass man in n schrittweise rückwärts schreitend den Aufbau von $\psi_2(m+1, n+1)$ aus vorangehenden Funktionswerten wieder abbaut, bis $\psi_2(m+1, 0) = \alpha''(m+1, 0)$ an die Stelle von $\psi_2(m+1, n)$ kommt. Unterdessen kommen aber bei einem jeden Schritt andere Werte in das zweite Argument von $\psi_2(m, \cdot)$; und daher kommt man zu einem Ausdruck, der von einer von n abhängigen Anzahl verschiedener $\psi_2(m, \cdot)$-Werte abhängt. Das kann durch das Einsetzen eines solchen u vermieden werden, das grösser ist, als alle auftretenden zweiten Argumente. (Dies ist der Nutzen der Verwendung einer Wertverlaufsfunktion.)

Der erste Schritt des Abbaues ist folgender: Für $n \neq 0$ gilt

$$\begin{aligned} \psi_2(m+1, n+1) &= \beta''(m, n, \psi_2(m, u), \psi_2(m+1, n)) = \\ &= \beta''(m, n, \psi_2(m, u), \beta''(m, n-1, \psi_2(m, u), \psi_2(m+1, n-1))), \end{aligned}$$

wenn nur $u \geqq n+1$ und $u \geqq n$ ist (das letztere folgt freilich aus dem ersteren). Wegen $n \neq 0$ ist hier $n-1 = n \dot{-} 1$. Sei

$$\beta_1(m, n, a, b) = \beta''(m, n, a, \beta''(m, n \dot{-} 1, a, b)),$$

dann ist β_1 primitiv-rekursiv, und für $n > 0, u \geqq n+1$ gilt

$$\psi_2(m+1, n+1) = \beta_1(m, n, \psi_2(m, u), \psi_2(m+1, n-1)).$$

Angenommen, dass für ein $v < n$ bereits eine primitiv-rekursive Funktion $\beta_v(m, n, a, b)$ gefunden wurde, für welche bei $u \geqq n+1$

$$\psi_2(m+1, n+1) = \beta_v(m, n, \psi_2(m, u), \psi_2(m+1, n-v))$$

gilt, so gibt es auch zu $v+1$ eine primitiv-rekursive Funktion von ähnlicher Beschaffenheit. Denn es gilt nach der Annahme und nach der Definition von $\psi_2(m, n)$, da $n \dot{-} v > 0$ ist, für $u \geqq n+1$ (woraus freilich auch $u \geqq n-v$ folgt)

$$\psi_2(m+1, n+1) = \beta_v(m, n, \psi_2(m, u), \psi_2(m+1, n-v)) =$$
$$= \beta_v(m, n, \psi_2(m, u), \beta''(m, n-v-1, \psi_2(m, u), \psi_2(m+1, n-v-1))).$$

Wegen $n-v > 0$ ist hier $n-v-1 = n-(v+1) = n \dot{-} (v+1)$; wird also

$$\beta_{v+1}(m, n, a, b) = \beta_v(m, n, a, \beta''(m, n \dot{-} (v+1), a, b))$$

gesetzt, so ist β_{v+1} eine primitiv-rekursive Funktion, und für $u \geqq n+1$ ist

$$\psi_2(m+1, n+1) = \beta_{v+1}(m, n, \psi_2(m, u), \psi_2(m+1, n-(v+1))).$$

Wird daher die Funktion β_v als Funktion des Index v betrachtet, so kann diese aus lauter primitiv-rekursiven Funktionen durch folgende — nach § 5 auf primitive zurückführbare — Rekursion definiert werden:

$$\beta_0(m, n, a, b) = \beta''(m, n, a, b)$$
$$\beta_{v+1}(m, n, a, b) = \beta_v(m, n, a, \beta''(m, n \dot{-} (v+1), a, b));$$

und es gilt für $v \leqq n$

$$\psi_2(m+1, n+1) = \beta_v(m, n, \psi_2(m, u), \psi_2(m+1, n-v)),$$

wenn nur $u \geqq n+1$ ist.

Für $v = n$ und $u = n+1$ ergibt sich daraus nach der Definition von $\psi_2(m, n)$ für $m \cdot n = 0$

$$\psi_2(m+1, n+1) = \beta_n(m, n, \psi_2(m, n+1), \psi_2(m+1, 0)) =$$
$$= \beta_n(m, n, \psi_2(m, n+1), \alpha''(m+1, 0)).$$

Also kann $\psi_2(m, n)$ auch wie folgt definiert werden:

$$\psi_2(0, n) = \alpha''(0, n)$$

$$\psi_2(m+1, n) = \begin{cases} \alpha''(m+1, 0), \text{ falls } n = 0 \\ \beta_{n \dot{-} 1}(m, n \dot{-} 1, \psi_2(m, n), \alpha''(m+1, 0)) \text{ sonst;} \end{cases}$$

und das ist eine aus primitiv-rekursiven Funktionen aufgebaute primitive Rekursion nach der einzigen Variablen m.

4. Folglich ist $\psi_2(m, n)$ eine primitiv-rekursive Funktion, und also auch die Funktion $\psi_1(m, n)$ (deren Wertevorrat durch $\psi_2(m, n)$ dargestellt wurde); denn, wie am Anfang von Nr. **2** dieses Kapitels hervorgehoben wurde, entsteht ja $\psi_1(m, n)$ durch die folgende Substitution aus ihrer „Wertverlaufsfunktion":

$$\psi_1(m, n) = \exp_n(\psi_2(m, n)).$$

$\psi_1(m, n)$ selbst ist aber die Wertverlaufsfunktion von $\mathrm{dv}\,(m, n)$; und somit kann $\mathrm{dv}\,(m, n)$, wie in Nr. **1** dieses Kapitels hervorgehoben wurde, durch folgende Substitution aus ihr erhalten werden:

$$\mathrm{dv}\,(m, n) = \exp_m(\psi_1(m, n)).$$

Daher ist auch $\mathrm{dv}\,(m, n)$ primitiv-rekursiv; es ist gelungen ihre Rekursion nach beiden Variablen auf gewöhnliche primitive Rekursionen und Substitutionen zurückzuführen.

5. Ähnlich sieht man ein, dass *die ebenfalls nach zwei Variablen verlaufende Rekursion*

$$\varphi(0, n) = \alpha_1(n)$$

$$\varphi(m+1, 0) = \alpha_2(m)$$

$$\varphi(m+1, n+1) = \beta(m, n, \varphi(m, \gamma(m, n)), \varphi(m+1, n)),$$

und allgemeiner, die nach k Variablen verlaufende Rekursion

$$\varphi(0, n_2, \ldots, n_k) = \alpha_1(n_2, \ldots, n_k)$$

$$\varphi(n_1+1, 0, n_3, \ldots, n_k) = \alpha_2(n_1, n_3, \ldots, n_k)$$

$$\cdots\cdots\cdots\cdots\cdots\cdots\cdots\cdots$$

$$\varphi(n_1+1, \ldots, n_{k-1}+1, 0) = \alpha_k(n_1, \ldots, n_{k-1})$$

$$\varphi(n_1+1, n_2+1, \ldots, n_k+1) = \beta(n_1, n_2, \ldots, n_k, \varphi_1, \ldots, \varphi_k),$$

wo für $i = 1, 2, \ldots, k$

$$\varphi_i = \varphi(n_1+1, \ldots, n_{i-1}+1, n_i, \gamma_1^{(i)}(n_1, \ldots, n_k), \ldots, \gamma_{k-i}^{(i)}(n_1, \ldots, n_k))$$

ist, nicht über die Klasse der primitiv-rekursiven Funktionen hinausführt; man hat nämlich nur für u — das bis zum Schluss der vorherigen Überlegung unbestimmt gelassen wurde — statt $n+1$ allgemein einen von gewissen γ-Werten abhängigen Ausdruck einzusetzen.

§ 7. REDUKTIONEN

1. In den vorherigen Kapiteln hat es sich herausgestellt, dass die Definitionen der gebräuchlichsten Funktionen der elementaren Zahlentheorie auf primitive Rekursionen und Substitutionen zurückgeführt werden können; diese Funktionen lassen sich also von 0 und $n+1$ ausgehend mit endlich vielen Substitutionen und primitiven Rekursionen der Form

$$\varphi(0, a_1, \ldots, a_r) = \alpha(a_1, \ldots, a_r)$$
$$\varphi(n+1, a_1, \ldots, a_r) = \beta(n, a_1, \ldots, a_r, \varphi(n, a_1, \ldots, a_r))$$

aufbauen (wobei die Umbenennung der Variablen und die Einführung von fiktiven Variablen erlaubt ist).

Es erhebt sich die Frage, ob sich die primitive Rekursion nicht noch weiter reduzieren lässt.

Man bemerkt, dass in unserem Rekursionschema auch die Substitution sozusagen eingekleidet ist; die zweite Definitionsgleichung ergibt ja für $n = 0$

$$\varphi(1, a_1, \ldots, a_r) = \beta(0, a_1, \ldots, a_r, \varphi(0, a_1, \ldots, a_r));$$

und daraus ergibt sich mit Verwendung der ersten Definitionsgleichung

$$\varphi(1, a_1, \ldots, a_r) = \beta(0, a_1, \ldots, a_r, \alpha(a_1, \ldots, a_r)).$$

Es kann also in die Funktion $\beta(0, a_1, \ldots, a_r, a_{r+1})$ die Funktion $\alpha(a_1, \ldots, a_r)$ auch so für a_{r+1} eingesetzt werden, dass mit Verwendung von α und β eine primitive Rekursion aufgeschrieben, und in die damit definierte Funktion $\varphi(n, a_1, \ldots, a_r)$ für n die Zahl 1 eingesetzt wird. So kann jede Substitution auf das Einsetzen von 1 und auf primitive Rekursionen zurückgeführt werden. Will man z. B. durch Einsetzen der Funktionen $\alpha(a)$ und $\beta(a, b, c)$ in die Funktion $\gamma(d, e)$ die dreistellige Funktion

$$\gamma(\alpha(a), \beta(a, b, c))$$

erhalten, so kann die Substitution auch durch folgende zwei Schritte durchgeführt werden: Zur Substitution von $\beta(a, b, c)$ wird mit den durch Einführung fiktiver Variablen entstehenden Funktionen

$$\beta_1(a, b, c, d) = \beta(a, b, c)$$

und

$$\gamma_1(n, a, b, c, d, e) = \gamma(d, e)$$

die primitive Rekursion

$$\varphi(0, a, b, c, d) = \beta_1(a, b, c, d)$$
$$\varphi(n+1, a, b, c, d) = \gamma_1(n, a, b, c, d, \varphi(n, a, b, c, d))$$

aufgeschrieben; so erhält man durch Einsetzen von 1 für n:

$$\varphi(1, a, b, c, d) = \gamma_1(0, a, b, c, d, \beta_1(a, b, c, d)) = \gamma(d, \beta(a, b, c)).$$

Dann werden zur Substitution von $\alpha(a)$ wieder durch Hinzunahme fiktiver Variablen die Funktionen

$$\alpha_1(a, b, c) = \alpha(a).$$
$$\gamma_2(n, a, b, c, d) = \varphi(1, a, b, c, d)$$

definiert, und mit deren Hilfe durch primitive Rekursion eine Funktion $\psi(n, a, b, c)$:

$$\psi(0, a, b, c) = \alpha_1(a, b, c)$$
$$\psi(n+1, a, b, c) = \gamma_2(n, a, b, c, \psi(n, a, b, c)).$$

Wird in $\psi(n, a, b, c)$ für n die Zahl 1 eingesetzt, so erhält man das Ergebnis der gewünschten Substitution:

$$\psi(1, a, b, c) = \gamma_2(0, a, b, c, \alpha_1(a, b, c)) = \varphi(1, a, b, c, \alpha_1(a, b, c)) =$$
$$= \gamma(\alpha_1(a, b, c), \beta(a, b, c)) = \gamma(\alpha(a), \beta(a, b, c)).$$

2. Die Reduktion aller Substitutionen auf die einfache Substitution von 1 ist uns darum gelungen, weil in das Rekursionschema bereits auch die Substitution eingekleidet war. Andererseits kann das Rekursionschema davon auch gereinigt werden: Werden wieder alle Substitutionen zugelassen, so kann man sich auf Rekursionen der Form

$$\psi(0, a_1, \ldots, a_{r+1}) = a_{r+1}$$
$$\psi(n+1, a_1, \ldots, a_{r+1}) = \gamma(n, a_1, \ldots, a_{r+1}, \psi(n, a_1, \ldots, a_{r+1}))$$

beschränken. Es ist klar, dass eine beliebige, durch das ursprüngliche Schema

$$\varphi(0, a_1, \ldots, a_r) = \alpha(a_1, \ldots, a_r)$$
$$\varphi(n+1, a_1, \ldots, a_r) = \beta(n, a_1, \ldots, a_r, \varphi(n, a_1, \ldots, a_r))$$

(α, β primitiv-rekursiv) erzeugte Funktion $\varphi(n, a_1, \ldots, a_r)$ durch eine Substitution aus einer mit dem neuen Schema definierten Funktion $\psi(n, a_1, \ldots, a_{r+1})$

erhalten werden kann; wird nämlich die Funktion γ des neuen Schemas durch Hinzunahme der fiktiven Variablen a_{r+1} aus β erhalten, das heisst, ist

$$\gamma(n, a_1, \ldots, a_r, a_{r+1}, b) = \beta(n, a_1, \ldots, a_r, b),$$

so gilt für die damit definierte Funktion ψ

$$\varphi(n, a_1, \ldots, a_r) = \psi(n, a_1, \ldots, a_r, \alpha(a_1, \ldots, a_r)).$$

Das gilt nämlich für $n = 0$ wegen

$$\varphi(0, a_1, \ldots, a_r) = \alpha(a_1, \ldots, a_r) = \psi(0, a_1, \ldots, a_r, \alpha(a_1, \ldots, a_r));$$

und wenn es für ein n bereits gilt, so vererbt sich diese Eigenschaft auch auf $n+1$, denn es ist nach der Annahme (da für eine fiktive Variable Beliebiges eingesetzt werden kann)

$$\begin{aligned}\varphi(n+1, a_1, \ldots, a_r) &= \beta(n, a_1, \ldots, a_r, \varphi(n, a_1, \ldots, a_r)) = \\ &= \beta(n, a_1, \ldots, a_r, \psi(n, a_1, \ldots, a_r, \alpha(a_1, \ldots, a_r))) = \\ &= \gamma(n, a_1, \ldots, a_r, \alpha(a_1, \ldots, a_r), \psi(n, a_1, \ldots, a_r, \alpha(a_1, \ldots, a_r))) = \\ &= \psi(n+1, a_1, \ldots, a_r, \alpha(a_1, \ldots, a_r)).\end{aligned}$$

3. Das neue primitive Rekursionschema der vorigen Nummer ist insofern einfacher als das ursprüngliche, als der Wert der durch das neue Schema definierten Funktion an der Stelle $n = 0$ einfach gleich dem Argument a_{r+1} ist. Diese Vereinfachung ist aber auf Kosten der Vermehrung der Variablenanzahl geschehen. Die Frage liegt auf der Hand, ob eine primitive Rekursion, die eine mehrstellige Funktion definiert, auf die rekursive Definition einer wenigerstelligen Funktion und auf Substitutionen zurückgeführt werden kann.

Betrachten wir z. B. die Definition

$$\begin{aligned}\varphi(0, a, b) &= \alpha(a, b) \\ \varphi(n+1, a, b) &= \beta(n, a, b, \varphi(n, a, b))\end{aligned}$$

einer dreistelligen Funktion $\varphi(n, a, b)$. Es sollen darin die beiden Parameter a und b durch einen einzigen Parameter ersetzt werden. Das kann durch Zuordnung einer einzigen Zahl zum Zahlenpaar (a, b) leicht geschehen. Wir haben schon zwei Beispiele für eine solche Zuordnung kennengelernt. In der Wertverlaufsrekursion ebenso, wie in Nr. **2** des § **5** wurde die eindeutige Primfaktorenzerlegung für die Zuordnung einer einzigen Zahl zu mehreren Zahlen benutzt. So könnte auch hier dem Zahlenpaar (a, b) die Zahl

$$n = 2^a \cdot 3^b$$

zugeordnet werden; und daraus könnte man die einzelnen Glieder des Paares durch

$$a = \exp_0(n), \qquad b = \exp_1(n)$$

zurückerhalten.[10]) Und in Nr. **27** des § **1** wurde, bei der Anordnung der Zahlenpaare in eine Folge, eine Zahl

$$n = \sigma(a, b)$$

dem Zahlenpaar (a, b) zugeordnet; und hier lieferten

$$a = \sigma_1(n), \qquad b = \sigma_2(n)$$

die Glieder des zu n gehörigen Paares.

Die Zahlenpaare und die Zahlen können freilich auf vielerlei Weise auch anders einander zugeordnet werden. Es sei in einer solchen Zuordnung die zum Paar (a, b) gehörige Zahl

$$n = \iota(a, b);$$

und die Glieder des zu n gehörigen Paares seien

$$a = \varkappa(n), \qquad b = \lambda(n);$$

wobei $\iota, \varkappa, \lambda$ primitiv-rekursive Funktionen sind. Ich lasse diese Funktionen einstweilen noch unbestimmt, nur soviel sei vorbehalten, dass

$$\varkappa(\iota(a, b)) = a \quad \text{und} \quad \lambda(\iota(a, b)) = b$$

seien.[11])

Nun kann, statt der vorhin definierten dreistelligen Funktion $\varphi(n, a, b)$, die zweistellige Funktion

$$\psi(n, a) = \varphi(n, \varkappa(a), \lambda(a))$$

folgendermassen eingeführt werden:

$$\psi(0, a) = \varphi(0, \varkappa(a), \lambda(a)) = \alpha(\varkappa(a), \lambda(a)),$$

und

$$\begin{aligned}\psi(n+1, a) = \varphi(n+1, \varkappa(a), \lambda(a)) &= \beta(n, \varkappa(a), \lambda(a), \varphi(n, \varkappa(a), \lambda(a))) = \\ &= \beta(n, \varkappa(a), \lambda(a), \psi(n, a)).\end{aligned}$$

Die Definition

$$\begin{aligned}\psi(0, a) &= \alpha(\varkappa(a), \lambda(a)) \\ \psi(n+1, a) &= \beta(n, \varkappa(a), \lambda(a), \psi(n, a))\end{aligned}$$

---

10) Péter [2] Nr. 11 und [4] Nr. 17. Mit dieser Methode werden in Péter [3] § 1 die Parameter ganz ausgeschaltet; dies geschieht auf Kosten der Hinzunahme von neuen Ausgangsfunktionen.

11) Von hier an wird im ganzen Kapitel das Verfahren von Robinson [1] verfolgt.

ist eine primitive Rekursion, die aus lauter primitiv-rekursiven Funktionen aufgebaut wird. Aus der so erhaltenen zweistelligen primitiv-rekursiven Funktion $\psi(n, a)$ kann man, nach dem Vorbehalt über $\iota, \varkappa$ und λ die Funktion $\varphi(n, a, b)$ durch die Substitution

$$\varphi(n, a, b) = \varphi(n, \varkappa(\iota(a, b)), \lambda(\iota(a, b))) = \psi(n, \iota(a, b))$$

erhalten.

Mit derselben Methode kann eine primitive Rekursion, die eine beliebig vielstellige Funktion $\varphi(n, a_1, \ldots, a_r)$ definiert, schrittweise auf eine primitive Rekursion, die eine Funktion mit einem einzigen Parameter definiert, und auf Substitutionen zurückgeführt werden; es werden nämlich zuerst zwei Parameter zu einem einzigen zusammengezogen, dann wieder zwei, usw. Die dabei verwendeten Funktionen $\iota, \varkappa, \lambda$ sind ein- bzw. zweistellig. Werden diese so gewählt (es wird sich herausstellen, dass dies möglich ist), dass zu ihrem Aufbau aus 0 und $n+1$ nur Rekursionen, die höchstens zweistellige Funktionen definieren, zu verwenden sind, so kommt man zu dem Ergebnis, dass alle primitiv-rekursive Funktionen von 0 und $n+1$ ausgehend durch endlich viele Substitutionen und primitive Rekursionen der Form

$$\varphi(0, a) = \alpha(a)$$
$$\varphi(n+1, a) = \beta(n, a, \varphi(n, a))$$

aufgebaut werden können.

Einstweilen sollen aber noch die Funktionen $\iota, \varkappa, \lambda$ unbestimmt bleiben. Wählt man diese geeignet, so gelingt sogar das Zusammenziehen der im neuen Schema noch übriggebliebenen zwei Variablen zu einer einzigen. Das geht nicht ganz einfach, da eine von diesen kein Parameter, sondern die Rekursionsvariable selbst ist.

4. Erst soll die dreistellige Funktion β, die im neuen Schema auftritt, durch eine zweistellige ersetzt werden. Man kann zeigen, dass es genügt, primitive Rekursionen der Form

$$\varphi_1(0, a) = \alpha_1(a)$$
$$\varphi_1(n+1, a) = \beta_1(n, \varphi_1(n, a))$$

zuzulassen. Wird nämlich die dem Paar aus a und aus einer durch das Schema zum Schluss der vorigen Nummer definierten beliebigen Funktion $\varphi(n, a)$ zugeordnete Zahl $\iota(a, \varphi(n, a))$, als Funktion von n und a, mit $\varphi_1(n, a)$ bezeichnet:

$$\varphi_1(n, a) = \iota(a, \varphi(n, a)),$$

so kann man daraus, nach dem Vorbehalt über $\iota, \varkappa$ und λ, die Glieder des

Paars durch

$$a = \varkappa(\varphi_1(n, a)) \qquad \text{und} \qquad \varphi(n, a) = \lambda(\varphi_1(n, a))$$

zurückerhalten. So kann in $\beta(n, a, \varphi(n, a))$ sowohl an Stelle von a, als auch an Stelle von $\varphi(n, a)$ eine primitiv-rekursive Funktion von $\varphi_1(n, a)$ geschrieben werden; und $\varphi_1(n, a)$ lässt sich folgendermassen definieren:

$$\varphi_1(0, a) = \iota(a, \varphi(0, a)) = \iota(a, \alpha(a))$$

und

$$\begin{aligned}\varphi_1(n+1, a) &= \iota(a, \varphi(n+1, a)) = \iota(a, \beta(n, a, \varphi(n, a))) = \\ &= \iota(\varkappa(\iota(a, \varphi(n, a))), \beta(n, \varkappa(\iota(a, \varphi(n, a))), \lambda(\iota(a, \varphi(n, a))))) = \\ &= \iota(\varkappa(\varphi_1(n, a)), \beta(n, \varkappa(\varphi_1(n, a)), \lambda(\varphi_1(n, a)))).\end{aligned}$$

Wird daher

$$\alpha_1(a) = \iota(a, \alpha(a))$$
$$\beta_1(n, a) = \iota(\varkappa(a), \beta(n, \varkappa(a), \lambda(a)))$$

gesetzt, so sind α_1 und β_1 primitiv-rekursive Funktionen, und es gilt tatsächlich

$$\varphi_1(0, a) = \alpha_1(a)$$
$$\varphi_1(n+1, a) = \beta_1(n, \varphi_1(n, a)).$$

5. Dieses Schema wird noch einfacher, wenn auf die rechte Seite der ersten Gleichung einfach die Variable a geschrieben wird. Und man kann sich tatsächlich auf primitive Rekursionen von dieser Form beschränken (und zwar jetzt, da β_1 nicht von a abhängt, ohne Vermehrung der Anzahl der Variablen); gilt nämlich

$$\varphi_2(0, a) = a$$
$$\varphi_2(n+1, a) = \beta_1(n, \varphi_2(n, a)),$$

so wird die Funktion $\varphi_1(n, a)$ aus der so definierten Funktion $\varphi_2(n, a)$ durch die Substitution

$$\varphi_1(n, a) = \varphi_2(n, \alpha_1(a))$$

erhalten. Es ist ja

$$\varphi_1(0, a) = \alpha_1(a) = \varphi_2(0, \alpha_1(a));$$

und gilt die Behauptung bereits für ein n, so vererbt sich diese Eigenschaft auch auf $n+1$:

$$\varphi_1(n+1, a) = \beta_1(n, \varphi_1(n, a)) = \beta_1(n, \varphi_2(n, \alpha_1(a))) = \varphi_2(n+1, \alpha_1(a)).$$

6. Nun kann man aus dem einfachen Schema der vorigen Nummer den Parameter a vollständig ausschalten. Das gelingt auch so, dass das Zahlenpaar (n, a) durch eine einzige Zahl vertreten werden kann, wenn nur die Funktionen $\varkappa$ und λ geeignet gewählt werden.

Dem Zweck entsprechend wird zu einer beliebigen primitiv-rekursiven Funktion $\varphi_2(n, a)$, welche durch das Schema der vorigen Nummer definiert wurde, die Definition von

$$\psi(n) = \varphi_2(\varkappa(n), \lambda(n))$$

angegeben. Es ist

$$\psi(0) = \varphi_2(\varkappa(0), \lambda(0)),$$

und damit wird die erste Definitionsgleichung von $\psi(n)$ ganz einfach, wenn

$$\varkappa(0) = \lambda(0) = 0$$

ist; denn in diesem Fall ist nach der ersten Definitionsgleichung von φ_2

$$\psi(0) = \varphi_2(0, 0) = 0.$$

Ferner ist nach der zweiten Definitionsgleichung von φ_2

$$\psi(n+1) = \varphi_2(\varkappa(n+1), \lambda(n+1)) = \begin{cases} \lambda(n+1), \text{ falls } \varkappa(n+1) = 0 \\ \beta_1(\varkappa(n+1)-1, \varphi_2(\varkappa(n+1)-1, \lambda(n+1))) \\ \text{sonst.} \end{cases}$$

Da wir zur Definition von $\psi(n)$ eine primitive Rekursion erhalten wollen, werden wir die Funktionen $\varkappa$ and λ so wählen, dass

$$\text{für } \varkappa(n+1) \neq 0$$
$$\varkappa(n+1)-1 = \varkappa(n) \quad \text{und} \quad \lambda(n+1) = \lambda(n)$$

wird. In diesem Fall ist nämlich für $\varkappa(n+1) \neq 0$

$$\varphi_2(\varkappa(n+1)-1, \lambda(n+1)) = \varphi_2(\varkappa(n), \lambda(n)) = \psi(n);$$

wird also

$$\beta_2(n, a) = \begin{cases} \lambda(n+1), \text{ falls } \varkappa(n+1) = 0 \\ \beta_1(\varkappa(n+1) \dot{-} 1, a) \text{ sonst} \end{cases}$$

gesetzt, so ist $\beta_2(n, a)$ eine primitiv-rekursive Funktion, und die Definition von ψ lautet:

$$\psi(0) = 0$$
$$\psi(n+1) = \beta_2(n, \psi(n)).$$

In diesem Schema treten tatsächlich keine Parameter auf; und $\varphi_2(n, a)$ kann nach dem Vorbehalt über die Funktionen ι, $\varkappa$ und λ durch die Substitution

$$\varphi_2(n, a) = \varphi_2(\varkappa(\iota(n, a)), \lambda(\iota(n, a))) = \psi(\iota(n, a))$$

definiert werden.

7. Es sollen endlich die Funktionen ι, $\varkappa$ und λ, die den Forderungen

$$\varkappa(\iota(a, b)) = a, \qquad \lambda(\iota(a, b)) = b, \qquad \varkappa(0) = \lambda(0) = 0,$$
$$\varkappa(n+1) - 1 = \varkappa(n) \quad \text{und} \quad \lambda(n+1) = \lambda(n) \ \text{für} \ \varkappa(n+1) \neq 0$$

genügen sollen, definiert werden.

Wenn man unter den bisher definierten Funktionen solche sucht, die der letzten Forderung genügen, so bemerkt man, dass gewisse Funktionen, die mit der Quadratzahl-Eigenschaft von $n+1$ zusammenhängen, zu diesem Zweck geeignet sind. Ist $n+1$ keine Quadratzahl, so ist $[\sqrt{n+1}] = [\sqrt{n}]$, und die Abweichung von n von der nächsten nicht-grösseren Quadratzahl, quadres (n), ist eben um 1 kleiner als quadres $(n+1)$; denn in diesem Fall ist

$$\text{quadres}\,(n) = n \dot{-} [\sqrt{n}]^2 = n - [\sqrt{n}]^2 = n - [\sqrt{n+1}]^2 =$$
$$= n + 1 - [\sqrt{n+1}]^2 - 1 = ((n+1) \dot{-} [\sqrt{n+1}]^2) - 1 = \text{quadres}\,(n+1) - 1.$$

Dass $n+1$ keine Quadratzahl ist, kann gerade durch

$$\text{quadres}\,(n+1) \neq 0$$

charakterisiert werden. Wird also quadres (n) für $\varkappa(n)$ und irgendein nur von $[\sqrt{n}]$ abhängiger Ausdruck für $\lambda(n)$ gewählt, so gilt für $\varkappa(n+1) \neq 0$ in der Tat

$$\varkappa(n+1) - 1 = \varkappa(n) \quad \text{und} \quad \lambda(n+1) = \lambda(n).$$

Wenn man die Funktion $\iota(a, b)$ folgendermassen bestimmt:

$$\iota(a, b) = ((a+b)^2 + b)^2 + a,$$

so ist die Abweichung des Wertes von $\iota(a, b)$ von der nächsten nicht-grösseren Quadratzahl eben a (da $((a+b)^2 + b + 1)^2 = ((a+b)^2 + b)^2 + 2(a+b)^2 + 2b + 1 > ((a+b)^2 + b)^2 + a$ gilt):

$$a = \text{quadres}\,(\iota(a, b)) = \varkappa(\iota(a, b));$$

und b ist eben die Abweichung des Wertes $[\sqrt{\iota(a, b)}]$ von der nächsten nicht-grösseren Quadratzahl (es ist ja schon

$$(a+b+1)^2 = (a+b)^2 + 2(a+b) + 1 > (a+b)^2 + b \quad),$$

und also, wenn

$$\lambda(n) = \text{quadres}([\sqrt{n}])$$

gesetzt wird,

$$b = \text{quadres}([\sqrt{\iota(a, b)}]) = \lambda(\iota(a, b)).$$

Ferner ist auch klar, dass

$$\varkappa(0) = \text{quadres}(0) = 0 \quad \text{und} \quad \lambda(0) = \text{quadres}([\sqrt{0}]) = \text{quadres}(0) = 0$$

ist; ι, $\varkappa$ und λ sind also bei der Wahl

$$\iota(a, b) = ((a+b)^2 + b)^2 + a,$$
$$\varkappa(n) = \text{quadres}(n) \quad \text{und} \quad \lambda(n) = \text{quadres}([\sqrt{n}])$$

solche primitiv-rekursive Funktionen, die allen gestellten Forderungen genügen. In der Tabelle zum Schluss des § 2 kann man nachprüfen, dass beim Aufbau dieser Funktionen aus 0 und $n+1$ nur die höchstens zweistelligen Funktionen

$$(A_1) \qquad a+n, \quad n \cdot a, \quad n^2, \quad a \dot{-} n, \quad \text{sg}(n), \quad \overline{\text{sg}}(n), \quad [\sqrt{n}]$$

zu verwenden sind. Daher kann das Ergebnis zum Schluss der vorigen Nummer so formuliert werden, dass alle primitiv-rekursiven Funktionen mit endlich vielen Substitutionen und Rekursionen der Form

$$\varphi(0) = 0$$
$$\varphi(n+1) = \beta(n, \varphi(n))$$

aufgebaut werden können, wenn man zu den Ausgangsfunktionen 0 und $n+1$ die vorhin aufgezählten Funktionen hinzunimmt.

8. Diese einfache Rekursion lässt sich sogar noch weiter reduzieren, wenn man die in Nr. 4 dieses Kapitels gebrauchte Idee noch einmal verwendet; man kann nämlich die zweistellige Funktion $\beta(n, a)$, die im Schema auftritt, durch eine einstellige Funktion $\beta(a)$ ersetzen.

Es sei

$$\varphi_1(n) = \iota(n, \varphi(n));$$

dann können daraus die Glieder des Paares $(n, \varphi(n))$ durch

$$n = \varkappa(\varphi_1(n)) \quad \text{und} \quad \varphi(n) = \lambda(\varphi_1(n))$$

erhalten werden.

Also kann $\varphi_1(n)$ folgendermassen definiert werden:

$$\varphi_1(0) = \iota(0, \varphi(0)) = \iota(0, 0) = 0$$

und

$$\varphi_1(n+1) = \iota(n+1, \varphi(n+1)) = \iota(n+1, \beta(n, \varphi(n))) =$$
$$= \iota(\varkappa(\varphi_1(n)) + 1, \beta(\varkappa(\varphi_1(n)), \lambda(\varphi_1(n)))).$$

Wird also die einstellige Funktion

$$\beta(a) = \iota(\varkappa(a) + 1, \beta(\varkappa(a), \lambda(a)))$$

gesetzt, so lautet die Definition von $\varphi_1(n)$:

$$\varphi_1(0) = 0$$
$$\varphi_1(n+1) = \beta(\varphi_1(n)).$$

Und man gewinnt $\varphi(n)$ aus $\varphi_1(n)$ durch die Substitution:

$$\varphi(n) = \lambda(\varphi_1(n)).$$

Geht man daher von $0, n+1$ und von den Funktionen (A_1) aus, so kann jede primitiv-rekursive Funktion durch endlich viele Substitutionen und Rekursionen der Form

$$\varphi(0) = 0$$
$$\varphi(n+1) = \beta(\varphi(n))$$

definiert werden.

Diese Rekursion ist eigentlich die Iteration der Funktion $\beta(a)$ an der Stelle $a = 0$:

$$\varphi(0) = 0,$$
$$\varphi(1) = \beta(\varphi(0)) = \beta(0),$$
$$\varphi(2) = \beta(\varphi(1)) = \beta(\beta(0)),$$
$$\varphi(3) = \beta(\varphi(2)) = \beta(\beta(\beta(0))),$$
$$\cdots\cdots\cdots$$

Wird also die n-te Iteration der Funktion $\beta(a)$ an der Stelle a mit $\beta^n(a)$ bezeichnet, so ist

$$\varphi(n) = \beta^n(0).$$

9. Es ist in die Augen springend, dass zu viele neue Ausgangsfunktionen aufgenommen wurden. Z. B. lässt sich $\mathrm{sg}(n)$ durch eine Rekursion der erlaubten Form

$$\mathrm{sg}(0) = 0$$
$$\mathrm{sg}(n+1) = 1$$

definieren; aus dieser Funktion und aus $a \dot{-} n$ ergibt sich $\overline{\mathrm{sg}}(n)$ durch die Substitution

$$\overline{\mathrm{sg}}(n) = 1 \dot{-} \mathrm{sg}(n).$$

n^2 kann natürlich aus $n \cdot a$ durch Substitution hei eleitet werden; aber auch der umgekehrte Weg ist gangbar: die Definition von $n \cdot a$ mit Hilfe von n^2; es ist ja

$$n \cdot a = \left[\frac{((a+n)^2 \dot{-} a^2) \dot{-} n^2}{2}\right].$$

Darin kommt zwar auch die Funktion $\left[\frac{n}{2}\right]$ zur Verwendung, aber diese ist jedenfalls eine einstellige Funktion; und durch sie wird die zweistellige Funktion $n \cdot a$ überflüssig.

Ich werde zeigen: Legt man nur die Funktionen

(A_2) $\qquad n+1, \qquad a+n, \qquad \text{quadres}\,(n)$

zu Grunde, so können sämtliche primitiv-rekursive Funktionen durch Substitutionen und durch Iterationen einstelliger Funktionen an der Stelle 0 aufgebaut werden.

Die Konstante 0 muss deshalb nicht unter die Ausgangsfunktionen aufgenommen werden, weil man sie durch erlaubte Iteration definieren kann. Erstens wird $\varphi(n) = n$ durch die erlaubte Iteration

$$\varphi(0) = 0$$
$$\varphi(n+1) = \varphi(n) + 1$$

definiert; dann ist die 0 die beliebigvielte Iteration von $\varphi(n) = n$ an der Stelle 0:

$$0 = \varphi^n(0).$$

Da es gelungen ist, $\mathrm{sg}(n)$ durch eine erlaubte Iteration zu definieren, und da $n \cdot a$ nach der vorherigen Bemerkung durch Substitution aus den Funktionen $a+n$, $a \dot{-} n$, $\left[\frac{n}{2}\right]$ und n^2 definiert werden kann, so bleibt nur noch übrig zu zeigen, dass man die Funktionen

$$a \dot{-} n, \quad \left[\frac{n}{2}\right], \quad n^2 \quad \text{und} \quad [\sqrt{n}]$$

auf die erlaubte Art aus den neuen Ausgangsfunktionen aufbauen kann, wobei man auch $\mathrm{sg}(n)$ verwenden darf.

10. $a \dot{-} n$ brauchen wir eigentlich gar nicht, sondern nur eine beliebige Funktion, die für $a \geqq n$ mit $a - n$ gleich ist (in diesem Kapitel und in der Tabelle zum Schluss des § 2 kann man nachsehen, dass im Aufbau der Funktionen, die zur Definition von $\iota, \varkappa$ und λ verwendet wurden, $a \dot{-} n$ nur im Fall $a \geqq n$ benutzt wurde). Und eine solche Funktion kann man z. B. so erhalten, dass man zur Quadratzahl

$$(a+n+1)^2 = (a+n)^2 + 2a + 2n + 1$$

$a - n$ addiert, und dann die Abweichung der entstandenen Zahl

$$(a+n)^2 + 3a + n + 1$$

von der nächsten nicht-grösseren Quadratzahl nimmt: für $a \geqq n$ ergibt

$$a \div n = \text{quadres}\,((a+n)^2 + 3a + n + 1)$$

gerade $a - n$. Da $3a = a + a + a$ ist, so wurde $a \div n$ auf erlaubte Weise aufgebaut. Auch das ist klar, dass $a \div n$ dann und nur dann 0 ist, wenn $a = n$. (Für $a < n$ ist ja $a \div n = 3a + n + 1$, da in diesem Fall $(a+n+1)^2 = (a+n)^2 + 2a + 2n + 1 > (a+n)^2 + 3a + n + 1$ gilt.)

11. Zur Definition von $\overline{\text{sg}}\,(n)$ wird eine von n abhängige Zahl aufgeschrieben, deren Abweichung von der nächsten nicht grösseren Quadratzahl 1 oder 0 ist, je nachdem der Wert von $\text{sg}\,(n)$ eben 0 oder 1 ist. Man sieht leicht, dass

$$2 + 2\,\text{sg}\,(n)$$

eine solche Zahl ist; für $\text{sg}\,(n) = 0$ ergibt sie nämlich $2 = 1^2 + 1$, für $\text{sg}\,(n) = 1$ dagegen $4 = 2^2 + 0$. Wie alle Zahlen, so kann auch die 2 durch Substitution aus 0 und $n+1$ erhalten werden. Also ist

$$\overline{\text{sg}}\,(n) = \text{quadres}\,(2 + 2\,\text{sg}\,(n))$$

eine erlaubte Definition.

12. Da die Funktion $\left[\frac{n}{2}\right]$ der Reihe nach die Werte

$$0, 0, 1, 1, 2, 2, \ldots$$

annimt, hat man zu ihrer Definition eine derartige Funktion zu verwenden, die sich an je zwei aufeinander folgenden Stellen ähnlich benimmt, dann aber einen „Sprung" macht. Man kann auch durch erlaubte Iteration leicht eine Funktion definieren, welche an je zwei aufeinander folgenden Stellen sich immer wiederholende Werte annimmt: Wenn man die Funktion $\overline{\text{sg}}\,(n)$ iteriert, die ja auf erlaubte Weise definiert wurde, so nimmt die durch die Iteration

$$\varphi(0) = 0$$
$$\varphi(n+1) = \overline{\text{sg}}\,(\varphi(n))$$

definierte Funktion der Reihe nach die Werte

$$0,\ 1,\ 0,\ 1,\ 0,\ 1, \ldots$$

an. Und die mit Verwendung von diesem $\varphi(n)$ durch

$$\psi(0) = 0$$
$$\psi(n+1) = \psi(n) + \varphi(n)$$

definierte Funktion ergibt schon die gewünschten Werte

$$0,\ 0,\ 1,\ 1,\ 2,\ 2, \ldots .$$

Die Definition von $\psi(n)$ ist aber keine Iteration.

Da hilft der folgende Umweg: Es wird zunächst eine Funktion definiert, die an der Stelle 0 den Wert 0, und dann die Werte

$$1,\ 2,\ 0,\ 1,\ 2,\ 0,\ 1,\ 2,\ 0, \ldots$$

annimmt. Wird aus bereits zugelassenen Funktionen durch Substitution

$$\beta(a) = \overline{\text{sg}}\,(a) + 2\,\overline{\text{sg}}\,(a \dot{-} 1)$$

definiert, so ist

$$\beta(a) = \begin{cases} 1, & \text{falls } a = 0 \\ 2, & \text{„} \quad a = 1 \\ 0, & \text{„} \quad a > 1 \end{cases}$$

und also sind die der Reihe nach angenommenen Werte der durch die erlaubte Iteration

$$\varphi(0) = 0$$
$$\varphi(n+1) = \beta(\varphi(n))$$

definierten Funktion eben die vorher aufgezählten Zahlen. Wird jetzt durch erlaubte Iteration der Funktion $a + 1 + \varphi(a)$, also durch

$$\psi(0) = 0$$
$$\psi(n+1) = \psi(n) + 1 + \varphi(\psi(n))$$

eine Funktion $\psi(n)$ gebildet, so addiert das Glied φ in der Definition zu den von 0 an sich aufbauenden Werten von $\psi(n)$ stets 0 oder 1, dagegen den Wert 2 niemals, diese Möglichkeit wird immer übersprungen. Wenn nämlich $\varphi(\psi(n))=0$ ist, so ist

$$\psi(n+1)=\psi(n)+1;$$

in solchen Fällen ist

$$\varphi(\psi(n+1))=\varphi(\psi(n)+1)=1$$

(da in der Folge der Werte von φ auf 0 der Wert 1 folgt); es ist daher $\psi(n+2)=\psi(n+1)+2$ und somit

$$\varphi(\psi(n+2))=\varphi(\psi(n+1)+2)=0$$

(da in der Folge der Werte von φ um zwei Stellen nach 1 der Wert 0 folgt).

Die Funktion $\psi(n)$ nimmt daher für $n=0, 1, 2, 3, 4, 5, \ldots$ der Reihe nach die Werte

$$0, 1, 3, 4, 6, 7, \ldots$$

an. In dieser Folge kommen immer zwei unmittelbar aufeinander folgende Zahlen nacheinander, dann folgt ein Sprung um 1. Wird der Reihe nach $0, 1, 2, 3, 4, 5, \ldots$ abgezogen, so erhält man die gewünschte Folge:

$$0, 0, 1, 1, 2, 2, \ldots$$

Es ist daher

$$\left[\frac{n}{2}\right]=\psi(n)\dot{-}n.$$

13. Da

$$(n+1)^2=(n^2+2n)+1$$

ist, so genügt es zur Definition von n^2 die Funktion

$$\varphi(n)=n+2[\sqrt{n}]$$

zu definieren; daraus ergibt sich ja n^2 durch die erlaubte Iteration

$$0^2=0$$
$$(n+1)^2=\varphi(n^2)+1.$$

Zur Definition dieser Funktion $\varphi(n)$ bedenke man, dass

$$\varphi(n+1)=n+2[\sqrt{n+1}]+1$$

und hierbei

$$[\sqrt{n+1}]=\begin{cases}[\sqrt{n}]+1 & \text{ist, falls } n+1 \text{ eine Quadratzahl ist}\\ [\sqrt{n}] & \text{sonst;}\end{cases}$$

so dass

$$\varphi(n+1)=n+2[\sqrt{n}]+2\,\text{quad}\,(n+1)+1=\varphi(n)+2\,\text{quad}\,(n+1)+1$$

gilt, wobei

$$\text{quad}\,(n+1)=\overline{\text{sg}}\,(\text{quadres}\,(n+1))$$

eine auf erlaubte Weise definierte Funktion ist.

Damit man zu einer Iteration kommt, hat man auch die Quadratzahl-Eigenschaft von $n+1$ durch $\varphi(n)$ auszudrücken. $n+1$ ist dann und nur dann eine Quadratzahl, wenn n in der Form

$$n=m^2+2m,$$

und somit $\varphi(n)=n+2[\sqrt{n}]$ in der Form

$$\varphi(n)=m^2+2m+2m=m^2+4m$$

geschrieben werden kann (zur Umkehrung sieht man nämlich leicht ein, dass man aus $\varphi(n)=n+2[\sqrt{n}]=m^2+4m$ auf $m^2\leqq n<(m+1)^2$, also auf $[\sqrt{n}]=m$ schliessen kann; daraus folgt aber $n+2m=m^2+4m$, und somit $n=m^2+2m$); das ist aber gleichbedeutend damit, dass

$$\varphi(n)+4$$

eine Quadratzahl ist. Also ist

$$\text{quad}\,(n+1)=\text{quad}\,(\varphi(n)+4),$$

und daher lässt sich $\varphi(n)$ durch folgende erlaubte Iteration definieren:

$$\varphi(0)=0$$
$$\varphi(n+1)=\varphi(n)+2\,\text{quad}\,(\varphi(n)+4)+1.$$

14. Endlich lässt sich $[\sqrt{n}]$ mit Verwendung der in der vorigen Nummer definierten Funktion

$$\varphi(n)=n+2[\sqrt{n}]$$

durch folgende Substitution definieren:

$$[\sqrt{n}]=\left[\frac{\varphi(n)\dot{-}n}{2}\right].$$

15. $a\dot{-}n$, aber auch die zur Ausgangsfunktion genommene Funktion $a+n$ lässt sich auch durch $|a-n|$ ersetzen. Denn gelingt es uns auf erlaubte

Weise, aber statt $a+n$ die Funktion $|a-n|$ als Grundfunktion genommen, eine solche Funktion $\varphi(n, a)$ zu definieren, für welche

$$\varphi(n, a) \geqq a+n$$

gilt, so ist

$$a+n=\varphi(n, a)-((\varphi(n, a)-a)-n),$$

also

$$a+n=|\varphi(n, a)-||\varphi(n, a)-a|-n||.$$

Und eine geeignete Funktion $\varphi(n, a)$ kann z. B. folgendermassen definiert werden: zunächst kann $2n$ auch ohne Verwendung der Summe, durch die Iteration

$$2 \cdot 0=0$$
$$2(n+1)=(2n+1)+1$$

definiert werden ($n+1$ gehört jetzt zu den Ausgangsfunktionen). Dann kann eine Summe als ein Faktor der Differenz zweier Potenzen mit geraden Exponenten erhalten werden. Erst kann man 2^n-1 durch die erlaubte Iteration

$$2^0-1=0$$
$$2^{n+1}-1=2(2^n-1)+1$$

definieren. Mit 2^n-1 ist dann auch $2^n=(2^n-1)+1$ eine zugelassene Funktion. Nun sieht man, dass

$$\varphi(n, a)=|2^{4a}-2^{4n+2}|=|2^{2 \cdot 2a}-2^{(2 \cdot 2n+1)+1}|$$

aus zugelassenen Funktionen durch Substitution entsteht, und wegen

$$|2^{2a}-2^{2n+1}| \neq 0 \text{ ist}$$
$$\varphi(n, a)=|2^{2a}-2^{2n+1}| \cdot (2^{2a}+2^{2n+1}) \geqq 2^{2a}+2^{2n+1}>a+n.$$

Wird die Ausgangsfunktion $a+n$ durch $|a-n|$ ersetzt, so kann die Ausgangsfunktion quadres (n) durch quad (n) ersetzt werden. Man sieht nämlich aus den beiden vorherigen Nummern, dass in der Definition von n^2 und $[\sqrt{n}]$ nicht quadres (n), sondern eben quad (n) eine Rolle hat; und mit Verwendung von $[\sqrt{n}]$ kann quadres (n) durch

$$\operatorname{quadres}(n)=|n-[\sqrt{n}]^2|$$

definiert werden.

16. Aus den Vorherigen folgt, dass man von den Funktionen

(A_2) $\qquad n+1, \qquad a+n, \qquad \operatorname{quadres}(n)$

oder von den Funktionen

$$(A_8) \qquad n+1, \qquad |a-n|; \qquad \text{quad}\,(n)$$

ausgehend sämtliche primitiv-rekursive Funktionen durch endlich viele Substitutionen und Iterationen der Form $\beta^n(0)$, ausführlicher der Form

$$\varphi(0) = 0$$
$$\varphi(n+1) = \beta(\varphi(n))$$

aufbauen kann.

Nehmen wir jetzt an, dass wir uns zunächst auf die Definition einstelliger Funktionen beschränken. Nachher *können sämtliche beliebigvielstellige primitiv-rekursive Funktionen aus einstelligen primitiv-rekursiven Funktionen, und aus der einzigen zweistelligen Funktion $a+n$ mit ausschliesslicher Verwendung von Substitutionen aufgebaut werden.*

Man sieht nämlich, wenn man wieder die in diesem Kapitel eingeführten Funktionen $\iota, \varkappa$ und λ verwendet, dass mit der zweistelligen Funktion $\varphi(a, b)$ auch die einstellige Funktion

$$\psi(n) = \varphi(\varkappa(n), \lambda(n))$$

primitiv-rekursiv ist; und daraus erhält man $\varphi(a, b)$ durch folgende Substitution:

$$\varphi(a, b) = \varphi(\varkappa(\iota(a, b)), \lambda(\iota(a, b))) = \psi(\iota(a, b)).$$

Nur zu diesem Zweck hätte man die Funktion $\iota(a, b)$ auch einfacher als bisher definieren können (zum Beispiel als $(a+b)^2+a$); aber auch die bisher angewandte Funktion

$$\iota(a, b) = ((a+b)^2+b)^2+a$$

wird aus $a+n$ und aus der einstelligen Funktion n^2 durch Substitutionen aufgebaut.

Von einer mehrstelligen primitiv-rekursiven Funktion kann auf dieselbe Art, schrittweise immer je zwei Variablen zusammenfassend, gezeigt werden, dass sie aus $a+n$ und aus einstelligen primitiv-rekursiven Funktionen aufgebaut werden kann.

17. Man könnte noch glauben, dass es unter den einstelligen primitiv-rekursiven Funktionen solche gibt, deren Aufbau auch der Definition von mehrstelligen Funktionen bedarf. Das ist aber nicht der Fall. *Die erlaubte Iteration erzeugt aus einer einstelligen Funktion wieder eine einstellige; und will man nur einstellige Funktionen erhalten, so hat man auch durch Substitution nur einstellige Funktionen zu definieren.*

Ist man zum Beispiel durch folgenden Umweg zu der einstelligen Funktion $\varphi(n)$ gelangt:

$$\psi(a, b) = \gamma(\alpha(a), \beta(a, b)),$$

und

$$\varphi(n) = \psi(n, n),$$

so kann man statt $\psi(a, b)$ zu definieren, erst durch Substitution die einstellige Funktion

$$\beta_1(n) = \beta(n, n),$$

dann durch Substitution von $\alpha(n)$ und von dieser Funktion die ebenfalls einstellige Funktion

$$\varphi(n) = \gamma(\alpha(n), \beta_1(n))$$

bilden (die Umbenennung der Variablen ist natürlich erlaubt).

Unter den Ausgangsfunktionen (A_2) oder (A_3) gibt es eine einzige zweistellige Funktion: $a+n$ bzw. $|a-n|$. Macht man also keine Umwege, so kann als Substitution nichts anderes in Frage kommen, als dass aus einstelligen Funktionen $\alpha(n)$ und $\beta(n)$ eine der ebenfalls einstelligen Funktionen

$$\beta(\alpha(n)) \quad \text{oder} \quad \alpha(n)+\beta(n) \quad \text{bzw.} \quad |\alpha(n)-\beta(n)|$$

gebildet wird.

Geht man also von den Ausgangsfunktionen

(A_4) $$n+1 \quad \textit{und} \quad \text{quadres}(n)$$

bzw.

(A_5) $$n+1 \quad \textit{und} \quad \text{quad}(n)$$

aus, so können sämtliche einstellige primitiv-rekursive Funktionen durch endlich viele Anwendungen der folgenden Definitionschemata aufgebaut werden:

$$\varphi(n) = \alpha(n)+\beta(n), \qquad \varphi(n) = \beta(\alpha(n)), \qquad \varphi(n) = \beta^n(0),$$

bzw.

$$\varphi(n) = |\alpha(n)-\beta(n)|, \qquad \varphi(n) = \beta(\alpha(n)), \qquad \varphi(n) = \beta^n(0);$$

hierbei sind α und β schon früher definierte Funktionen, und $\varphi(n) = \beta^n(0)$ bedeutet ausführlicher die Definition

$$\varphi(0) = 0$$
$$\varphi(n+1) = \beta(\varphi(n)).$$

§ 8. ELEMENTARE FUNKTIONEN

1. Im vorigen Kapitel ist es gelungen, die primitive Rekursion auf ihren einfachsten Spezialfall, nämlich auf die Iteration zurückzuführen. Es erhebt sich die Frage, ob man die Rekursion nicht vollkommen ausschalten kann. Man könnte sich ja vorstellen, dass die primitiv-rekursiven Funktionen einfach durch Anwendung der vier Spezies aufgebaut werden können; hierbei hat man sich freilich auf „arithmetische" Subtraktion und Division zu beschränken, die immer auf nicht-negative ganze Ergebnisse führen.

Es können in der Zahlentheorie solche Funktionen „elementar" genannt werden, die aus nicht-negativen Zahlen und aus Variablen durch endlich viele Additionen, arithmetische Subtraktionen — darunter wird hier die Bildung von $|a-b|$ verstanden —, Multiplikationen, arithmetische Divisionen der Form $\left[\frac{a}{b}\right]$ (für $b \neq 0$), Summen- und Produktbildungen zustande kommen. Von den Zahlen genügt es die 1 zu Grunde zu legen, denn es sind

$$0=|1-1|, \qquad 2=1+1, \qquad 3=(1+1)+1, \ldots$$

Natürlich ist auch die bisherige Ausgangsfunktion $n+1$, als Summe einer Variablen mit 1, eine elementare Funktion. Aber es erweist sich auch eine ganze Reihe der gebräuchlichsten Funktionen der elementaren Zahlentheorie als elementar.[12])

Zum Beispiel kann $\mathrm{sg}(n)$ auch aufgefasst werden als die nicht-grössere der Zahlen n und 1:

$$\mathrm{sg}(n)=\min(n, 1);$$

dieses ist ja 0, wenn $n=0$ ist, und sonst 1. Und die hier auftretende Funktion $\min(a, b)$ kann folgendermassen definiert werden: Ist $a \leqq b$, so ist

$$a+b-|a-b|=a+b-(b-a)=2a;$$

daher ist

$$\min(a, b)=\left[\frac{|(a+b)-|a-b||}{2}\right].$$

Aus $\mathrm{sg}(n)$ kann man leicht auch $\overline{\mathrm{sg}}(n)$ erhalten:

$$\overline{\mathrm{sg}}(n)=|1-\mathrm{sg}(n)|.$$

$a \leqq b$ ist mit $\min(a, b)=a$, das heisst mit

$$|\min(a, b)-a|=0$$

---

[12]) KALMÁR [2] Nr. 1.

gleichbedeutend. Daher kann unsere Funktion $a \dot{-} n$, für welche

$$a \dot{-} n = \begin{cases} |a-n|, & \text{falls } n \leqq a \\ 0 & \text{sonst,} \end{cases}$$

folgendermassen definiert werden:

$$a \dot{-} n = |a-n| \operatorname{sg}(|\min(a, n) - a|).$$

Der Rest der Division $\frac{a}{n}$ ist

$$\operatorname{res}(a, n) = \left|a - n \cdot \left[\frac{a}{n}\right]\right|;$$

und dadurch lässt sich die charakteristische Funktion der Teilbarkeit von a durch n als

$$\overline{\operatorname{sg}}(\operatorname{res}(a, n))$$

aufschreiben. Das ermöglicht auch die Definition solcher zahlentheoretischen Funktionen, die sich an den Teilbarkeitsbegriff anschliessen.

So könnte man glauben, dass die Klasse der elementaren Funktionen mit der Klasse der primitiv-rekursiven Funktionen identisch ist, und also auch der einfachste Fall der Rekursion, nämlich die Iteration, im Aufbau dieser Funktionenklasse entbehrlich ist.

2. Es soll untersucht werden, ob dies tatsächlich der Fall sei.

Was ist das Neue, das die Zulassung der Iteration mit sich bringen könnte?

Es ist bekannt, dass das Iterieren das Wachsen einer Funktion sehr beschleunigt. Können auch bei der Bildung von elementaren Funktionen ebenso schnell zunehmende Funktionen zustande kommen?

Die Potenz, die Iteration des Multiplizierens, kommt nicht unter den erwähnten elementaren Funktionen vor; sie ist aber eine elementare Funktion, da man sie durch die Produktbildung

$$a^n = \prod_{i=1}^{n} a$$

definieren kann.

Ist auch die Iteration $\psi(n, a)$ des Potenzierens eine elementare Funktion? Sie sei genauer erörtert

$$\psi(0, a) = a, \quad \psi(1, a) = a^a, \quad \psi(2, a) = a^{\left(a^a\right)}, \quad \psi(3, a) = a^{\left(a^{\left(a^a\right)}\right)}, \ldots$$

Diese rasch anwachsenden Werte werden durch die primitive Rekursion

$$\psi(0, a) = a$$
$$\psi(n+1, a) = a^{\psi(n, a)}$$

geliefert.

Unter den Operationen, die auf elementare Funktionen führen, ist es von der Produktbildung zu erwarten, dass durch sie die am stärksten zunehmenden Funktionen erzeugt werden. Kann nun das Anwachsen von $\psi(n, a)$ durch Produktbildungen eingeholt werden?

Sehen wir erst heuristisch nach: Gehen wir etwa von Funktionen α und β aus, die nach all ihren Variablen monoton wachsen, und schätzen wir das Produkt

$$\varphi(a_1, \ldots, a_r) = \prod_{i=1}^{\beta(a_1, \ldots, a_r)} \alpha(a_1, \ldots, a_r, i)$$

ab. Setzen wir

$$a = \max(a_1, \ldots, a_r);$$

dann ist

$$\varphi(a_1, \ldots, a_r) < \prod_{i=1}^{\beta(a, \ldots, a)} \alpha(a, \ldots, a, \beta(a, \ldots, a)) = (\alpha(a, \ldots, a, \beta(a, \ldots, a)))^{\beta(a, \ldots, a)}.$$

Daher wird das Anwachsen durch die Iteration des Potenzierens stärker als durch die Produktbildung beschleunigt, wenn es zu jeden n_1, n_2 und n_3 ein m gibt, so dass für $a > 1$

$$\psi(m, a) \geqq (\psi(n_1, \psi(n_2, a)))^{\psi(n_3, a)}$$

besteht. Ist das der Fall, so werden sämtliche elementare Funktionen von der Funktion $\psi(n, a)$ „majorisiert"; und daher kann $\psi(n, a)$ selbst keine elementare Funktion sein.

3. Nun machen wir uns daran, das heuristisch Durchdachte allmählich zu beweisen.[13]) Wir suchen zu den gegebenen Zahlen n_1 und n_2 Schritt für Schritt solche von ihnen abhängige Zahlen m_1, m_2, m_3, m_4, dass für $a > 1$

$$\psi(m_1, a) \geqq \psi(n_1, a) + \psi(n_2, a),$$
$$\psi(m_2, a) \geqq \psi(n_1, a) \cdot \psi(n_2, a),$$
$$\psi(m_3, a) \geqq \psi(n_1; a)^{\psi(n_2, a)}$$

---

[13]) Der Satz und sein Beweis stammt von Ilona Bereczki (Szeged); sie hat mir das am 19. VII. 1949. brieflich mitgeteilt. Seitdem ist dieses Ergebnis in Bereczki [1], und seine Verallgemeinerung, welche auch die Lösung eines Markovschen Problems enthält, in Bereczki [2] erschienen.

und

$$\psi(m_4, a) \geqq \psi(n_1, \psi(n_2, a))$$

besteht.

Ich schicke voraus: es ist aus der Definition von $\psi(n, a)$ klar, dass

$$\psi(n, a) \geqq a,$$

und also für $a \geqq 1$

$$\psi(n, a) \geqq 1$$

ist; ferner zeige ich, dass $\psi(n, a)$ in a, und für $a > 1$ auch in n monoton wächst. Es gilt ja für $a > 1$

$$\psi(n+1, a) = a^{\psi(n, a)} > \psi(n, a).$$

Ferner wächst $\psi(0, a) = a$ natürlich monoton in a; und angenommen, dass für ein n sich $\psi(n, a)$ bereits in a monoton wachsend erwiesen hat, so vererbt sich diese Eigenschaft wegen

$$\psi(n+1, a+1) = (a+1)^{\psi(n, a+1)} > a^{\psi(n, a+1)} \geqq a^{\psi(n, a)} = \psi(n+1, a)$$

auch auf $n+1$.

Nun wollen wir das gewünschte m_1 suchen. Es ist für $a > 1$ zunächst

$$\psi(n_1, a) + \psi(n_2, a) \leqq 2\psi(\max(n_1, n_2), a).$$

Ferner gilt allgemein

$$2b \leqq 2^b;$$

denn diese Ungleichung gilt für $b = 0$ und $b = 1$; wenn sie aber bereits für ein $b > 0$ gilt, so vererbt sich diese Eigenschaft auch auf $b + 1$:

$$2(b+1) \leqq 2(b+b) = 2 \cdot 2b \leqq 2 \cdot 2^b = 2^{b+1}.$$

Also gilt für $a > 1$ auch

$$2 \cdot \psi(\max(n_1, n_2), a) \leqq 2^{\psi(\max(n_1, n_2), a)} \leqq a^{\psi(\max(n_1, n_2), a)} =$$
$$= \psi(\max(n_1, n_2) + 1, a).$$

Wird daher

$$m_1 = \mu_1(n_1, n_2) = \max(n_1, n_2) + 1$$

gesetzt, so ist

$$\psi(\mu_1(n_1, n_2), a) \geqq \psi(n_1, a) + \psi(n_2, a).$$

4. m_2 kann genau wie m_1 gewählt werden. Davon überzeugt man sich folgendermassen: Für $a > 1$ gilt

$$\psi(n_1, a) \cdot \psi(n_2, a) \leqq (\psi(\max(n_1, n_2), a))^2.$$

Nun sei zunächst $\max(n_1, n_2) \geqq 1$. Dann erhält man für $a > 1$, wenn wieder die Ungleichung $2b \leqq 2^b$ benutzt wird, dass

$$\begin{aligned}(\psi(\max(n_1, n_2), a))^2 &= (a^{\psi(\max(n_1, n_2)-1, a)})^2 = \\ &= a^{2\psi(\max(n_1, n_2)-1, a)} \leqq a^{2^{\psi(\max(n_1, n_2)-1, a)}} \leqq \\ &\leqq a^{a^{\psi(\max(n_1, n_2)-1, a)}} = a^{\psi(\max(n_1, n_2), a)} = \\ &= \psi(\max(n_1, n_2) + 1, a),\end{aligned}$$

und also

$$\psi(n_1, a) \cdot \psi(n_2, a) \leqq \psi(\max(n_1, n_2) + 1, a)$$

gilt. Es ist klar, dass diese Ungleichung auch für $\max(n_1, n_2) = 0$, das heisst für $n_1 = 0$, $n_2 = 0$ besteht: es steht ja in diesem Fall auf der linken Seite

$$\psi(0, a) \cdot \psi(0, a) = a \cdot a \geqq a^2;$$

und für $a > 1$ ist die rechte Seite

$$\psi(1, a) = a^a \geqq a^2.$$

Daher kann als ein solches m_2 für welches bei $a > 1$

$$\psi(m_2, a) \geqq \psi(n_1, a) \cdot \psi(n_2, a)$$

gilt, tatsächlich

$$m_2 = \mu_2(n_1, n_2) = \max(n_1, n_2) + 1 = \mu_1(n_1, n_2)$$

gewählt werden.

5. In der Untersuchung von $\psi(n_1, a)^{\psi(n_2, a)}$ beschränken wir uns zunächst auf den Fall $n_1 > 0$. In diesem Fall ist für $a > 1$ nach der vorigen Nummer

$$\begin{aligned}\psi(n_1, a)^{\psi(n_2, a)} &= (a^{\psi(n_1-1, a)})^{\psi(n_2, a)} = a^{\psi(n_1-1, a) \cdot \psi(n_2, a)} \leqq \\ &\leqq a^{\psi(\mu_2(n_1-1, n_2), a)} = a^{\psi(\max(n_1-1, n_2)+1, a)} = \\ &= \psi(\max(n_1 - 1, n_2) + 2, a) = \psi(\max(n_1 + 1, n_2 + 2), a).\end{aligned}$$

Also ist für $n_1 > 0$, $a > 1$

$$\psi(n_1, a)^{\psi(n_2, a)} \leqq \psi(\max(n_1 + 1, n_2 + 2), a).$$

Es ist klar, dass diese Ungleichung auch für $n_1 = 0$ besteht; denn in diesem Fall ist der Wert der linken Seite

$$\psi(0, a)^{\psi(n_2, a)} = a^{\psi(n_2, a)} = \psi(n_2 + 1, a),$$

und der Wert der rechten Seite ist grösser als $\psi(n_2 + 1, a)$ (da $\psi(n, a)$ in n monoton zunimmt).

Daher kann als solches m_3, für welches bei $a > 1$

$$\psi(m_3, a) \geqq \psi(n_1, a)^{\psi(n_2, a)}$$

gilt,

$$m_3 = \mu_3(n_1, n_2) = \max(n_1 + 1, n_2 + 2)$$

gewählt werden.

6. Es ist etwas umständlicher ein m_4 zu finden.

Soviel lässt sich jedenfalls leicht feststellen, dass

$$\psi(0, \psi(n_2, a)) = \psi(n_2, a)$$

ist, und wenn es zu einem n_1 bereits ein m gibt, für welches

$$\psi(m, a) \geqq \psi(n_1, \psi(n_2, a))$$

gilt, so findet man zu $n_1 + 1$ nach der vorigen Nummer, für $a > 1$, folgenderweise eine geeignete Zahl m':

$$\begin{aligned} \psi(n_1 + 1, \psi(n_2, a)) &= \psi(n_2, a)^{\psi(n_1, \psi(n_2, a))} \leqq \\ &\leqq \psi(n_2, a)^{\psi(m, a)} \leqq \psi(\mu_3(n_2, m), a) = \\ &= \psi(\max(n_2 + 1, m + 2), a) = \psi(m', a). \end{aligned}$$

Also wird die gesuchte Funktion $m_4 = \mu_4(n_1, n_2)$ durch die folgende Rekursion geliefert:

$$\begin{aligned} \mu_4(0, n_2) &= n_2 \\ \mu_4(n_1 + 1, n_2) &= \max(n_2 + 1, \mu_4(n_1, n_2) + 2). \end{aligned}$$

Diese Definition kann aber auch leicht auf eine explizite Form gebracht werden. Es gilt nämlich augenscheinlich für alle n_1

$$\mu_4(n_1, n_2) \geqq n_2,$$

das heisst

$$\mu_4(n_1, n_2) + 2 \geqq n_2 + 2 > n_2 + 1,$$

und also

$$\max(n_2 + 1, \mu_4(n_1, n_2) + 2) = \mu_4(n_1, n_2) + 2.$$

Es ist daher

$$\mu_4(n_1+1, n_2) = \mu_4(n_1, n_2) + 2;$$

also werden die Werte von $\mu_4(n_1, n_2)$ von dem für $n_1 = 0$ angenommenen Wert n_2 ausgehend so aufgebaut, dass immer wieder 2 addiert wird. Folglich ist

$$\mu_4(n_1, n_2) = n_2 + 2n_1;$$

und vorher hat es sich herausgestellt, dass

$$\psi(\mu_4(n_1, n_2), a) \geqq \psi(n_1, \psi(n_2, a))$$

ist.

7. Mit all diesen Ungleichungen versehen, kann man nun beweisen, dass jede elementare Funktion durch die Funktion $\psi(n, a)$ „majorisiert" wird. Genauer formuliert: es gibt zu jeder elementaren Funktion $\varphi(a_1, \ldots, a_r)$ ein solches m, dass für $\max(a_1, \ldots, a_r) > 1$

$$\varphi(a_1, \ldots, a_r) < \psi(m, \max(a_1, \ldots, a_r))$$

gilt.

Das gilt erstens für 1 und für die Variablen a_i, die im Aufbau der elementaren Funktionen als Ausgangsfunktionen gewählt worden sind. Es gilt nämlich für $a > 1$

$$1 < a = \psi(0, a);$$

wird also 1 als Funktion von beliebigen Variablen $a_1, \ldots, a_r$ betrachtet, so gilt für $\max(a_1, \ldots, a_r) > 1$

$$1 < \psi(0, \max(a_1, \ldots, a_r));$$

und wird auch a_i als Funktion der aufgezählten Variablen betrachtet, so gilt für $\max(a_1, \ldots, a_r) > 1$

$$a_i \leqq \max(a_1, \ldots, a_r) < \max(a_1, \ldots, a_r)^{\max(a_1, \ldots, a_r)} = \psi(1, \max(a_1, \ldots, a_r)).$$

Danach kann man der Reihe nach beweisen (dies geschieht in Nr. **8** und **9**), dass falls die betrachtete Behauptung bereits für die elementaren Funktionen α und β gilt, sich diese Eigenschaft auch auf jene Funktionen vererbt, die aus ihnen durch Addition, arithmetische Subtraktion (worunter hier die Bildung von $|a-b|$ zu verstehen ist), Multiplikation, arithmetische Division, Summen- und Produktbildung erzeugt werden. Daraus folgt dann, dass die Behauptung für alle elementaren Funktionen gilt.

8. Nehmen wir also an, dass wir bereits solche Zahlen k und l zu den Funktionen α und β gefunden haben, dass für $a = \max(a_1, \ldots, a_r) > 1$

$$\alpha(a_1, \ldots, a_r) < \psi(k, a)$$

und

$$\beta(a_1, \ldots, a_r) < \psi(l, a)$$

gilt. (α und β brauchen natürlich nicht von gleich vielen Variablen abzuhängen; es ändert aber nichts, wenn wir sie durch Einführung fiktiver Variablen als von denselben Variablen abhängig betrachten.) Dann ist

$$(1) \qquad \begin{aligned} \alpha(a_1, \ldots, a_r) + \beta(a_1, \ldots, a_r) < \psi(k, a) + \psi(l, a) &\leqq \\ \leqq \psi(\mu_1(k, l), a) &= \\ = \psi(\max(k, l) + 1, a)&. \end{aligned}$$

Wird daher

$$m = \max(k, l) + 1$$

gesetzt, so ist

$$\alpha(a_1, \ldots, a_r) + \beta(a_1, \ldots, a_r) < \psi(m, a).$$

(2) Wegen

$$|\alpha(a_1, \ldots, a_r) - \beta(a_1, \ldots, a_r)| \leqq \max(\alpha(a_1, \ldots, a_r), \beta(a_1, \ldots, a_r))$$

ist

$$|\alpha(a_1, \ldots, a_r) - \beta(a_1, \ldots, a_r)| < \psi(\max(k, l), a);$$

hier kann also m als

$$m = \max(k, l)$$

gewählt werden.

(3) Ferner ist

$$\begin{aligned} \alpha(a_1, \ldots, a_r) \cdot \beta(a_1, \ldots, a_r) < \psi(k, a) \cdot \psi(l, a) &\leqq \\ \leqq \psi(\mu_2(k, l), a) = \psi(\max(k, l) + 1, a)&; \end{aligned}$$

wird daher

$$m = \max(k, l) + 1$$

gesetzt, so ist

$$\alpha(a_1, \ldots, a_r) \cdot \beta(a_1, \ldots, a_r) < \psi(m, a).$$

Wegen

$$(4) \qquad \left[\frac{\alpha(a_1, \ldots, a_r)}{\beta(a_1, \ldots, a_r)}\right] \leqq \alpha(a_1, \ldots, a_r) < \psi(k, a_1, \ldots, a_r)$$

kann hier einfach k als m gewählt werden.

9. Jetzt nehmen wir an, dass es zu den elementaren Funktionen α und β bereits solche Zahlen k und l gibt, dass für $a = \max(a_1, \ldots, a_r)$ und $\max(i, a_1, \ldots, a_r) = \max(i, a) > 1$

$$\alpha(i, a_1, \ldots, a_r) < \psi(k, \max(i, a_1, \ldots, a_r)) = \psi(k, \max(i, a))$$

und für $a > 1$

$$\beta(a_1, \ldots, a_r) < \psi(l, a) \text{ das heisst } \beta(a_1, \ldots, a_r) \leqq \psi(l, a) - 1$$

besteht.

Dann ist

$$(5) \qquad \sum_{i=0}^{\beta(a_1, \ldots, a_r)} \alpha(i, a_1, \ldots, a_r) < \sum_{i=0}^{\psi(l, a)-1} \psi(k, \max(i, a)).$$

Hier ist der grösste Wert, den i annehmen kann

$$\psi(l, a) - 1 < \psi(l, a);$$

ferner ist $\psi(l, a) \geqq a$, und also

$$\max(i, a) \leqq \psi(l, a),$$

folglich wegen der Monotonität der Funktion ψ

$$\begin{aligned} \sum_{i=0}^{\psi(l, a)-1} \psi(k, \max(i, a)) &\leqq \sum_{i=0}^{\psi(l, a)-1} \psi(k, \psi(l, a)) = \psi(l, a) \cdot \psi(k, \psi(l, a)) \leqq \\ &\leqq \psi(l, a) \cdot \psi(\mu_4(k, l), a) = \psi(l, a) \cdot \psi(l + 2k, a) \leqq \\ &\leqq \psi(\mu_2(l, l+2k), a) = \psi(\max(l, l+2k) + 1, a) = \\ &= \psi(l + 2k + 1, a). \end{aligned}$$

Wird daher

$$m = l + 2k + 1$$

gesetzt, so ist

$$\sum_{i=0}^{\beta(a_1, \ldots, a_r)} \alpha(i, a_1, \ldots, a_r) < \psi(m, a).$$

(6) Endlich ergeben ähnliche Folgerungen wie vorhin, dass für $a > 1$

$$\begin{aligned} \prod_{i=0}^{\beta(a_1, \ldots, a_r)} a(i, a_1, \ldots, a_r) &< \prod_{i=0}^{\psi(l, a)-1} \psi(k, \max(i, a)) \leqq \prod_{i=0}^{\psi(l, a)-1} \psi(k, \psi(l, a)) = \\ &= \psi(k, \psi(l, a))^{\psi(l, a)} \leqq \psi(\mu_4(k, l), a)^{\psi(l, a)} = \psi(l + 2k, a)^{\psi(l, a)} \leqq \\ &\leqq \psi(\mu_3(l + 2k, l), a) = \psi(\max(l + 2k + 1, l + 2), a) \end{aligned}$$

ist. Wird daher

$$m = \max(l+2k+1, l+2)$$

gewählt, so ist

$$\prod_{i=0}^{\beta(a_1,\ldots,a_r)} \alpha(i, a_1, \ldots, a_r) < \psi(m, a).$$

10. Damit hat es sich vollkommen erwiesen, dass es zu einer beliebigen elementaren Funktion $\varphi(a_1, \ldots, a_r)$ ein m gibt, so dass für $\max(a_1, \ldots, a_r) > 1$

$$\varphi(a_1, \ldots, a_r) < \psi(m, \max(a_1, \ldots, a_r))$$

gilt. Daraus folgt aber, dass $\psi(n, a)$ selber keine elementare Funktion sein kann. Denn wäre sie elementar, so liesse sich auch zu ihr ein m finden, so dass für $\max(n, a) > 1$

$$\psi(n, a) < \psi(m, \max(n, a))$$

wäre. Dann gäbe es auch ein solches m, das grösser als 1 ist ($\psi(n, a)$ wächst ja für $a > 1$ in n monoton). Daraus würde sich aber für $n = a = m$

$$\psi(m, m) < \psi(m, m),$$

also eine Unmöglichkeit ergeben.

Es gibt also eine sehr einfache primitiv-rekursive Funktion, nämlich die Iteration des Potenzierens, welche über die Klasse der elementaren Funktionen hinausführt. Die Klasse der primitiv-rekursiven Funktionen ist umfassender als die Klasse der elementaren Funktionen.

11. A. GRZEGORCZYK[14]) hat eine unendliche Folge von Funktionenklassen $\mathfrak{E}^0, \mathfrak{E}^1, \mathfrak{E}^2, \ldots$ gefunden, wobei jede Klasse umfassender als die vorangehende ist, und vereinigt ergeben diese Klassen die Klasse der primitiv-rekursiven Funktionen. Zur Klasse $\mathfrak{E}^n$ gehören ausser den Zahlen: erstens die Ausgangsfunktion $\varphi_n(m, a)$, wobei

$$\varphi_0(m, a) = a+1, \quad \varphi_1(m, a) = m+a, \quad \varphi_2(m, a) = (m+1)\,(a+1)$$

ist, und für $n \geqq 2$ die Definition von $\varphi_{n+1}(m, a)$

$$\begin{aligned} \varphi_{n+1}(0, a) &= \varphi_n(a+1, a+1) \\ \varphi_{n+1}(m+1, a) &= \varphi_{n+1}(m, \varphi_{n+1}(m, a)) \end{aligned}$$

lautet, ferner die Funktionen, welche von $\varphi_n(m, a)$ ausgehend durch endlich

---

[14]) GRZEGORCZYK [1].

viele Substitutionen und „beschränkte“ primitive Rekursionen definiert werden können. Dabei wird unter einer ***beschränkten Rekursion*** allgemein die rekursive Definition einer Funktion $\varphi(n_1, \ldots, n_k)$ verstanden, worin zu den üblichen Definitionsgleichungen eine Ungleichung

$$\varphi(n_1, \ldots, n_k) \leqq \gamma(n_1, \ldots, n_k)$$

mit bereits zugelassenem $\gamma(n_1, \ldots, n_k)$ hinzutritt.

GRZEGORCZYK hat bewiesen, dass $\mathfrak{E}^3$ mit der Klasse der elementaren Funktionen identisch ist.

§. 9. BEISPIEL EINER NICHT PRIMITIV-REKURSIVEN ZAHLENTHEORETISCHEN FUNKTION

1. Die Iteration des Potenzierens hat wegen ihrer starken Zunahme über die Klasse der elementaren Funktionen hinausgeführt. Wird jetzt diese Funktion iteriert, so erhält man eine noch rascher anwachsende Funktion. Wird das immer wieder wiederholt, so kann man erwarten, dass man zu Funktionen kommt, die nicht nur den elementaren Funktionen, sondern auch allen primitiv-rekursiven Funktionen über den Kopf wachsen.

Bereits die Potenz ist eine Iteration, nämlich die Iteration des Multiplizierens; und das Produkt ist die Iteration des Addierens. Tatsächlich kann man beweisen, dass falls

$$\psi_0(n, a) = a + n,$$
$$\psi_1(n, a) = a \cdot n,$$
$$\psi_2(n, a) = a^n,$$

$\psi_3(n, a)$ die n-te Iteration des Potenzierens, das heisst

$$\psi_3(0, a) = a$$
$$\psi_3(n+1, a) = a^{\psi_3(n, a)} = \psi_2(\psi_3(n, a), a),$$

und allgemein $\psi_{m+1}(n, a)$ die Iteration der Funktion $\psi_m(n, a)$, das heisst

$$\psi_{m+1}(n+1, a) = \psi_m(\psi_{m+1}(n, a), a)$$

(mit geeignetem Anfangswert) ist, dann für genügend grosse Werte der Variablen jede primitiv-rekursive Funktion von einer dieser Funktionen majorisiert wird.

Um die Abhängigkeit von $\psi_m(n, a)$ vom Index hervorzuheben, kann diese Funktion auch in der Form

$$\psi(m, n, a) = \psi_m(n, a)$$

geschrieben werden. Dann sieht man klar, dass $\psi(m, n, a)$ durch eine Rekursion nach zwei Variablen, durch eine sogenannte „zweifache" Rekursion

$$\psi(m+1, n+1, a) = \psi(m, \psi(m+1, n, a), a)$$

aufgebaut wird. Zur Berechnung von $\psi(m+1, n+1, a)$ muss man Werte der ψ-Funktion an solchen Stellen benutzen, wo das erste Argument um 1 kleiner ist (wobei sich das zweite in einer Weise, die von ψ selbst abhängt, verändert), oder das erste Argument dasselbe, dafür das zweite um 1 kleiner ist.[15])

2. Zum Majorisieren der primitiv-rekursiven Funktionen braucht man aber nicht eine dreistellige Funktion zu verwenden. Es genügt zu diesem Zweck eine zweistellige „Majorante" $\psi(m, n)$ so zu definieren, dass

$$\psi(m+1, n+1) = \psi(m, \psi(m+1, n))$$

ist.[16])

Beim Beweis der Majoranten-Eigenschaft von $\psi(m, n)$ werde ich benutzen, dass

$$\psi(m, n) > n$$

ist (damit dies von Anfang an gilt, wird $\psi(0, n) = n+1$ zum Ausgang genommen); ferner, dass $\psi(m, n)$ eine monoton wachsende Funktion beider Variablen ist, und zwar reagiert sie auf das Wachsen von m (das heisst auf die Vermehrung der Anzahl der angewandten Iterationen) wenigstens so empfindlich, wie auf das Wachsen von n:

$$\psi(m+1, n) \geqq \psi(m, n+1).$$

Damit auch diese Ungleichung von Anfang an bestehe, werde ich den für $n = 0$ angenommenen Funktionswert folgendermassen definieren:

$$\psi(m+1, 0) = \psi(m, 1).$$

Also lautet die zweifach-rekursive Definition von ψ:

$$\begin{aligned} \psi(0, n) &= n+1 \\ \psi(m+1, 0) &= \psi(m, 1) \\ \psi(m+1, n+1) &= \psi(m, \psi(m+1, n)). \end{aligned}$$

3. Die so definierte Funktion $\psi(m, n)$ verfügt über die gewünschten Eigenschaften.

---

15) Durch diese Definition hat Ackermann [1] das erste Beispiel für eine nicht primitiv-rekursive Funktion angegeben.

16) Péter [3], und etwas einfacher Robinson [2].

Es gilt

(1) $$\psi(m, n) > n, \quad \text{das heisst} \quad \psi(m, n) \geqq n+1.$$

Das gilt nämlich nach der ersten Definitionsgleichung bei beliebigem n für $m=0$. Und gilt bereits für ein m bei beliebigem n

$$\psi(m, n) \geqq n+1,$$

so vererbt sich diese Eigenschaft auch auf $\psi(m+1, 0)$; denn dann ist nach der zweiten Definitionsgleichung

$$\psi(m+1, 0) = \psi(m, 1) \geqq 1+1 > 0+1.$$

Wird endlich noch angenommen, dass für dasselbe m und für ein gewisses n

$$\psi(m+1, n) \geqq n+1$$

gilt, so vererbt sich diese Eigenschaft auch auf $\psi(m+1, n+1)$, denn in diesem Fall ist nach der dritten Definitionsgleichung

$$\psi(m+1, n+1) = \psi(m, \psi(m+1, n)) \geqq \psi(m+1, n)+1 \geqq (n+1)+1.$$

Also hat es sich herausgestellt, dass falls die betreffende Behauptung für ein gewisses m bei beliebigem n bereits gilt, so gilt sie auch für $m+1$ bei beliebigem n, und daher gilt sie (da sie für $m=0$ bei beliebigem n gilt) für alle m bei beliebigem n.

4. Es folgt unmittelbar aus der eben bewiesenen Eigenschaft von $\psi(m, n)$, dass $\psi(m, n)$ in n monoton zunimmt. Das gilt nämlich für $\varphi(0, n) = n+1$; und ist das erste Argument von 0 verschieden, so kann es in der Form $m+1$ geschrieben werden; dann gilt aber nach der dritten Definitionsgleichung:

$$\psi(m+1, n+1) = \psi(m, \psi(m+1, n)) > \psi(m+1, n).$$

5. Dass $\psi(m, n)$ auch in m monoton wächst, wird natürlich eine Folge von

(2) $$\psi(m+1, n) \geqq \psi(m, n+1)$$

sein; es ist ja nach der vorigen Nummer

$$\psi(m, n+1) > \psi(m, n),$$

und das ergibt mit (2)

$$\psi(m+1, n) > \psi(m, n).$$

Man hat also nur noch (2) zu beweisen. Für $n=0$ gilt (2) nach der zweiten Definitionsgleichung von ψ. Und gilt (2) bereits für ein n, so vererbt sich diese Eigenschaft auch auf $n+1$. Denn es ist dann nach der dritten Definitionsgleichung und nach der vorigen Nummer

$$\psi(m+1, n+1) = \psi(m, \psi(m+1, n)) \geqq \psi(m, \psi(m, n+1)),$$

und hierbei ist nach (1)

$$\psi(m, n+1) \geqq (n+1)+1 = n+2,$$

also gilt nach der vorigen Nummer

$$\psi(m, \psi(m, n+1)) \geqq \psi(m, n+2),$$

und somit

$$\psi(m+1, n+1) \geqq \psi(m, n+2).$$

6. So ausgerüstet, machen wir uns nun an den Beweis, dass jede einstellige primitiv-rekursive Funktion von $\psi(m, n)$ majorisiert wird. Dies wird zugleich wieder ein gutes Beispiel für das liefern, was in Nr. **1** des § **2** als ein Nutzen der Abgrenzung des Begriffes der rekursiven Funktion hervorgehoben wurde; weil nämlich die rekursiven Funktionen sich aus einigen Ausgangsfunktionen durch einige festgesetzte Definitionsarten aufbauen lassen, ist es möglich, dass mann die für all diese Funktionen gültigen Behauptungen ähnlich wie die Behauptungen über natürliche Zahlen beweist. Nämlich so, dass man zeigt: die Behauptung stimmt „im Anfang", das heisst für die Ausgangsfunktionen, und das vererbt sich Schritt für Schritt auf die „späteren", das heisst aus bereits definierten Funktionen auf eine erlaubte Art aufgebauten Funktionen.

Ich werde jene Form des Ergebnisses vom Ende des § **7** benutzen, dass von den Funktionen

$$n+1 \quad \text{und} \quad \text{quad}(n)$$

ausgehend alle einstelligen primitiv-rekursiven Funktionen durch Verwendung der Schemata

$$\varphi(n) = |\alpha(n) - \beta(n)|, \quad \varphi(n) = \beta(\alpha(n)), \quad \left.\begin{array}{l} \varphi(0) = 0 \\ \varphi(n+1) = \beta(\varphi(n)) \end{array}\right\}$$

erhalten werden können, wobei α und β bereits definierte Funktionen sind.

7. Als Erstes zeige ich, dass es ein m gibt, für welches

$$n+1 < \psi(m, n)$$

und

$$\text{quad}(n) < \psi(m, n)$$

gilt. Da quad(n) nur die Werte 0 und 1 annimt, so ist für jedes n

$$\text{quad}(n) \leqq n+1 = \psi(0, n) < \psi(1, n).$$

Unsere Ausgangsfunktionen werden also für jedes n durch $\psi(1, n)$ majorisiert.

Angenommen, dass es zu den primitiv-rekursiven Funktionen $\alpha(n)$ und $\beta(n)$ bereits solche Zahlen k und l gibt, dass

$$\alpha(n) < \psi(k, n)$$

und

$$\beta(n) < \psi(l, n)$$

gelten, so erhält man folgendermassen die Majoranten der Funktionen, die aus α und β durch die zugelassenen Schemata aufgebaut werden:

I. $$|\alpha(n) - \beta(n)| \leqq \max(\alpha(n), \beta(n)) < \psi(\max(k, l), n).$$

Ferner ergibt sich, die Monotonität von ψ benutzend,

II. $$\begin{aligned} \beta(\alpha(n)) &< \psi(l, \alpha(n)) < \psi(l, \psi(k, n)) < \\ &< \psi(\max(k, l), \psi(\max(k, l)+1, n)) = \\ &= \psi(\max(k, l)+1, n+1). \end{aligned}$$

Es ist aber nach der Ungleichung (2) von Nr. **5** dieses Kapitels

$$\psi(\max(k, l)+1, n+1) \leqq \psi(\max(k, l)+2, n),$$

also

$$\beta(\alpha(n)) < \psi(\max(k, l)+2, n).$$

III. Sei $\varphi(n)$ die durch die Iteration

$$\varphi(0) = 0$$
$$\varphi(n+1) = \beta(\varphi(n))$$

definierte Funktion. Dann ist $\varphi(0) = 0$ kleiner als alle Werte von $\psi(n, a)$; denn es ist ja nach (1) von Nr. **3** dieses Kapitels

$$\psi(n, a) \geqq n+1 > 0.$$

Es wird eine solche Zahl m gesucht, für welche bei beliebigem n

$$\varphi(n) < \psi(m, n)$$

besteht; man sieht, dass für $n = 0$ jedes m diesem Zweck entspricht. Ist nun für ein n bereits

$$\varphi(n) < \psi(m, n),$$

so gilt nach der zweiten Definitionsgleichung von φ

$$\varphi(n+1) = \beta(\varphi(n)) < \psi(l, \varphi(n)) < \psi(l, \psi(m, n)).$$

Man sieht, dass es zweckmässig ist, $l+1$ für m zu wählen, denn dann ergibt sich nach der zweiten Definitionsgleichung von ψ:

$$\psi(l, \psi(m, n)) = \psi(l, \psi(l+1, n)) = \psi(l+1, n+1)$$

und somit

$$\varphi(n+1) < \psi(l+1, n+1);$$

also vererbt sich die Eigenschaft, dass $\varphi(n)$ von $\psi(l+1, n)$ majorisiert wird, von n auf $n+1$. Also gilt für jedes n

$$\varphi(n) < \psi(l+1, n).$$

8. In der vorigen Nummer hat es sich herausgestellt, dass es zu jeder einstelligen primitiv-rekursiven Funktion $\varphi(n)$ ein solches m gibt, für welches

$$\varphi(n) < \psi(m, n)$$

besteht. Daraus folgt aber, dass $\psi(m, n)$ *keine primitiv-rekursive Funktion ist.* Denn mit ihr wäre auch die durch Substitution aus ihr entstehende einstellige Funktion $\psi(n, n)$ primitiv-rekursiv, und daher gäbe es auch zu dieser Funktion ein m, so dass bei beliebigem n

$$\psi(n, n) < \psi(m, n)$$

wäre. Daraus würde sich aber für $n = m$

$$\psi(m, m) < \psi(m, m),$$

also eine Unmöglichkeit ergeben.

9. Es ist auch leicht zu zeigen, dass *alle beliebigviel-stelligen primitiv-rekursiven Funktionen von $\psi(m, n)$ majorisiert werden*; in jenem Sinn, dass es zu jeder primitiv-rekursiven Funktion ein m gibt, so dass für alle Werte von $a_1, \ldots, a_r$

$$\varphi(a_1, \ldots, a_r) < \psi(m, \max(a_1, \ldots, a_r))$$

gilt. Das sieht man daraus leicht ein, dass nach Nr. **17** des § **7** alle mehrstelligen primitiv-rekursiven Funktionen durch ausschliessliche Verwendung von Substitutionen aus einstelligen primitiv-rekursiven Funktionen und aus $a+n$ aufgebaut werden können.

Es gibt ja nach den Vorherigen zu jeder einstelligen primitiv-rekursiven Funktion $\varphi(n)$ ein solches m, dass

$$\varphi(n) < \psi(m, n)$$

ist; ferner gilt

$$a+n \leqq 2 \max(a, n),$$

und ist m die Zahl zur einstelligen Funktion $2n$, für welche

$$2n < \psi(m, n)$$

gilt, so ist

$$2 \max(a, n) < \psi(m, \max(a, n)).$$

Und wenn es bereits zu den Funktionen $\alpha_1(a_1, \ldots, a_r), \ldots, \alpha_s(a_1, \ldots, a_r)$ (diese brauchen nicht von denselben Variablen abzuhängen, aber können durch Einführung fiktiver Variablen immer so hingestellt werden) solche Zahlen $m_1, \ldots, m_s$ gibt, und zur Funktion $\beta(a_1, \ldots, a_s)$ eine solche Zahl m_0, dass für alle Werte der Variablen

$$\alpha_1(a_1, \ldots, a_r) < \psi(m_1, \max(a_1, \ldots, a_r)),$$
$$\cdot \quad \cdot \quad \cdot \quad \cdot \quad \cdot \quad \cdot \quad \cdot \quad \cdot \quad \cdot \quad \cdot \quad \cdot \quad \cdot$$
$$\alpha_s(a_1, \ldots, a_r) < \psi(m_s, \max(a_1, \ldots, a_r)),$$

und

$$\beta(a_1, \ldots, a_s) < \psi(m_0, \max(a_1, \ldots, a_s))$$

gilt, dann gibt es auch zu der Funktion, die durch Substitution der α_i in β entsteht, eine Zahl m, so dass

$$\beta(\alpha_1(a_1, \ldots, a_r), \ldots, \alpha_s(a_1, \ldots, a_r)) < \psi(m, \max(a_1, \ldots, a_r))$$

gilt.

Es ist nämlich nach der Annahme, ferner nach der Definition und nach der Monotonität von ψ

$$\begin{aligned}
&\beta(\alpha_1(a_1, \ldots, a_r), \ldots, \alpha_s(a_1, \ldots, a_r)) < \psi(m_0, \max(\alpha_1(a_1, \ldots, a_r), \ldots, \alpha_s(a_1, \ldots, a_r))) < \\
&\quad < \psi(m_0, \max(\psi(m_1, \max(a_1, \ldots, a_r)), \ldots, \psi(m_s, \max(a_1, \ldots, a_r)))) = \\
&\quad = \psi(m_0, \psi(\max(m_1, \ldots, m_s), \max(a_1, \ldots, a_r))) < \\
&\quad < \psi(\max(m_0, m_1, \ldots, m_s), \psi(\max(m_0, m_1, \ldots, m_s)+1, \max(a_1, \ldots, a_r))) = \\
&\quad = \psi(\max(m_0, m_1, \ldots, m_s)+1, \max(a_1, \ldots, a_r)+1).
\end{aligned}$$

Nach der Eigenschaft (2) der Funktion ψ, die in Nr. **5** dieses Kapitels bewiesen wurde, ist

$$\psi(\max(m_0, m_1, \ldots, m_s)+1, \max(a_1, \ldots, a_r)+1) \leqq$$
$$\leqq \psi(\max(m_0, m_1, \ldots, m_s)+2, \max(a_1, \ldots, a_r));$$

wird also

$$m = \max(m_0, m_1, \ldots, m_s)+2$$

gesetzt, so ist

$$\beta(\alpha_1(a_1, \ldots, a_r), \ldots, \alpha_s(a_1, \ldots, a_r)) < \psi(m, \max(a_1, \ldots, a_r)).$$

Also vererbt sich die betreffende Eigenschaft von den einstelligen primitiv-rekursiven Funktionen und von $a+n$ auch auf die Funktionen, die aus ihnen durch Substitution entstehen. Daher gibt es tatsächlich zu jeder primitiv-rekursiven Funktion ein m, so dass für alle Werte von $a_1, \ldots, a_r$

$$\varphi(a_1, \ldots, a_r) < \psi(m, \max(a_1, \ldots, a_r))$$

besteht.

§ 10. DIE EINGESCHACHTELTE REKURSION

1. Es hat sich im vorigen Kapitel herausgestellt, dass die Funktion $\psi(m, n)$, welche durch die zweifache Rekursion

$$\psi(0, n) = n+1$$
$$\psi(m+1, 0) = \psi(m, 1)$$
$$\psi(m+1, n+1) = \psi(m, \psi(m+1, n))$$

definiert wird, nicht primitiv-rekursiv ist. Worin unterscheidet sich denn diese Rekursion von der ebenfalls zweifachen Rekursion

$$\varphi(0, n) = \alpha_1(n)$$
$$\varphi(m+1, 0) = \alpha_2(m)$$
$$\varphi(m+1, n+1) = \beta(m, n, \varphi(m, \gamma(m, n)), \varphi(m+1, n)),$$

von der zum Schluss des § **6** behauptet wurde, dass sie nicht über die Klasse der primitiv-rekursiven Funktionen hinausführt?

Augenscheinlich besteht der wesentliche Unterschied darin, dass auf der rechten Seite der Definition von φ nur eine bekannte Funktion für eine Variable von φ eingesetzt wird; auf der rechten Seite der Definition von ψ treten dagegen auch „eingeschachtelte" ψ-Werte auf. Zur Berechnung des Funktionswertes an der Stelle $(m+1, n+1)$ hat man in beiden Definitionen auch einen Funktionswert, der zu einem um 1 kleineren ersten Argument gehört, zu verwenden; wie gross aber dabei das zweite Argument ist, das wird in der Definition von φ durch die bekannte Funktion γ, in der Definition von ψ durch die zu definierende Funktion ψ selbst angegeben. Die Definition von ψ kann eine *eingeschachtelte zweifache Rekursion* genannt werden.

Nach den Vorherigen *führt die uneingeschachtelte zweifache Rekursion nicht über die Klasse der primitiv-rekursiven Funktionen hinaus, aber die eingeschachtelte zweifache Rekursion führt bereits über diese Klasse hinaus.*

2. *Wenn man aber nur beschränkte mehrfache Rekursionen zulässt (im Sinne von Nr.* **11** *des §* **8***), so führt auch der eingeschachtelte Fall nicht über die Klasse der primitiv-rekursiven Funktionen hinaus.*[17])

Der Beweis beruht wieder auf der Einführung der Wertverlaufsfunktionen. Ich zeige den Gedankengang an einem einfachen Beispiel.

Es laute die Definition einer Funktion $\varphi(m, n)$:

$$\varphi(m, n) = 0, \text{ falls } m \cdot n = 0$$
$$\varphi(m+1, n+1) = \alpha(m, n, \varphi(m, \beta(m, n, \varphi(m+1, n))))$$
$$\varphi(m, n) \leqq \gamma(m, n),$$

wo α, β und γ bereits primitiv-rekursiv sind. Ich zeige, dass dann wegen der beschränkenden Definitionsungleichung auch $\varphi(m, n)$ primitiv-rekursiv ist.

Für die Wertverlaufsfunktion

$$\psi(m, n) = \prod_{i=0}^{n} p_i^{\varphi(m, i)}$$

gilt bei jedem $u \geqq n$

$$\varphi(m, n) = \exp_n(\psi(m, u)).$$

Also ist der in der zweiten Definitionsgleichung vorkommende Ausdruck $\varphi(m, \beta(m, n, \varphi(m+1, n)))$ mit

$$\exp_{\beta(m, n, \varphi(m+1, n))}(\psi(m, u))$$

identisch, falls

$$u \geqq \beta(m, n, \varphi(m+1, n))$$

gilt. Mit Benutzung der beschränkenden Definitionsungleichung von φ kann hierbei u von φ unabhängig gewählt werden; da nämlich

$$\varphi(m+1, n) \leqq \gamma(m+1, n)$$

---

17) PÉTER [16].

ist, muss $\beta(m, n, \varphi(m+1, n))$ unter den Werten $\beta(m, n, i)$ vorkommen, wenn i die Zahlen von 0 bis $\gamma(m+1, n)$ durchläuft. Wird also

$$\delta(m, n) = \sum_{i=0}^{\gamma(m+1, n)} \beta(m, n, i)$$

gesetzt, so ist $\delta(m, n)$ primitiv-rekursiv und

$$\beta(m, n, \varphi(m+1, n)) \leqq \delta(m, n).$$

Daher gilt

$$\varphi(m, \beta(m, n, \varphi(m+1, n))) = \exp_{\beta(m, n, \varphi(m+1, n))}(\psi(m, \delta(m, n))).$$

Ferner ist hierbei

$$\varphi(m+1, n) = \exp_n(\psi(m+1, n)),$$

also, wenn

$$\bar{\alpha}(m, n, a, b) = \alpha(m, n, \exp_{\beta(m, n, \exp_n(b))}(a))$$

gesetzt wird, ergibt sich aus der zweiten Definitionsgleichung von φ:

$$\varphi(m+1, n+1) = \bar{\alpha}(m, n, \psi(m, \delta(m, n)), \psi(m+1, n)).$$

Nach der Definition des Produktes ist

$$\psi(m+1, n+1) = \psi(m+1, n) \cdot p_{n+1}^{\varphi(m+1, n+1)},$$

demnach ist, wenn noch

$$\nu(m, n, a, b) = b \cdot p_{n+1}^{\bar{\alpha}(m, n, a, b)}$$

gesetzt wird,

$$\psi(m+1, n+1) = \nu(m, n, \psi(m, \delta(m, n)), \psi(m+1, n)).$$

Dies ergibt aber, wenn noch für $m \cdot n = 0$

$$\psi(m, n) = \prod_{i=0}^{n} p_i^{\varphi(m, i)} = \prod_{i=0}^{n} p_i^0 = 1$$

hinzugenommen wird, eine uneingeschachtelte zweifache Rekursion für $\psi(m, n)$; un im § **6** wurde bewiesen, dass eine solche Definition nicht über die Klasse der primitiv-rekursiven Funktionen hinausführt. Da nun

$$\varphi(m, n) = \exp_n(\psi(m, n))$$

ist, so ist mit $\psi(m, n)$ auch $\varphi(m, n)$ primitiv-rekursiv.

3. Ohne Beschränkung führt aber die eingeschachtelte zweifache Rekursion über die Klasse der primitiv-rekursiven Funktionen hinaus.

Wir haben auch schon unter den einfachen Rekursionen es mit einer solchen Definition zu tun gehabt, welche eine zweistellige Funktion $\varphi(n, a)$ derart angegeben hat, dass zur Berechnung des Wertes $\varphi(n+1, a)$ die *Funktion* $\varphi(n, a)$, als Funktion von a, für verschiedene Werte von a verwendet wurde. Es war die Definition am Ende des § 5:

$$\varphi(0, a) = \alpha(a)$$
$$\varphi(n+1, a) = \beta(n, a, \varphi(n, \gamma_1(n, a)), \varphi(n, \gamma_2(n, a)), \ldots, \varphi(n, \gamma_k(n, a)))$$

eine solche. Das ist jedenfalls eine einfache Rekursion nach der Variablen n. Hierbei könnte auch statt einiger $\gamma_i(n, a)$ der Ausdruck $\gamma_i(n, a, \varphi(n, a))$, oder gar $\varphi(n, \gamma_i(n, a, \varphi(n, a)))$ stehen; es könnten ja auch beliebig vielfach eingeschachtelte Funktionswerte auftreten. Man könnte glauben, dass bereits die einfache eingeschachtelte Rekursion über die Klasse der primitiv-rekursiven Funktionen hinausführt.

Das ist aber nicht der Fall. Genau auf dieselbe Weise, wie im § 5 mit $\binom{n}{a}$ verfahren wurde, lässt sich auch die eingeschachtelte einfache Rekursion auf primitive Rekursion und Substitution zurückführen.

Betrachten wir z. B. den einfachen Spezialfall

$$\varphi(0, a) = \alpha(a)$$
$$\varphi(n+1, a) = \beta(n, \varphi(n, \gamma(n, a, \varphi(n, a)))).$$

Auch hier können die Schritte einzeln untersucht werden, durch welche von $\varphi(0, a) = \alpha(a)$ ausgehend die Werte von $\varphi(n, a)$ allmählich aufgebaut werden; und man kann eine Funktion $\psi(n, a)$ definieren (diese darf jetzt nicht mit der im vorigen Kapitel behandelten, und auch zu Beginn dieses Kapitels erwähnten Funktion $\psi(m, n)$ verwechselt werden), deren Werte die beim Aufbau von $\varphi(n, a)$ benutzten Bausteine sind. Der Anfang des Aufbaues lautet:

$$\varphi(0, a) = \alpha(a),$$
$$\varphi(1, a) = \beta(0, \varphi(0, \gamma(0, a, \varphi(0, a)))) = \beta(0, \alpha(\gamma(0, a, \alpha(a)))),$$
$$\varphi(2, a) = \beta(1, \varphi(1, \gamma(1, a, \varphi(1, a)))) =$$
$$= \beta(1, \beta(0, \alpha(\gamma(0, \gamma(1, a, \beta(0, \alpha(\gamma(0, a, \alpha(a))))),$$
$$, \alpha(\gamma(1, a, \beta(0, \alpha(\gamma(0, a, \alpha(a))))))))),$$
$$\cdots\cdots\cdots\cdots\cdots\cdots$$

Man sieht, dass diese Werte durch die Ineinanderschachtelung von α, β und γ zustande kommen; dabei erfolgt im ersten Argument von β und γ nie eine Einschachtelung, sondern es stehen dort beim Aufbau von $\varphi(n, a)$ stets Zahlen kleiner als n; in jedem anderen Argument steht entweder α oder es erfolgt dort eine Einschachtelung. Man hat also als Hilfsfunktion, welche die Bausteine des Aufbaues von $\varphi(n, a)$ annimmt, eine solche Funktion $\psi(n, a)$ zu definieren, die erstens den Wert a (z. B. an der Stelle 0) annimmt; dann mit beliebigen bereits angenommenen Werten auch jene Werte, die aus deren Einschachtelungen in α, in die zweite Leerstelle von β und in die zweite und dritte Leerstelle von γ entstehen. Die Funktion $\psi(n, a)$ genügt gewiss diesen Forderungen, wenn sie durch

$$\psi(0, a) = a$$

und für $n > 0$ durch

$$\psi(n, a) = \begin{cases} \alpha(\psi(\exp_2(n), a)), & \text{falls } \exp_0(n) = 0 \\ \beta(\exp_1(n), \psi(\exp_2(n), a)), & \text{,, } \exp_0(n) = 1 \\ \gamma(\exp_1(n), \psi(\exp_2(n), a), \psi(\exp_3(n), a)) & \text{sonst} \end{cases}$$

definiert wird. Das ist eine Wertverlaufsrekursion, die sich durch die im § 3 angewandte Methode auf primitive Rekursion und Substitution zurückführen lässt. Und da auch die Werte $\varphi(1, a), \varphi(2, a), \varphi(3, a), \ldots$ unter den von $\psi(n, a)$ angenommenen Bausteinen vorkommen, kann man diese aus den Werten von $\psi(n, a)$ herausfischen. Genau so, wie in § 5 im Fall $\varphi(n, a) = \binom{n}{a}$, kann auch hier eine primitiv-rekursive Funktion $\varkappa(n)$ angegeben werden, für welche

$$\varphi(n, a) = \psi(\varkappa(n), a)$$

gilt. Also erweist sich $\varphi(n, a)$ als primitiv-rekursiv.

Ähnlich sieht man ein,[18]) dass auch die verwickeltste eingeschachtelte *einfache* Rekursion nicht über die Klasse der primitiv-rekursiven Funktionen hinausführt.

4. Will man denselben Gedankengang auf die zweifache, oder allgemeiner, auf die nach mehreren Variablen verlaufende „mehrfache" Rekursion anwenden, so muss er notwendigerweise versagen; wir wissen ja, dass die mehrfache eingeschachtelte Rekursion über die Klasse der primitiv-rekursiven Funktionen hinausführt. Später wird es sich tatsächlich ergeben, dass in der Definition einer Funktion ψ, welche die „Bausteine" einer durch mehrfache eingeschachtelte Rekursion definierten Funktion annimmt, notwendigerweise auch eingeschachtelte ψ-Werte auftreten, die sich nicht weiter auflösen lassen. Es ist dennoch keine verlorene Mühe denselben Gedankengang auch auf mehrfache Rekursionen anzuwenden; es gelingt nämlich in dieser Weise die

[18]) Ein ausführlicher Beweis ist in Péter [2] und [4] zu finden.

am verwickeltesten eingeschachtelten Definitionen auf die einfachsten zurückzuführen, in welchen nur einmalige Einschachtelungen auftreten.

5. Eine weitere Vereinfachung der mehrfachen Rekursion kann dadurch erzielt werden, dass die „Anfangswerte" (die bei dem Wert 0 einer der Variablen angenommenen Werte) beliebig gewählt werden können; so kann jeder Anfangswert als 0 oder 1 gewählt werden.[10]) Die Reduktion auf eine Rekursion mit solchen „normierten" Anfangswerten kann z. B. bei der zweifachen Rekursion

$$\psi(0, n) = n + 1$$
$$\psi(m+1, 0) = \psi(m, 1)$$
$$\psi(m+1, n+1) = \psi(m, \psi(m+1, n)),$$

die auch zu Beginn dieses Kapitels aufgeschrieben wurde, folgendermassen durchführt werden:

Man hat bloss eine Funktion $\xi(m, n)$ zu definieren, für welche

$$\xi(m+1, n+1) = \psi(m, n)$$

gilt. Da die Anfangswerte der Funktion $\xi(m, n)$ durch diese Forderung nicht festgelegt werden, können sie beliebig, z. B. als 0 gewählt werden.

Zur Erleichterung der Definition von $\xi(m, n)$ ist es zweckmässig, die Definition von $\psi(m, n)$ auf die folgende Form zu bringen:

(1) $\psi(0, n) = n+1,$

(2) $\psi(m, 0) = \psi(m-1, 1),$ falls $m \neq 0$

(3) $\psi(m, n) = \psi(m-1, \psi(m, n-1)),$ „ $m \neq 0$ und $n \neq 0.$

Hält man sich diese Gleichungen vor Augen, so erhält man die Definition von $\xi(m, n)$ folgendermassen:

$\xi(0, n) = 0$ und $\xi(m+1, 0) = 0$, das heisst: $\xi(m, n) = 0$ für $m \cdot n = 0$;

ferner

(1) $\xi(1, n+1) = n+1,$

(2) $\xi(m+1, 1) = \xi(m, 2),$ falls $m \neq 0,$

(3) $\xi(m+1, n+1) = \xi(m, \xi(m+1, n)+1),$ „ $m \neq 0, n \neq 0.$

Es gilt dann tatsächlich für alle m und n

$$\psi(m, n) = \xi(m+1, n+1).$$

---

[10]) Péter [5] § 1.

Dies gilt nämlich erstens bei beliebigem n für $m=0$, denn nach den Definitionsgleichungen (1) gilt

$$\psi(0, n)=n+1=\xi(1, n+1).$$

Gilt ferner bei beliebigem n für ein $m\neq 0$

$$\psi(m-1, n)=\xi(m, n+1),$$

so kann man daraus unmittelbar auf $\psi(m, 0)$ weiter schliessen; werden die Definitionsgleichungen (2) benutzt, so ergibt sich nämlich aus der obigen Annahme, dass

$$\psi(m, 0)=\psi(m-1, 1)=\xi(m, 2)=\xi(m+1, 1)$$

ist. Wird ferner noch angenommen, dass für dasselbe m und für ein von 0 verschiedenes n

$$\psi(m, n-1)=\xi(m+1, n)$$

gilt, so ergibt sich mit Verwendung der Definitionsgleichungen (3), dass

$$\begin{aligned}\psi(m, n)=\psi(m-1, \psi(m, n-1))=\xi(m, \xi(m+1, n)+1)=\\=\xi(m+1, n+1)\end{aligned}$$

ist. Zusammenfassend: Gilt die Behauptung bei beliebigem n für irgendein m, so gilt sie auch für $m+1$ bei beliebigem n; da sie aber für $m=0$ bei beliebigem n gilt, gilt sie für alle m bei beliebigem n.

6. Die Definition von $\xi(m, n)$ kann auch in der Form

$$\xi(m, n)=0, \quad \text{falls} \quad m\cdot n=0$$

$$\xi(m+1, n+1)=\begin{cases} n+1, & \text{falls} \quad m=0 \\ \xi(m, 2), & \text{„} \quad m\neq 0 \quad \text{und} \quad n=0 \\ \xi(m, \xi(m+1, n)+1) & \text{sonst} \end{cases}$$

aufgeschrieben werden. Sei der kürzeren Schreibweise halber

$$\beta(m, n, a, b)=\begin{cases} n+1, & \text{falls} \quad m=0 \\ a, & \text{„} \quad m\neq 0 \quad \& \quad n=0 \\ b & \text{sonst;} \end{cases}$$

dann ist klar, dass β eine primitiv-rekursive Funktion ist, und die Definition von $\xi(m, n)$ kann damit auf folgende einfache Form gebracht werden:

$$\begin{aligned}\xi(m, n)&=0, \quad \text{falls} \quad m\cdot n=0\\ \xi(m+1, n+1)&=\beta(m, n, \xi(m, 2), \xi(m, \xi(m+1, n)+1)).\end{aligned}$$

Aus dieser Funktion mit normierten Anfangswerten erhält man dann $\psi(m, n)$ durch die Substitution

$$\psi(m, n) = \xi(m+1, n+1).$$

7. Durch die Normierung der Anfangswerte nebst dem Verfahren, das beim Reduzieren der einfachen eingeschachtelten Rekursion angewandt wurde, *lässt sich die allgemeine k-fache eingeschachtelte Rekursion auf die folgende „Normalform" zurückführen:*

$$\varphi(n_1, \ldots, n_k) = 0, \quad \text{falls} \quad n_1 \cdot n_2 \ldots n_k = 0$$
$$\varphi(n_1+1, \ldots, n_k+1) = \beta(n_1, \ldots, n_k, \varphi_1, \ldots, \varphi_k),$$
$$\text{wobei für } i = 1, 2, \ldots, k$$
$$\varphi_i = \varphi(n_1+1, \ldots, n_{i-1}+1, n_i, \gamma_1^{(i)}(n_1, \ldots, n_k, \varphi(n_1+1, \ldots, n_{k-1}+1, n_k)), \ldots,$$
$$, \gamma_{k-i}^{(i)}(n_1, \ldots, n_k, \varphi(n_1+1, \ldots, n_{k-1}+1, n_k)))$$

ist. Hierbei lassen sich die Funktionen β und $\gamma_j^{(i)}$ für $i = 1, 2, \ldots, k-1$; $j = 1, 2, \ldots, k-i$ aus den in der ursprünglichen Definition angewandten Funktionen durch primitive Rekursionen und Substitutionen aufbauen; man sagt, dass sie *in den* genannten bekannten *Funktionen primitiv-rekursiv* sind.

In diesem Schema kommen nur einmalige Einschachtelungen vor.

Wird für $k > 1$ eine höchstens k-stellige Funktion durch eine Rekursion, die nach weniger als k Variablen verläuft, definiert, so kann sie auch durch k-fache Rekursion in der Normalform und durch Substitution definiert werden. Ergibt z. B. die Iteration

$$\varphi(0) = 0$$
$$\varphi(n_1+1) = \beta(\varphi(n_1))$$

die Funktion $\varphi(n_1)$, so kann man mit

$$\beta(n_1, \ldots, n_k, a_1, \ldots, a_k) = \beta(a_1),$$

$$\gamma_j^{(i)}(n_1, \ldots, n_k, a_1) = n_1 \quad \text{für} \quad i = 1, 2, \ldots, k-1, \quad j = 1, 2, \ldots, k-i$$

den Spezialfall

$$\varphi(n_1, \ldots, n_k) = 0 \quad \text{falls} \quad n_1 \cdot n_2 \ldots n_k = 0$$
$$\varphi(n_1+1, \ldots, n_k+1) = \beta(\varphi(n_1, n_1, \ldots; n_1))$$

der Normalform der k-fachen Rekursion aufschreiben; und daraus entsteht $\varphi(n_1)$ durch die Einsetzung:

$$\varphi(n_1) = \varphi(n_1, n_1, \ldots, n_1).$$

Denn das gilt ja für $n_1 = 0$, und man sieht aus den Definitionen leicht, dass sich diese Eigenschaft von n_1 auf $n_1 + 1$ vererbt.

Die Funktionen, die aus 0 und $n+1$ durch endlich viele Substitutionen und mehrfache Rekursionen aufgebaut werden können, werden *mehrfach-rekursive Funktionen* genannt; wenn dabei höchstens k-fache Rekursionen angewandt werden, heissen sie *k-rekursiv*. (Die primitiv-rekursiven Funktionen können daher auch 1-rekursiv genannt werden.) Die obige Behauptung (auf ihren Beweis[20]) werde ich im § **14** zurückkommen) kann auch folgendermassen formuliert werden: Alle k-rekursiven Funktionen können aus primitiv-rekursiven Funktionen durch Substitutionen und k-fache Rekursionen in Normalform aufgebaut werden. Man braucht aber gar nicht alle primitiv-rekursiven Funktionen zu Grunde zu legen. Nach Nr. **17** des § **7** lassen sich nämlich alle primitiv-rekursiven Funktionen aus den Funktionen $n+1$, quadres(n) und $a+n$ durch Substitutionen und Iterationen einstelliger Funktionen (an der Stelle 0) aufbauen; die letzte Definitionsart lässt sich aber für alle k auf k-fache Rekursion in Normalform und Substitution zurückführen. *Also kann man sämtliche k-rekursiven Funktionen aus den Ausgangsfunktionen*

$$n+1, \qquad \text{quadres}(n), \qquad a+n$$

durch endlich viele Substitutionen und k-fache Rekursionen in Normalform erhalten.

§ 11. DAS DIAGONALVERFAHREN UND DIE MEHRFACHEN REKURSIONEN

1. Auch ohne das Aufzeigen eines Beispiels, bereits aus Mächtigkeitsgründen kann man wissen, dass es nicht-primitiv-rekursive zahlentheoretische Funktionen geben muss. Die Menge der primitiv-rekursiven Funktionen ist nämlich abzählbar: Man erhält aus den endlich vielen Ausgangsfunktionen durch einmalige Anwendung der endlich vielen zugelassenen Definitionsweisen endlich viele neue Funktionen; werden die Definitionschemata noch einmal angewandt, so entstehen wieder endlich viele Funktionen, und so fort; und abzählbarmal endlich ist abzählbar. Die Menge aller zahlentheoretischen Funktionen ist dagegen bekanntlich von der Mächtigkeit des Kontinuums. Es bilden bereits die zahlentheoretischen Funktionen der Form

$$[x n]$$

eine Menge von der Mächtigkeit des Kontinuums, wenn x alle nicht-negativen reellen Werte durchläuft. Also gibt es bereits unter diesen einfach gebildeten zahlentheoretischen Funktionen notwendigerweise nicht-primitiv-rekursive. Für

[20]) Péter [5] § 2.

ein rationales $\tau = \frac{p}{q}$ ist $\left[\frac{p}{q} n\right] = \left[\frac{pn}{q}\right]$ primitiv-rekursiv; und in Nr. **26** des **§ 1** hat sich für die Basis *e* der natürlichen Logarithmen auch $[en]$ als primitiv-rekursiv erwiesen. Ähnlich der dort angewandten Schlussweise kann man beweisen: *Für ein irrationales τ ist $[\tau n]$ dann und nur dann primitiv-rekursiv, wenn in der Faktoriellenentwicklung*

$$\tau = a_0 + \frac{a_1}{1!} + \frac{a_2}{2!} + \cdots + \frac{a_n}{n!} + \cdots$$

wobei die Koeffizienten a_n nicht-negative Zahlen sind, und für $n = 1, 2, 3, \ldots$

$$a_n \leqq n - 1$$

gilt (es ist bekannt, und auch in Nr. **5—6** des **§ 24** dieses Buches wird gezeigt werden, dass alle nicht-negativen reellen Zahlen τ in solcher Form geschrieben werden können, und zwar für irrationales τ eindeutig), *a_n eine primitiv-rekursive Funktion von n ist.*

2. Beim Beweis ist es entscheidend, dass es für ein irrationales τ über alle Grenzen ein solches n gibt, dass a_n entschieden kleiner als $n-1$ ist; es ist nämlich für beliebiges N

$$\tau \leqq a_0 + \frac{a_1}{1!} + \cdots + \frac{a_N}{N!} + \frac{N+1-1}{(N+1)!} + \frac{N+2-1}{(N+2)!} + \cdots =$$

$$= a_0 + \frac{a_1}{1!} + \cdots + \frac{a_N}{N!} + \frac{1}{N!} - \frac{1}{(N+1)!} + \frac{1}{(N+1)!} - \frac{1}{(N+2)!} + \cdots =$$

$$= a_0 + \frac{a_1}{1!} + \cdots + \frac{a_N}{N!} + \frac{1}{N!},$$

das heisst

$$\tau \leqq a_0 + \frac{a_1}{1!} + \cdots + \frac{a_N}{N!} + \frac{1}{N!};$$

und hier gilt das Gleichheitszeichen nur dann, wenn für $n > N$ stets $a_n = n-1$ gilt; in diesem Fall ist aber τ als Summe endlich vieler Brüche rational. Ist τ irrational, so gilt für alle N die Ungleichheit, und daher ist

$$\tau \cdot n = \left(a_0 + \frac{a_1}{1!} + \cdots + \frac{a_n}{n!}\right) \cdot n + r_n$$

mit

$$r_n < n \cdot \frac{1}{n!} = \frac{1}{(n-1)!}$$

(für $n > N$ ist ja $n > 0$). Der Teil vor r_n ist, auf gemeinsamen Nenner gebracht, gleich

$$\frac{a_0 n! + \frac{a_1 n!}{1!} + \cdots + \frac{a_n n!}{n!}}{(n-1)!},$$

und dazu muss wenigstens $\frac{1}{(n-1)!}$ addiert werden, um den ganzzahligen Teil zu ändern; es ist daher

$$[\tau n] = \left[\frac{s_n}{(n-1)!}\right],$$

wobei

$$s_n = a_0 n! + \frac{a_1 n!}{1!} + \cdots + \frac{a_n n!}{n!}$$

notwendig ganz ist, und — da s_{n+1} eben um

$$\frac{a_{n+1}(n+1)!}{(n+1)!} = a_{n+1}$$

grösser als $(n+1) \cdot s_n$ ist — durch

$$s_0 = a_0$$
$$s_{n+1} = (n+1) s_n + a_{n+1}$$

definiert werden kann. Daher ist mit a_n auch s_n, und also auch $[\tau n]$ primitiv-rekursiv.

Umgekehrt, wenn $[\tau n]$ für irgendein irrationales τ primitiv-rekursiv ist, und die Faktoriellenentwicklung von τ

$$\tau = \underbrace{a_0 + \frac{a_1}{1!} + \cdots + \frac{a_n}{n!}}_{s'_n} + \underbrace{\frac{a_{n+1}}{(n+1)!} + \cdots}_{r'_n}$$

ist, dann gilt nach den Vorherigen

$$r'_n < \frac{1}{n!}$$

und somit

$$\tau n! = n! s'_n + n! r'_n,$$

wobei

$$n! s'_n = a_0 n! + a_1 \frac{n!}{1!} + \cdots + a_n \frac{n!}{n!} = s_n$$

offenbar ganz, und

$$n!\,r_n' < 1,$$

also

$$[n!\,\tau] = s_n$$

ist. Daraus, und aus der rekursiven Definition von s_n ergibt sich

$$a_{n+1} = s_{n+1} - (n+1)\,s_n = s_{n+1} \dot{-} (n+1)\,s_n =$$
$$= [(n+1)!\,\tau] \dot{-} (n+1)\,[n!\,\tau]$$

und

$$a_0 = s_0 = [0!\,\tau] = [\tau \cdot 1].$$

Daher ist mit $[\tau n]$ auch a_n primitiv-rekursiv.

Folglich ist $[\tau n]$ für irrationales τ tatsächlich dann und nur dann primitiv-rekursiv, wenn die Koeffizienten a_n in der Faktoriellenentwicklung von τ die Werte einer primitiv-rekursiven Funktion sind.

3. Da natürlich auch die Menge der einstelligen primitiv-rekursiven Funktionen abzählbar ist, so liegt es auf der Hand, eine nicht-primitiv-rekursive einstellige Funktion mittels des CANTORschen Diagonalverfahrens zu konstruieren. Diese Methode kann hier folgendermassen angewandt werden.[21] Sei

$$\varphi_0(n),\ \varphi_1(n),\ \varphi_2(n), \ldots$$

eine effektive Aufzählung der einstelligen primitiv-rekursiven Funktionen. Die zum Index m gehörige Funktion, als Funktion von m und n sei

$$\varphi_m(n) = \varphi(m, n).$$

Dann kann die zweistellige Funktion $\varphi(m, n)$ nicht primitiv-rekursiv sein, denn mit der daraus durch Substitution entstehenden „Diagonalfunktion“ $\varphi(n, n)$ (diese nimmt die Werte in der „Diagonale“ der Tabelle

$$\begin{array}{l} \boldsymbol{\varphi_0(0)},\ \varphi_0(1),\ \varphi_0(2), \ldots \\ \varphi_1(0),\ \boldsymbol{\varphi_1(1)},\ \varphi_1(2), \ldots \\ \varphi_2(0),\ \varphi_2(1),\ \boldsymbol{\varphi_2(2)}, \ldots \\ \cdot\ \cdot\ \cdot\ \cdot\ \cdot\ \cdot\ \cdot\ \cdot \end{array}$$

an) wäre auch $\varphi(n, n) + 1$ primitiv-rekursiv, und müsste also, als Funktion einer Variablen, mit irgendeinem Index m in unserer Folge vorkommen. Wäre

---

[21]) PÉTER [3] § 2. Siehe noch ROBINSON [2] Nr. 3.

aber für jedes n

$$\varphi(n, n)+1=\varphi_m(n)=\varphi(m, n),$$

so würde sich daraus für $n=m$

$$\varphi(m, m)+1=\varphi(m, m),$$

also eine offenbare Unmöglichkeit ergeben.

Derselbe Gedankengang lässt sich natürlich auch dann anwenden, wenn in der betreffenden Folge die einstelligen primitiv-rekursiven Funktionen auch mehrfach auftreten; wesentlich ist nur, dass sie sämtlich in der Folge vorkommen sollen.

4. Zur effektiven Abzählung der einstelligen primitiv-rekursiven Funktionen werde ich jene Form des zum Schluss von § 7 formulierten Satzes benutzen, dass sich diese Funktionen sämtlich von den Funktionen

$$n+1 \quad \text{und} \quad \text{quadres}(n)$$

ausgehend, durch endlich viele Anwendungen der Definitionschemata

$$(1)\ \varphi(n)=\alpha(n)+\beta(n), \qquad (2)\ \varphi(n)=\beta(\alpha(n)), \qquad (3)\ \begin{matrix}\varphi(0)=0\\ \varphi(n+1)=\beta(\varphi(n))\end{matrix}$$

aufbauen lassen (aus bereits gewonnenen Funktionen $\alpha(n)$ und $\beta(n)$).

Unsere Folge wird also mit

$$\varphi_0(n)=n+1,\ \varphi_1(n)=\text{quadres}(n)$$

beginnen; und für $m>1$ gebe ich durch Rekursion in bezug auf den Index m an, was $\varphi_m(n)$ sein soll. Man hat drei Fälle zu unterscheiden, je nachdem $\varphi_m(n)$ durch das Schema (1), (2) oder (3) aus früheren Gliedern der Folge entsteht. Diese drei Fälle können z. B. danach getrennt werden, ob m genau durch die 0-te, 1-te, oder eine höhere Potenz von 2 teilbar ist, (das heisst, ob der Wert von $\exp_0(m)$ eben 0, 1 oder grösser als 1 ist). Die früheren Funktionen, aus welchen $\varphi_m(n)$ aufgebaut wird, können z. B. die Indizes $\exp_1(m)$ und $\exp_2(m)$ erhalten (diese sind ja für $m>0$ kleiner als m). Sei also

$$\varphi_m(n)=\begin{cases} n+1, \text{ falls } m=0\\ \text{quadres}(n), \text{ falls } m=1\\ \varphi_{\exp_1(m)}(n)+\varphi_{\exp_2(m)}(n), \quad \text{falls } m>1 \text{ und } \exp_0(m)=0\\ \varphi_{\exp_2(m)}(\varphi_{\exp_1(m)}(n)), \quad \text{falls } m>1 \text{ und } \exp_0(m)=1\\ 0, \text{ falls } m>1,\ \exp_0(m)>1 \text{ und } n=0\\ \varphi_{\exp_2(m)}(\varphi_m(n-1)), \text{ falls } m>1,\ \exp_0(m)>1 \text{ und } n\neq 0.\end{cases}$$

5. Ich zeige nun, dass eine beliebige primitiv-rekursive Funktion für ein geeignetes m (es macht nichts aus, dass auch für mehrere m) mit $\varphi_m(n)$ identisch ist.

Dies gilt nämlich erstens für die Ausgangsfunktionen, denn es ist

$$n+1=\varphi_0(n)$$

und

$$\text{quadres}(n)=\varphi_1(n).$$

Gilt ferner die Behauptung für die primitiv-rekursiven Funktionen $\alpha(n)$ und $\beta(n)$, wobei etwa

$$\alpha(n)=\varphi_k(n) \quad \text{und} \quad \beta(n)=\varphi_l(n)$$

ist, so gilt sie auch für die Funktionen, welche aus diesen durch eines der zugelassenen Definitionschemata entstehen.

Man gelangt zu der Funktion, welche durch das Schema (1) aus α und β aufgebaut wird, wenn man die Primfaktorenzerlegung von m so wählt, dass $\exp_0(m)=0$, $\exp_1(m)=k$, $\exp_2(m)=l$ ist, und zur Sicherung von $m>1$ auch ein Primfaktor von wenigstens 1-ter Potenz auftritt. Sei z. B.

$$m=2^0\cdot 3^k\cdot 5^l\cdot 7.$$

Dann ist wegen $m>1$ und $\exp_0(m)=0$, nach der Definition

$$\begin{aligned}\varphi_m(n)=\varphi_{2^0\cdot 3^k\cdot 5^l\cdot 7}(n)=\varphi_{\exp_1(m)}(n)+\varphi_{\exp_2(m)}(n)=\\=\varphi_k(n)+\varphi_l(n)=\alpha(n)+\beta(n).\end{aligned}$$

Ganz ähnlich sieht man ein, dass man z. B. für

$$m=2^1\cdot 3^k\cdot 5^l$$

jene Funktion erhält, die aus α und β durch das Schema (2) aufgebaut wird. Hier wird bereits durch den Faktor 2^1 gesichert, dass $m>1$ ist; und aus $m>1$ und $\exp_0(m)=1$ folgt nach der Definition

$$\begin{aligned}\varphi_m(n)=\varphi_{2^1\cdot 3^k\cdot 5^l}(n)=\varphi_{\exp_2(m)}(\varphi_{\exp_1(m)}(n))=\varphi_l(\varphi_k(n))=\\=\beta(\alpha(n)).\end{aligned}$$

Endlich führt die Wahl

$$m=2^2\cdot 5^l$$

zu der Funktion, die durch das Schema (3) aus β aufgebaut wird. In diesem

Fall ist nämlich wegen $m > 1$ und $\exp_0(m) = 2 > 1$ nach der Definition

$$\varphi_m(n) = \varphi_{2^2 \cdot 3^l}(n) = \begin{cases} 0, \text{ falls } n = 0 \\ \varphi_{\exp_2(m)}(\varphi_m(n-1)) = \varphi_l(\varphi_m(n-1)) = \\ \qquad = \beta(\varphi_m(n-1)), \qquad \text{falls } n \neq 0. \end{cases}$$

Also ist

$$\varphi_m(0) = 0$$
$$\varphi_m(n+1) = \beta(\varphi_m(n));$$

das ist aber tatsächlich die Anwendung vom Schema (3) auf β.

Somit gibt es in der Tat zu jeder einstelligen primitiv-rekursiven Funktion $\varphi(n)$ ein solches m, dass

$$\varphi(n) = \varphi_m(n)$$

besteht; es kann also nach den vorausgeschickten Betrachtungen die zweistellige Funktion $\varphi(m, n) = \varphi_m(n)$ und die daraus durch Substitution entstehende „Diagonalfunktion" $\varphi(n, n)$ nicht primitiv-rekursiv sein.

6. Betrachten wir die Definition von

$$\varphi_m(n) = \varphi(m, n)$$

näher. Bei ihr wird ein Wert aus solchen — in einzelnen Fällen eingeschachtelten — φ-Werten aufgebaut, in welchen entweder das erste Argument kleiner als m (nicht notwendig gerade die unmittelbar vorangehende Zahl) und das zweite Argument nicht kleiner als n, oder das erste Argument gleich m, aber das zweite Argument kleiner als n ist. Das ist also eine eingeschachtelte zweifache Rekursion (zugleich auch eine Wertverlaufsrekursion, sie kann aber mit der Methode des § **3**, welche in Nr. **1** und **2** des § **6** auch auf eine zweifache Rekursion angewandt wurde, auf eine gewöhnliche zweifache Rekursion zurückgeführt werden). Somit haben wir also *ein neues Beispiel dafür, dass die zweifache Rekursion über die Klasse der primitiv-rekursiven Funktionen hinausführt.*

7. Im § **9** haben wir ein solches Beispiel für dieselbe Tatsache erhalten, wobei eine Majoranteneigenschaft entscheidend war. An der Diagonalfunktion ist dasselbe zunächst nicht ersichtlich. Man kann sogar aus ihr sehr leicht eine nicht-primitiv-rekursive Funktion konstruieren, welche keinen grösseren Wert als 1 annimmt[22]): Da nämlich die vorhin definierte Funktion $\varphi(m, n)$ für verschiedene m sämtliche einstellige primitiv-rekursive Funktionen liefert (wenn auch mehrmals), so liefert die Funktion $\mathrm{sg}(\varphi(m, n))$ — welche nur die Werte 0 und 1 annimmt — für $m = 0, 1, 2, \ldots$ sämtliche einstellige pri-

[22]) Skolem [6] Satz 2.

mitiv-rekursive Funktionen, die keinen grösseren Wert als 1 annehmen (für eine solche Funktion $\varphi(i, n)$ gilt ja $sg(\varphi(i, n)) = \varphi(i, n)$). Somit hat man in

$$\psi(n) = |1 - sg(\varphi(m, n))|$$

eine Funktion, welche keinen grösseren Wert als 1 annimt; aber nicht primitiv-rekursiv sein kann. Denn sonst gäbe es ein k, wobei identisch

$$\psi(n) = sg(\varphi(k, n))$$

wäre, woraus sich für $n = k$

$$\psi(k) = sg(\varphi(k, k)),$$

das heisst

$$|1 - sg(\varphi(k, k))| = sg(\varphi(k, k))$$

ergeben würde, in Widerspruch damit, dass der Wert der linken Seite für $sg(\varphi(k, k)) = 0$ eben 1, und für $sg(\varphi(k, k)) = 1$ eben 0 ist.

Aber zur Definition der beschränkten Funktion $sg(\varphi(m, n))$ muss erst $\varphi(m, n)$ definiert werden, und diese Funktion wird bei geeignetem m grösser als eine beliebige einstellige primitiv-rekursive Funktion (ist $\alpha(n)$ eine beliebige einstellige primitiv-rekursive Funktion, so ist $\alpha(n) + 1$ auch eine Funktion dieser Art, also für ein geeignetes m mit $\varphi(m, n)$ identisch; woraus mit diesem m dann $\varphi(m, n) = \alpha(n) + 1 > \alpha(n)$ folgt). Dass eine solche Majoranteneigenschaft in der Konstruktion einer nicht-primitiv-rekursiven Funktion entscheidend ist, ist am klarsten daraus ersichtlich, dass nach dem Ergebnis der Nr. **2** des **§ 10** die eingeschachtelte mehrfache Rekursion nicht über die Klasse der primitiv-rekursiven Funktionen hinausführt, falls man eine solche Rekursion nur dann zulässt, wenn durch die damit definierte Funktion nicht sämtliche früher definierten Funktionen majorisiert werden.

8. Nach Nr. **16** des **§ 7** kann ganz ähnlich als $\varphi(m, n)$ auch eine $r+2$-stellige Funktion $\varphi(m, n, a_1, \ldots, a_r)$ definiert werden, die für geeignete Werte von m mit einer beliebigen $r+1$-stelligen primitiv-rekursiven Funktion identisch wird. Zum Beispiel kann eine dreistellige Funktion $\varphi(m, n, a)$ welche sämtliche zweistelligen primitiv-rekursiven Funktionen umfasst, etwas abweichend von der vorigen Definition von $\varphi(m, n)$ mit Rücksicht darauf definiert werden, dass im Aufbau der zweistelligen Funktionen ausser den Ausgangsfunktionen 0 und $n+1$ auch $a+n$ zu Grunde gelegt wird (siehe Nr. **16** des **§ 7**); eben darum hat man in diesem Fall $\varphi(n) = \alpha(n) + \beta(n)$ nicht unter die Definitionschemata aufzunehmen; dafür ist aber hier auch das Substitutionschema

$$\varphi(n, a) = \beta(\alpha_1(n, a), \alpha_2(n, a))$$

für zweistellige Funktionen anzuwenden.

9. Das Diagonalverfahren kann bei beliebigem k auch auf die k-rekursiven Funktionen angewandt werden. Man kann ja auf Grund von Nr. **7** des vorigen Kapitels, ähnlich wie es am Anfang dieses Kapitels für die primitiv-rekursiven Funktionen durchgedacht wurde, leicht einsehen, dass die Menge der k-rekursiven Funktionen bei beliebigem k abzählbar ist. Werden die k-stelligen k-rekursiven Funktionen in eine Folge

$$\varphi_1(n_1, \ldots, n_k),\ \varphi_2(n_1, \ldots, n_k), \ldots$$

geordnet, so kann die $k+1$-stellige Funktion

$$\varphi(m, n_1, \ldots, n_k) = \varphi_m(n_1, \ldots, n_k)$$

nicht k-rekursiv sein. Denn dann wäre auch die aus ihr durch Substitution entstehende Funktion $\varphi(n_1, n_1, n_2, \ldots, n_k)$ von k Variablen k-rekursiv, und auch die Funktion, die durch Addieren von 1 aus dieser entsteht; also müsste auch diese letzte Funktion in der obigen Folge vorkommen. Also gäbe es ein m, für welches bei allen Werten von $n_1, \ldots, n_k$ die Gleichheit

$$\varphi(n_1, n_1, n_2, \ldots, n_k) + 1 = \varphi(m, n_1, n_2, \ldots, n_k)$$

bestehen würde. Daraus würde aber für $n_1 = n_2 = \ldots = n_k = m$

$$\varphi(m, m, \ldots, m) + 1 = \varphi(m, m, \ldots, m),$$

also eine Unmöglichkeit folgen.

Die effektive Abzählung der k-stelligen k-rekursiven Funktionen nach dem Muster des oben Durchgeführten bietet keine prinzipiellen Schwierigkeiten;[23]) und die Definition der abzählenden Funktion erweist sich als eine $k+1$-fache Rekursion. Es gilt also nicht nur für $k=1$, sondern für jedes k der Satz: *die $k+1$-fache eingeschachtelte Rekursion führt über die Klasse der k-rekursiven Funktionen hinaus* (wir wissen dagegen, dass die uneingeschachtelte nicht einmal über die Klasse der 1-rekursiven Funktionen hinausführt).

§ 12. TRANSFINITE REKURSIONEN

1. Wir sind zum Begriff der k-rekursiven Funktion gekommen, als wir ein Beispiel für eine nicht primitiv-rekursive Funktion gesucht haben. Aber besser nachgedacht, wäre es jedenfalls eine sehr willkürliche Abgrenzung gewesen, wenn wir uns auf die einfachen Rekursionen beschränkt hätten. Die rekursive Definition einer Funktion bedeutet ja, dass die Funktionswerte aus

---

[23]) PÉTER [5] § 4.

an vorangehenden Stellen angenommenen Werten aufgebaut werden. Handelt es sich z. B. um die Definition einer zweistelligen Funktion $\varphi(m, n)$, so sind die Stellen, die in Frage kommen:

$$\begin{array}{llllll} (0,0), & (0,1), & (0,2), \ldots, & (0,n), & (0,n+1), \ldots \\ (1,0), & (1,1), & (1,2), \ldots, & (1,n), & (1,n+1), \ldots \\ \cdots & & & & & \\ (m,0), & (m,1), & (m,2), \ldots, & (m,n), & (m,n+1), \ldots \\ (m+1,0), & (m+1,1), & (m+1,2), \ldots, & (m+1,n) & (m+1,n+1), \ldots \\ \cdots & & & & & \end{array}$$

Es ist willkürlich, nur jene Stellen als Vorgänger von $(m+1, n+1)$ zu betrachten, die *in früheren Reihen* vorkommen (dass heisst wo das erste Argument kleiner als $m+1$ ist), wie dies bei der einfachen Rekursion nach m der Fall war. Es ist viel natürlicher auch die vorangehenden Stellen $(m+1, 0)$, $(m+1, 1), \ldots, (m+1, n)$ *derselben Reihe* als Vorgänger von $(m+1, n+1)$ zu betrachten. So kommt man aber zu einer solchen Rekursion, in welcher der Wert $\varphi(m+1, n+1)$ aus endlich vielen solchen φ-Werten aufgebaut wird, in welchen entweder das erste Argument kleiner als $m+1$ ist (diese stehen in vorangehenden Reihen), oder das erste Argument $m+1$, dafür aber das zweite kleiner als $n+1$ ist (diese stehen in derselben Reihe vor $(m+1, n+1)$). Das ist aber eine zweifache Rekursion (sogar eine zweifache Wertverlaufsrekursion, da in ihr nicht nur die *unmittelbar* vor $(m+1, n+1)$ stehende Reihe, und in derselben Reihe nicht nur der *unmittelbare* Vorgänger $(m+1, n)$ dieser Stelle eine Rolle spielt).

Bei Zugrundelegung einer solchen Anordnung der Stellen ist eine Folge von Stellen, in der jedes Glied den Gliedern, welche in der genannten Anordnung früher auftreten, vorangeht, notwendig endlich; denn in derselben Reihe der genannten Anordnung wie ein beliebiges Glied der Folge, stehen nur endlich viele Stellen davor; und geht man von dieser Reihe zu einer beliebig entfernten Stelle der vorherigen Reihe über, so stehen auch vor dieser nur endlich viele Stellen in ihrer eigenen Reihe; usw. Auf Grund dieser Tatsache kann man leicht einsehen, dass die zweifach-rekursive Definition von $\varphi(m, n)$, die auf einer solchen Anordnung der Stellen beruht, die Zurückführung der Berechnung des Funktionswertes an einer beliebigen Stelle auf den Wert $\varphi(0, 0)$ in endlich vielen Schritten ermöglicht. Da in der Definition der Anfangswert $\varphi(0, 0)$ angegeben wird, so ist damit der Wert von $\varphi(m, n)$ an jeder Stelle bestimmbar.

2. Wird allgemein eine Funktion der Variablen $n_1, \ldots, n_k, a_1, \ldots, a_r$ durch eine k-fache Rekursion nach $n_1, \ldots, n_k$ definiert, so wird die Stelle $(m_1, \ldots, m_k, b_1, \ldots, b_r)$ als Vorgänger einer Stelle $(n_1, \ldots, n_k, a_1, \ldots, a_r)$ betrachtet, falls von links das erste vom entsprechenden n_i verschiedene m_i

kleiner als dieses n_i ist; das heisst, wenn es ein i mit

$$1 \leqq i \leqq k$$

und

$$m_1 = n_1, \ldots, m_{i-1} = n_{i-1}, \quad m_i < n_i$$

gibt.

Bekanntlich hat eine solche Anordnung der Stellen den Ordnungstypus ω^k; daher bietet sich zum Beweis eines Satzes über eine durch k-fache Rekursion definierte Funktion die transfinite Induktion vom Typus ω^k. Der Satz der transfiniten Induktion lässt sich z. B. für ω^2 so formulieren, dass falls eine Behauptung für die Stelle $(0, 0)$ gilt, und daraus, dass sie für alle Vorgänger der Stelle (m, n) in der oben genannten Anordnung gilt, ihr Bestehen auch auf der Stelle (m, n) folgt, so diese Behauptung für alle Stellen (m, n) gilt. Dieser Satz lässt sich aber bekanntlich[24]) auch mittels gewöhnlicher vollständiger Induktion beweisen; so wie auch die (Anwendung der transfiniten Induktion fordernden) Beweise in Nr. **3** des § **9** und in Nr. **4** des § **10** auf gewöhnliche vollständige Induktionen zurückgeführt wurden.

3. Nicht nur die Zahlenpaare, sondern auch die Zahlen selber lassen sich nach dem Typus ω^2 (und auch nach anderen Ordnungstypen der zweiten Zahlklasse) anordnen. Das kann z. B. so geschehen, dass zuerst die ungeraden Zahlen der Grösse nach aufgezählt werden; dann die durch 2 teilbaren, aber durch 2^2 nicht teilbaren Zahlen; dann die durch 2^2 teilbaren, aber durch 2^3 nicht teilbaren Zahlen, usw.:

$$1, 3, 5, 7, \ldots, \quad 2, 6, 10, 14, \ldots, \quad 4, 12, 20, 28, \ldots; \ldots$$

Damit auch die 0 vorkommt, ziehen wir von allen Zahlen 1 ab:

$$0, 2, 4, 6, \ldots, \quad 1, 5, 9, 13, \ldots, \quad 3, 11, 19, 27, \ldots; \ldots$$

Dass a in dieser Anordnung vor b kommt, kann durch

$$a \underset{\omega^2}{<} b$$

bezeichnet werden.

Es ist klar, dass in dieser Anordnung jede Zahl vorkommt, das heisst jede Zahl in der Form $2^m(2n+1)-1$ geschrieben werden kann. Die Beziehung

$$a \underset{\omega^2}{<} b$$

24) Siehe z. B. HILBERT—BERNAYS [1], Band II. § 5. Nr. 5c.

ist gleichbedeutend damit, dass

$$a = 2^{m_1}(2n_1+1)-1, \qquad b = 2^{m_2}(2n_2+1)-1,$$

und entweder

$$m_1 < m_2,$$

oder

$$m_1 = m_2 \quad \text{und} \quad n_1 < n_2$$

gilt.

4. In dieser Anordnung spielt die Darstellung der Zahlen in der Form

$$r = 2^m(2n+1)-1$$

eine Rolle. Es ist klar, dass dabei die Differenz durch die arithmetische Differenz ersetzt werden kann, und dass

$$\sigma(m, n) = 2^m(2n+1) \dot{-} 1$$

eine primitiv-rekursive Funktion ist. m und n sind ebenfalls primitiv-rekursive Funktionen von r:

$$m = \exp_0(r+1)$$

und

$$n = \frac{\frac{r+1}{2^m} - 1}{2};$$

wird also

$$\varrho_0(r) = \exp_0(r+1) \quad \text{und} \quad \varrho_1(r) = \left[\frac{\frac{r+1}{2^{\exp_0(r+1)}} \dot{-} 1}{2}\right]$$

gesetzt, so ist

$$m = \varrho_0(r) \quad \text{und} \quad n = \varrho_1(r).$$

Nach der Bedeutung dieser Funktionen ist

(1) $$\sigma(\varrho_0(r), \varrho_1(r)) = r,$$

und

(2) $$\varrho_0(\sigma(m, n)) = m, \qquad \varrho_1(\sigma(m, n)) = n.$$

Da $\exp_0(1)=0$ ist, so ist nach der Definition von ϱ_0 und ϱ_1

$$\varrho_0(0)=0 \quad \text{und} \quad \varrho_1(0)=0;$$

und daraus folgt nach (1) wegen

$$\sigma(0,0)=\sigma(\varrho_0(0),\varrho_1(0)):$$

$$\sigma(0,0)=0. \tag{3}$$

Die primitiv-rekursiven Funktionen $\sigma(m,n)$, $\varrho_0(r)$ und $\varrho_1(r)$ können die „charakterisierenden" Funktionen der Anordnung ω^2 genannt werden. Nach ihrer Bedeutung gilt nämlich

$$a \underset{\omega^2}{<} b$$

dann und nur dann, wenn entweder

$$\varrho_0(a)<\varrho_0(b)$$

oder

$$\varrho_0(a)=\varrho_0(b) \quad \text{und} \quad \varrho_1(a)<\varrho_1(b)$$

besteht.

5. Es ist naheliegend, auch dann von einer rekursiven Definition einer Funktion $\varphi(n)$ zu sprechen, wenn im Aufbau der Werte von φ nicht die kleineren Zahlen als Vorgänger einer Stelle n betrachtet werden, sondern jene Zahlen, die in einer Anordnung nach einem transfiniten Ordnungstypus, z. B. in der eben betrachteten Anordnung vom Typus ω^2 vor n stehen. Eine solche „transfinite" Rekursion[25]) ist z. B.

$$\varphi(0)=1$$
$$\varphi(r+1)=\beta(r,\varphi(\gamma(r+1))),$$

wobei $\beta(r,a)$ primitiv-rekursiv ist, und

$$\gamma(r)=\begin{cases}\sigma(\varrho_0(r),\varrho_1(r)\dot{-}1), & \text{falls } \exp_0(\varrho_0(r))=0 \text{ und } \varrho_1(r)\neq 0\\ \sigma(\varrho_0(r)\dot{-}1,(\varrho_1(r))^2) & \text{sonst, d. h. falls } \exp_0(\varrho_0(r))\neq 0 \text{ oder } \varrho_1(r)=0,\end{cases}$$

denn dabei gilt

$$\gamma(r+1)\underset{\omega^2}{<}r+1.$$

---

[25]) Dieser Begriff wurde in Ackermann [2] § 6 eingeführt (mit anderer Benennung). In diesem Kapitel wird Péter [9] verfolgt.

Das gilt nämlich für $\exp_0(\varrho_0(r+1))=0$ und $\varrho_1(r+1)\neq 0$, da in diesem Fall

$$\gamma(r+1)=\sigma(\varrho_0(r+1),\varrho_1(r+1)\dot{-}1),$$

und also nach (2)

$$\varrho_0(\gamma(r+1))=\varrho_0(r+1) \text{ und } \varrho_1(\gamma(r+1))=\varrho_1(r+1)\dot{-}1<\varrho_1(r+1)$$

ist. Und wenn $\exp_0(\varrho_0(r+1))\neq 0$ oder $\varrho_1(r+1)=0$ ist, so ist

$$\gamma(r+1)=\sigma(\varrho_0(r+1)\dot{-}1,(\varrho_1(r+1))^2).$$

Hierbei ist $\varrho_0(r+1)\neq 0$, denn das gilt natürlich für $\exp_0(\varrho_0(r+1))\neq 0$; und wenn für $\varrho_1(r+1)=0$ auch $\varrho_0(r+1)=0$ wäre, so würde sich daraus nach (1) und (3)

$$r+1=\sigma(\varrho_0(r+1),\varrho_1(r+1))=\sigma(0,0)=0$$

ergeben, obwohl $r+1$ nicht 0 sein kann. Ist aber $\varrho_0(r+1)\neq 0$, so kommt man durch Verwendung von (2) zu

$$\varrho_0(\gamma(r+1))=\varrho_0(r+1)\dot{-}1<\varrho_0(r+1),$$

und also ist auch in diesem Fall tatsächlich

$$\gamma(r+1)\underset{\omega^2}{<}r+1.$$

6. Es kommt vor, dass in der Definition von $\varphi(r)$ ein Funktionswert mittels eines an grösserer Stelle angenommenen Funktionswertes angegeben wird. So ist z. B.

$$\varphi(27)=\beta(26,\varphi(\gamma(27))).$$

Da nach der Definition der charakterisierenden Funktionen und nach der in Nr. 5. angegebenen Definition von γ

$$\varrho_0(27)=\exp_0(27+1)=\exp_0(28)=\exp_0(2^2\cdot 7)=2 \quad\text{und}\quad \exp_0(2)=1\neq 0,$$

und daher

$$\gamma(27)=\sigma(\varrho_0(27)\dot{-}1,(\varrho_1(27))^2),$$

und hier wegen

$$\varrho_1(27)=\frac{\frac{28}{2^2}-1}{2}=3$$

$$\sigma(\varrho_0(27)\dot{-}1,(\varrho_1(27))^2)=\sigma(1,9)=2^1\cdot(2\cdot 9+1)-1=37$$

ist, so ergibt die Definition den Wert von $\varphi(27)$ mittels $\varphi(37)$:

$$\varphi(27) = \beta(26, \varphi(37)).$$

Dennoch kann der Wert $\varphi(27)$ in endlich vielen Schritten berechnet werden. Es ist nämlich

$$\varphi(37) = \beta(36, \varphi(\gamma(37))).$$

Hier ist

$$\varrho_0(37) = \exp_0(38) = \exp_0(2 \cdot 19) = 1 \quad \text{und} \quad \exp_0(1) = 0,$$

ferner

$$\varrho_1(37) = \frac{\frac{38}{2} - 1}{2} = 9 \neq 0,$$

also

$$\gamma(37) = \sigma(\varrho_0(37), \varrho_1(37) \dot{-} 1) = \sigma(1, 8) = 2^1 \cdot (2 \cdot 8 + 1) - 1 = 33,$$

und somit

$$\varphi(37) = \beta(36, \varphi(33)).$$

Genau so berechnet man, dass

$$\begin{aligned}
\varphi(33) &= \beta(32, \varphi(29)),\\
\varphi(29) &= \beta(28, \varphi(25)),\\
\varphi(25) &= \beta(24, \varphi(21)),\\
\varphi(21) &= \beta(20, \varphi(17)),\\
\varphi(17) &= \beta(16, \varphi(13)),\\
\varphi(13) &= \beta(12, \varphi(9)),\\
\varphi(9) &= \beta(8, \varphi(5))
\end{aligned}$$

ist, bis man zu

$$\varphi(5) = \beta(4, \varphi(1))$$

gelangt. Bedenkt man jetzt noch, dass

$$\varphi(1) = \beta(0, \varphi(\gamma(1))),$$
$$\varrho_0(1) = \exp_0(2) = 1 \quad \text{und} \quad \exp_0(1) = 0,$$

ferner

$$\varrho_1(1) = \frac{\frac{2}{2} - 1}{2} = 0$$

ist, und also nach (3)

$$\gamma(1) = \sigma(\varrho_0(1) \dot{-} 1, (\varrho_1(1))^2) = \sigma(0, 0) = 0,$$

so kann man endlich auf den Wert

$$\varphi(1) = \beta(0, \varphi(0)) = \beta(0, 1)$$

die Berechnung von $\varphi(27)$ zurückführen.

(Ist hier speziell

$$\beta(r, a) = r + a,$$

so ergibt die obige Berechnung

$$\begin{aligned} \varphi(37) &= 36 + \varphi(33) = \\ &= 36 + 32 + \varphi(29) = \\ &= 36 + 32 + 28 + \varphi(25) = \\ &= \cdot \quad \cdot \quad \cdot \quad \cdot \quad \cdot \quad \cdot \quad \cdot \quad \cdot \quad = \\ &= 36 + 32 + 28 + \cdots + 4 + 0 + \varphi(1) = \\ &= 180 + \varphi(1), \end{aligned}$$

ferner

$$\varphi(1) = 0 + 1 = 1 \quad \text{und} \quad \varphi(27) = 27 + \varphi(37);$$

also ist in diesem Fall

$$\varphi(27) = 26 + 180 + 1 = 207 \text{ .)}$$

Und geht man von einer beliebigen solchen Stelle aus, deren Nachfolger durch eine Potenz von 2 mit geradem Exponenten teilbar ist, so wird der Nachfolger der in der Berechnung zuerst benutzten Stelle durch eine Potenz mit einem um 1 kleineren, also ungeraden Exponenten von 2 teilbar sein; und von hier an bleibt in den Primfaktorenzerlegungen der Nachfolger der benutzten Stellen die Potenz von 2 unverändert, und der damit multiplizierte ungerade Teil vermindert sich bei jedem Schritt um 2, bis er gleich 1 wird. Also kommt man zu einer Stelle, deren Nachfolger eine Potenz von 2 ist; die Nachfolger der von hier an benutzten Stellen sind Potenzen von 2 mit bei jedem Schritt um 1 kleineren Exponenten. Somit kommt man endlich zu $\varphi(1)$; und darüber wissen wir schon Bescheid:

$$\varphi(1) = \beta(0, 1).$$

Ähnlich *lassen sich auch die Werte von anderen transfiniten Rekursionen in endlich vielen Schritten berechnen;* es können ja in einer Wohlordnung der

Zahlen von einer gegebenen Zahl ausgehend nur endlich viele Schritte rückwärts getan werden.

7. Die rekursive Definition vom Typus ω^2 der Funktion $\varphi(n)$ lässt sich mit Hilfe der charakterisierenden Funktionen auf eine gewöhnliche zweifache Rekursion zurückführen. Ich schreibe nochmals die spezielle Definition

$$\varphi(0) = 1$$
$$\varphi(n+1) = \beta(n, \varphi(\gamma(n+1)))$$

auf. Sei

$$\psi(m, n) = \varphi(\sigma(m, n)),$$

also nach der Eigenschaft (1) der charakterisierenden Funktionen

$$\varphi(r) = \varphi(\sigma(\varrho_0(r), \varrho_1(r))) = \psi(\varrho_0(r), \varrho_1(r)).$$

Demnach wird $\varphi(r)$ durch Substitution aus ψ und aus primitiv-rekursiven Funktionen aufgebaut. $\psi(m, n)$ lässt sich aber ebenfalls aus primitiv-rekursiven Funktionen durch eine zweifache Rekursion aufbauen.

Es ergibt sich nämlich vor allem nach (3)

$$\psi(0, 0) = \varphi(\sigma(0, 0)) = \varphi(0) = 1.$$

Da aber allgemein

$$\sigma(a, b) = 2^a(2b+1) - 1$$

nur dann gleich 0 ist, wenn a und b beide gleich 0 sind, und also speziell $\sigma(0, n+1) \neq 0$ ist, so gilt

$$\psi(0, n+1) = \varphi(\sigma(0, n+1)) = \beta(\sigma(0, n+1) \dot{-} 1, \varphi(\gamma(\sigma(0, n+1)))).$$

Hier ist, da nach (2) $\varrho_0(\sigma(0, n+1)) = 0$ (und natürlich $\exp_0(0) = 0$) und $\varrho_1(\sigma(0, n+1)) = n+1 \neq 0$ besteht, nach der Definition von γ,

$$\gamma(\sigma(0, n+1)) = \sigma(0, (n+1) \dot{-} 1) = \sigma(0, n),$$

also

$$\psi(0, n+1) = \beta(\sigma(0, n+1) \dot{-} 1, \varphi(\sigma(0, n))) =$$
$$= \beta(\sigma(0, n+1) \dot{-} 1, \psi(0, n)).$$

Ähnlich sieht man ein, dass $\sigma(m+1, 0) \neq 0$ und demnach

$$\psi(m+1, 0) = \varphi(\sigma(m+1, 0)) = \beta(\sigma(m+1, 0) \dot{-} 1, \varphi(\gamma(\sigma(m+1, 0))))$$

ist; hier erhält man, da nach (2)

$$\varrho_1(\sigma(m+1, 0)) = 0$$

gilt, mit Verwendung des sich ebenfalls aus (2) ergebenden Wertes

$$\varrho_0(\sigma(m+1,0)) = m+1,$$

dass

$$\gamma(\sigma(m+1,0)) = \sigma((m+1) \dot{-} 1, 0^2) = \sigma(m,0),$$

und also

$$\psi(m+1,0) = \beta(\sigma(m+1,0) \dot{-} 1, \varphi(\sigma(m,0))) =$$
$$= \beta(\sigma(m+1,0) \dot{-} 1, \psi(m,0))$$

ist.

Endlich gilt

$$\sigma(m+1, n+1) \neq 0,$$

und damit

$$\psi(m+1, n+1) = \varphi(\sigma(m+1, n+1)) = \beta(\sigma(m+1, n+1) \dot{-} 1,$$
$$, \varphi(\gamma(\sigma(m+1, n+1))));$$

hierbei ist nach (2)

$$\varrho_0(\sigma(m+1, n+1)) = m+1 \quad \text{und} \quad \varrho_1(\sigma(m+1, n+1)) = n+1,$$

also nach der Definition von γ, für $\exp_0(m+1) \neq 0$

$$\gamma(\sigma(m+1, n+1)) = \sigma((m+1) \dot{-} 1, (n+1)^2) = \sigma(m, (n+1)^2)$$

und demnach

$$\psi(m+1, n+1) = \beta(\sigma(m+1, n+1) \dot{-} 1, \varphi(\sigma(m, (n+1)^2))) =$$
$$= \beta(\sigma(m+1, n+1) \dot{-} 1, \psi(m, (n+1)^2));$$

und für $\exp_0(m+1) = 0$

$$\gamma(\sigma(m+1, n+1)) = \sigma(m+1, (n+1) \dot{-} 1) = \sigma(m+1, n)$$

und also

$$\psi(m+1, n+1) = \beta(\sigma(m+1, n+1) \dot{-} 1, \varphi(\sigma(m+1, n))) =$$
$$= \beta(\sigma(m+1, n+1) \dot{-} 1, \psi(m+1, n)).$$

8. Werden die Ergebnisse

$$\psi(0,0) = 1$$

und

$$\psi(0, n+1) = \beta(\sigma(0, n+1) \dot{-} 1, \psi(0, n))$$

der vorigen Nummer zusammengefasst, so sieht man, dass diese eigentlich eine primitive Rekursion liefern, welche die Funktion $\psi(0, n)$ als eine selbständige einstellige Funktion definiert. Ein solches Schema

$$\alpha_1(0) = 1$$
$$\alpha_1(n+1) = \beta(\sigma(0, n+1) \dot{-} 1, \alpha_1(n))$$

bestimmt eindeutig die Funktion $\alpha_1(n)$; und diese muss also mit $\psi(0, n)$ identisch sein. Es ist nämlich

$$\psi(0, 0) = 1 = \alpha_1(0),$$

und wenn bereits für ein n

$$\psi(0, n) = \alpha_1(n)$$

gilt, so vererbt sich das wegen

$$\psi(0, n+1) = \beta(\sigma(0, n+1) \dot{-} 1, \psi(0, n)) = \beta(\sigma(0, n+1) \dot{-} 1, \alpha_1(n)) = \\ = \alpha_1(n+1)$$

auch auf $n+1$. Es gilt also

$$\psi(0, n) = \alpha_1(n)$$

tatsächlich für alle n.

Genau so ergibt sich auch

$$\psi(m, 0) = \alpha_2(m)$$

aus den Ergebnissen der vorigen Nummer, wobei die Funktion $\alpha_2(m)$ durch die primitive Rekursion

$$\alpha_2(0) = 1$$
$$\alpha_2(m+1) = \beta(\sigma(m+1, 0) \dot{-} 1, \alpha_2(m))$$

definiert wird. Wird noch der einfacheren Schreibweise halber die primitivrekursive Funktion

$$\beta_1(m, n, a, b) = \begin{cases} \beta(\sigma(m+1, n+1) \dot{-} 1, a), & \text{falls } \exp_0(m+1) \neq 0 \\ \beta(\sigma(m+1, n+1) \dot{-} 1, b), & \text{„ } \exp_0(m+1) = 0 \end{cases}$$

eingeführt, so kann die in der vorigen Nummer in viele Fälle zerlegte Definition von $\psi(m, n)$ zu

$$\psi(0, n) = \alpha_1(n)$$
$$\psi(m+1, 0) = \alpha_2(m+1)$$
$$\psi(m+1, n+1) = \beta_1(m, n, \psi(m, (n+1)^2), \psi(m+1, n))$$

zusammengefasst werden. Das ist aber augenscheinlich eine aus primitiv-rekursiven Funktionen aufgebaute zweifache Rekursion.

Ganz ähnlich lassen sich auch alle anderen transfiniten Rekursionen vom Typus ω^2 auf gewöhnliche zweifache Rekursionen zurückführen.

9. Auch der umgekehrte Weg ist gangbar; nämlich die Zurückführung der zweifachen Rekursion auf eine einfache transfinite Rekursion vom Typus ω^2. Das soll z. B. an der eingeschachtelten zweifachen Rekursion

$$\begin{gathered}\psi(m, n) = 1, \quad \text{falls} \quad m \cdot n = 0 \\ \psi(m+1, n+1) = \beta(m, n, \psi(m, \psi(m+1, n)))\end{gathered}$$

durchgeführt werden.

Sei

$$r = \sigma(m, n),$$

also

$$m = \varrho_0(r), \qquad n = \varrho_1(r).$$

Dann kann man eine Funktion $\varphi(r)$ mit der Eigenschaft

$$\varphi(r) = \varphi(\sigma(m, n)) = \psi(m, n) = \psi(\varrho_0(r), \varrho_1(r))$$

folgendermassen definieren:

$$\varphi(r) = \psi(\varrho_0(r), \varrho_1(r)) = \begin{cases} 1, \quad \text{falls} \quad \varrho_0(r) \cdot \varrho_1(r) = 0 \\ \qquad\qquad \text{und sonst} \\ \beta(\varrho_0(r) \dot{-} 1, \varrho_1(r) \dot{-} 1, \psi(\varrho_0(r) \dot{-} 1, \psi(\varrho_0(r), \varrho_1(r) \dot{-} 1))) = \\ = \beta(\varrho_0(r) \dot{-} 1, \varrho_1(r) \dot{-} 1, \varphi(\sigma(\varrho_0(r) \dot{-} 1, \\ \qquad , \varphi(\sigma(\varrho_0(r), \varrho_1(r) \dot{-} 1))))). \end{cases}$$

Diese Definition ergibt auch den Anfangswert

$$\varphi(0) = 1,$$

denn es ist ja

$$\varrho_0(0) \cdot \varrho_1(0) = 0 \cdot 0 = 0.$$

Es sei der Kürze halber

$$\beta'(r, a) = \begin{cases} 1, \quad \text{falls} \quad \varrho_0(r+1) \cdot \varrho_1(r+1) = 0 \\ \beta(\varrho_0(r+1) \dot{-} 1, \varrho_1(r+1) \dot{-} 1, a) \quad \text{sonst}; \end{cases}$$

dann ist β' in β primitiv-rekursiv, und die Definition von $\varphi(r)$ kann in der Form

$$\begin{gathered}\varphi(0) = 1 \\ \varphi(r+1) = \beta'(r, \varphi(\sigma(\varrho_0(r+1) \dot{-} 1, \varphi(\sigma(\varrho_0(r+1), \varrho_1(r+1) \dot{-} 1)))))\end{gathered}$$

geschrieben werden. Da $\beta'(r, a)$ nur für $\varrho_0(r+1) \neq 0$ und $\varrho_1(r+1) \neq 0$ tatsächlich von der zweiten Variablen a abhängt, kann die obige Definition leicht auf die Form einer transfiniten Rekursion vom Typus ω^2 gebracht werden. Wird zum Beispiel

$$\gamma(r, a) = \begin{cases} \sigma(\varrho_0(r+1) \dot{-} 1, a), & \text{falls } \varrho_0(r+1) \neq 0, \quad \varrho_1(r+1) \neq 0 \\ 0, & \text{falls } \varrho_0(r+1) \cdot \varrho_1(r+1) = 0 \end{cases}$$

und

$$\delta(r) = \begin{cases} \sigma(\varrho_0(r+1), \varrho_1(r+1) \dot{-} 1), & \text{falls } \varrho_0(r+1) \neq 0, \varrho_1(r+1) \neq 0 \\ 0, & \text{falls } \varrho_0(r+1) \cdot \varrho_1(r+1) = 0 \end{cases}$$

gesetzt, so gestaltet sich die zweite Definitionsgleichung von φ — da der Wert von $\beta'(r, a)$ für $\varrho_0(r+1) \cdot \varrho_1(r+1)$ von a unabhängig (nämlich 1) ist — folgendermassen:

$$\varphi(r+1) = \beta'(r, \varphi(\gamma(r, \varphi(\delta(r))))).$$

Hierbei werden aber zum Aufbau des Wertes $\varphi(r+1)$ solche Funktionswerte verwendet, die für 0, oder im Fall $\varrho_0(r+1) \neq 0$, $\varrho_1(r+1) \neq 0$ für Argumente der Form

$$r_1 = \sigma(\varrho_0(r+1) \dot{-} 1, \cdot\,) \quad \text{und} \quad r_2 = \sigma(\varrho_0(r+1), \varrho_1(r+1) \dot{-} 1)$$

angenommen werden. Nun gilt sicher

$$0 \underset{\omega^2}{<} r+1$$

und für $\varrho_0(r+1) \neq 0$, $\varrho_1(r+1) \neq 0$ nach der Eigenschaft (2) der charakterisierenden Funktionen

$$\varrho_0(r_1) = \varrho_0(r+1) \dot{-} 1 < \varrho_0(r+1),$$

ferner

$$\varrho_0(r_2) = \varrho_0(r+1) \quad \text{und} \quad \varrho_1(r_2) = \varrho_1(r+1) \dot{-} 1 < \varrho_1(r+1);$$

also

$$r_1 \underset{\omega^2}{<} r+1 \quad \text{und} \quad r_2 \underset{\omega^2}{<} r+1.$$

Hiermit ist die Definition von $\varphi(r)$ tatsächlich eine transfinite Rekursion vom Typus ω^2, und man erhält $\psi(m, n)$ aus $\varphi(r)$ durch Substitution einer primitiv-rekursiven Funktion:

$$\psi(m, n) = \varphi(\sigma(m, n)).$$

10. Die Zahlen können natürlich auch nach dem Ordnungstypus ω^3 geordnet werden. Werden die aufeinander folgenden gewöhnlichen Folgen der in Nr. 3 dieses Kapitels untersuchten Anordnung vom Typus ω^2

$$0, 2, 4, 6, \ldots, \quad 1, 5, 9, 13, \ldots, \quad 3, 11, 19, 27, \ldots$$

nach demselben Prinzip umgeordnet, dann ergibt die Folge vom Typus ω der so erhaltenen nach dem Typus ω^2 geordneten Mengen eine Anordnung vom Typus ω^3.

In jeder gewöhnlichen Folge der hier angegebenen Anordnung vom Typus ω^2 folgen jene Zahlen der Grösse nach aufeinander, deren Nachfolger durch eine bestimmte Potenz von 2 teilbar sind. Ist diese Potenz 2^m, so können alle Zahlen der betreffenden Folge in der Form

$$r = 2^m(2n+1)-1$$

geschrieben werden. In der Umordnung der Folge nach demselben Prinzip wird die Zahl n in der Form

$$n = 2^s(2t+1)-1$$

betrachtet; und die Zahl a der Folge gilt als Vorgänger einer Zahl b derselben Folge, falls bei

$$a = 2^m(2n_1+1)-1, \qquad b = 2^m(2n_2+1)-1$$

und

$$n_1 = 2^{s_1}(2t_1+1)-1, \qquad n_2 = 2^{s_2}(2t_2+1)-1$$

entweder

$$s_1 < s_2,$$

oder

$$s_1 = s_2 \quad \text{und} \quad t_1 < t_2$$

ist. In unserer neuen Anordnung vom Typus ω^3 kommt also a vor b, d. h. kürzer: es besteht

$$a \underset{\omega^3}{<} b,$$

wenn für

$$a = 2^{m_1}(2(2^{s_1}(2t_1+1)-1)+1)-1 \quad \text{und} \quad b = 2^{m_2}(2(2^{s_2}(2t_2+1)-1)+1)-1$$

entweder

$$m_1 < m_2,$$

oder

$$m_1 = m_2 \quad \text{und} \quad s_1 < s_2,$$

oder aber

$$m_1 = m_2 \quad s_1 = s_2 \quad \text{und} \quad t_1 < t_2$$

gilt.

Es ist klar, dass man dieses Verfahren ähnlich fortsetzen kann; und so erhält man Anordnungen der Zahlen vom Typus $\omega^4, \omega^5, \ldots$. Und wenn in der Anordnung

$$0, 2, 4, 6, \ldots, \quad 1, 5, 9, 13, \ldots, \quad 3, 11, 19, 27, \ldots; \ldots$$

der Zahlen jede der aufeinanderfolgenden Folgen nach irgendeinem Typus von der Form ω^k umgeordnet wird, so dass dabei auch beliebig grosse k vorkommen, so erhält man eine Anordnung der Zahlen vom Typus ω^ω.

11. Nun kann man ähnlich wie bei dem Verfahren in Nr. **7**—**8**—**9** dieses Kapitels für beliebiges $k > 1$ zeigen, dass sich die k-fachen gewöhnlichen Rekursionen und die einfachen transfiniten Rekursionen vom Typus ω^k gegenseitig aufeinander zurückführen lassen. Es lassen sich sogar die mehrfachen transfiniten Rekursionen mit demselben Verfahren auf einfache transfinite Rekursionen zurückführen. Z. B. kann die Definition

$$\psi(m, n) = 1 \quad \text{falls} \quad m \cdot n = 0$$
$$\psi(m+1, n+1) = \beta(m, n, \psi(\gamma_1(m+1), \psi(m+1, \gamma_2(n+1)))),$$

wobei

$$\gamma_1(m+1) \underset{\omega^2}{<} m+1 \quad \text{und} \quad \gamma_2(n+1) \underset{\omega^3}{<} n+1$$

ist, als eine zweifache transfinite Rekursion betrachtet werden, nämlich in der Variablen m als eine Rekursion vom Typus ω^2 und in der Variablen n als eine Rekursion vom Typus ω^3. Diese Definition lässt sich ähnlich wie bei dem in Nr. **9** dieses Kapitels angewandten Verfahren auf eine einfache Rekursion vom Typus ω^5 zurückführen.[26])

12. Betrachten wir noch einmal die in Nr. **9** erhaltene transfinite Rekursion

$$\varphi(0) = 1$$
$$\varphi(r+1) = \beta'(r, \varphi(\sigma(\varrho_0(r+1) \dot{-} 1, \varphi(\sigma(\varrho_0(r+1), \varrho_1(r+1) \dot{-} 1))))),$$

auf welche eine eingeschachtelte zweifache Rekursion zurückgeführt wurde.

---

[26]) Péter [9] § 3.

Das Interessante an dieser Definition ist, dass in ihr ebenfalls eingeschachtelte Funktionswerte verwendet werden, obwohl sie eine *einstellige* Funktion definiert. Bei der gewöhnlichen Rekursion ist so etwas nicht vorgekommen. Bei einer Wertverlaufsrekursion könnte es zwar vorkommen, das ein Wert $\varphi(r+1)$ zum Beispiel mit Hilfe von $\varphi(\gamma(r, \varphi(r)))$ angegeben wird, wenn man auf irgendeine Weise das Bestehen von

$$\gamma(r, \varphi(r)) \leqq r$$

beweisen kann, z. B. falls

$$\gamma(r, a) = \begin{cases} r & \text{für gerades } a \\ \left[\frac{r}{2}\right] & \text{für ungerades } a \end{cases}$$

ist; aber die einfache Wertverlaufsrekursion lässt sich in eine primitive, also uneingeschachtelte Rekursion auflösen. Für die transfinite Rekursion bedeutet dagegen diese Eingeschachteltheit eine charakteristische Eigenschaft; allgemein lässt sie sich nämlich nicht auflösen. Denn man bemerkt leicht, dass sich die Anzahl der Einschachtelungen nicht ändert, wenn man durch die oben angegebene Methode von einer gewöhnlichen k-fachen Rekursion zu einer transfiniten Rekursion vom Typus ω^k übergeht, und umgekehrt. Die Einschachtelungen der gewöhnlichen k-fachen Rekursionen lassen sich aber nach Nr. **1** des § **10** allgemein nicht ausschalten; die eingeschachtelte mehrfache Rekursion führt ja über die Klasse der primitiv-rekursiven Funktionen hinaus, die uneingeschachtelte dagegen nicht.

13. Nach dem Satz zum Schluss des § **10** lassen sich alle k-rekursiven Funktionen von den Funktionen

$$n+1, \qquad \text{quadres}(n) \qquad \text{und} \qquad a+n$$

ausgehend, durch endlich viele Substitutionen und k-fache Rekursionen von der „Normalform" aufbauen. Nun kann auch die Normalform der k-fachen Rekursion auf die einfach-rekursive Definition vom Typus ω^k einer einstelligen Funktion zurückgeführt werden; genauer erhält man jede k-rekursive Funktion durch Substitution primitiv-rekursiver Funktionen aus einer *einstelligen* Funktion, die durch eine solche transfinite Rekursion definiert wird. Im angewandten transfiniten Rekursionschema werden höchstens 3-stellige primitiv-rekursive Funktionen benutzt. Will man sich auf die Definition von höchstens dreistelligen Funktionen beschränken, so braucht man auch mittels Substitutionen nur höchstens 3-stellige Funktionen zu definieren. Das ermöglicht die Aufzählung sämtlicher (höchstens) 3-stelliger, mehrfach-rekursiver Funktionen in einer einzigen Folge, und die Anwendung des Diagonalverfahrens auf diese Folge. Die Durchführung dieses Programms verursacht keine prinzipielle Schwierigkeiten, ist aber etwas langwierig. Kurz gefasst geschieht das folgendermassen: Man gibt vom Index der aufzuzählenden Funktionen:

$$\varphi_1(n_1, n_2, n_3), \quad \varphi_2(n_1, n_2, n_3), \ldots$$

abhängend an, ob die betreffende Funktion durch Substitution aus Funktionen mit kleineren Indizes entsteht, oder durch Anwendung des Rekursionschemas vom Typus ω^k, und im letzteren Fall auch, für welches k das Schema angewandt wird; dabei müssen freilich auch beliebig grosse k zugelassen werden (diese Forderung macht es erwünscht, dass man vom Normalschema der gewöhnlichen k-fachen Rekursion zu dem Schema vom Typus ω^k übergeht, das eine *einstellige* Funktion definiert; die Verwendung des ursprünglichen Schemas würde zu einer unendlich-stelligen „Diagonalfunktion" führen).

Auf diese Art erhält man in Abhängigkeit von n_1, n_2, n_3 und vom Index m eine solche „Diagonalfunktion" $\varphi(m, n_1, n_2, n_3)$, welche für gar kein k k-rekursiv ausfallen kann; denn mit ihr wäre auch

$$\varphi(n_1, n_1, n_2, n_3) + 1$$

k-rekursiv, müsste also als eine Funktion von 3 Variablen in unserer Folge z. B. mit einem Index m_0 vorkommen; das heisst es müsste für alle n_1, n_2, n_3 die Gleichheit

$$\varphi(n_1, n_1, n_2, n_3) + 1 = \varphi(m_0, n_1, n_2, n_3)$$

bestehen. Daraus würde sich aber für $n_1 = n_2 = n_3 = m_0$

$$\varphi(m_0, m_0, m_0, m_0) + 1 = \varphi(m_0, m_0, m_0, m_0),$$

also eine Unmöglichkeit ergeben.

In $\varphi(m, n_1, n_2, n_3)$ lassen sich die Variablen wiederum zusammenziehen. $\varphi(m, n_1, n_2, n_3)$ kann nämlich durch Substitution primitiv-rekursiver Funktionen aus einer einstelligen Funktion $\varphi(r)$ aufgebaut werden; hierbei treten in der Definition von $\varphi(r)$ solche Stellen der Form

$$r' = 2^{m'}(2n' + 1) - 1$$

als Vorgänger einer Stelle der Form

$$r = 2^{m}(2n + 1) - 1$$

auf, für welche entweder

$$m' < m,$$

oder

$$m' = m \qquad \text{und} \qquad n' \underset{\omega^k}{<} n$$

besteht; und hierbei k beliebig grosse Werte annimmt.

Daher ist die Definition von $\varphi(r)$ eine transfinite Rekursion vom Typus ω^ω. Also kommt man zu dem Ergebnis, dass *die transfinite Rekursion vom Typus ω^ω über die Klasse der gewöhnlichen mehrfach-rekursiven Funktionen hinausführt.*[27])

§ 13. REKURSIONEN HÖHERER STUFEN

1. Es bietet sich auch eine andere Möglichkeit zur Zurückführung der mehrfachen Rekursion auf eine Art einfacher Rekursion.

Erinnern wir uns an unser erstes Beispiel für eine zweifache Rekursion, nämlich an die Funktion, die durch sukzessive Iterationen aufgebaut wurde. Geht man dabei z. B. vom Produkt $a \cdot n$ aus, so kann diese Funktion durch

$$\psi_0(n, a) = a \cdot n$$

und für alle m

$$\psi_{m+1}(0, a) = a$$
$$\psi_{m+1}(n+1, a) = \psi_m(\psi_{m+1}(n, a), a)$$

definiert werden. Damit lässt sich also die Definition der 3-stelligen Funktion

$$\psi(m, n, a) = \psi_m(n, a)$$

durch die folgende zweifache Rekursion angeben:

$$\psi(0, n, a) = a \cdot n$$
$$\psi(m+1, 0, a) = a$$
$$\psi(m+1, n+1, a) = \psi(m, \psi(m+1, n, a), a).$$

Man kann nun auch daran denken, dass man allgemein die n-fache Iterierte einer Funktion an der Stelle a als Funktion von n, a und $f(x)$ definiert; und dann diese allgemeine Iteration zur Definition von ψ verwendet. Das bedeutet aber die Definition einer Funktion, die zwar als Werte nicht-negative ganze Zahlen annimmt, aber unter anderem auch von einer solchen Variablen abhängt, welche nicht Zahlen, sondern Funktionen durchläuft. Solche „Funktionsfunktionen" werde ich mit grossen lateinischen Buchstaben (und Funktionsvariablen mit kleinen lateinischen Buchstaben) bezeichnen, und das Zeichen einer von $f(x)$ abhängenden Funktion werde ich mit einem Index x versehen, um daran zu erinnern, dass hier x eine *gebundene*

[27]) Den ausführlichen Beweis siehe in Péter [9] § 4.

Variable ist, denn die definierte Funktion hängt nicht von x, sondern von $f(x)$ als Funktion von x ab. (Als eine solche Warnung ist auch das Zeichen dx in einem Integral

$$\int_a^b f(x)\,dx$$

aufzufassen, denn auch der Wert des Integrals hängt nicht von x, sondern von $f(x)$ als Funktion von x, und von den Grenzen a und b ab.)

Es sei also die n-fache Iteration einer Funktion $f(x)$ an der Stelle a

$$B_x(n, a, f(x)).$$

Diese Funktionsfunktion kann durch

$$B_x(0, a, f(x)) = a$$
$$B_x(n+1, a, f(x)) = f(B_x(n, a, f(x)))$$

definiert werden; denn nach dieser Definition nimmt $B_x(n, a, f(x))$ für $n = 0, 1, 2, 3, \ldots$ tatsächlich die Iterierten

$$a,\ f(a),\ f(f(a)),\ f(f(f(a))), \ldots$$

der Funktion $f(x)$ als Werte an der Stelle a an.

Die angegebene Definition von $B_x(n, a, f(x))$ bestimmt eindeutig den Wert von B_x, wenn für die Zahlenvariablen konkrete Zahlen, und für die Funktionsvariable eine solche Funktion eingesetzt wird, deren Werte an jeder Stelle berechnet werden könnnen. Z. B. ist für $a = 2, n = 2, f(x) = x^2$ nach der Definition

$$B_x(2, 2, x^2) = (B_x(1, 2, x^2))^2 = ((B_x(0, 2, x^2))^2)^2 = (2^2)^2 = 16.$$

Die zweite und dritte Definitionsgleichung von $\psi(m, n, a)$ ergibt nun für ein gewisses $m+1$:

$$\psi(m+1, 0, a) = a,$$
$$\psi(m+1, 1, a) = \psi(m, \psi(m+1, 0, a), a) = \psi(m, a, a),$$
$$\psi(m+1, 2, a) = \psi(m, \psi(m+1, 1, a), a) = \psi(m, \psi(m, a, a), a),$$
$$\psi(m+1, 3, a) = \psi(m, \psi(m+1, 2, a), a) = \psi(m, \psi(m, \psi(m, a, a), a), a),$$
$$\ldots\ldots\ldots\ldots\ldots\ldots\ldots\ldots\ldots$$

und demnach nimmt $\psi(m+1, n, a)$, wenn

$$f(x) = \psi(m, x, a)$$

gesetzt wird, für $n=0, 1, 2, 3, \ldots$ die Werte

$$a, \quad f(a), \quad f(f(a)), \quad f(f(f(a))), \ldots$$

also die Werte von $B_x(n, a, f(x))$ an.

Daher kann $\psi(m, n, a)$ auch durch

$$\psi(0, n, a) = a \cdot n$$
$$\psi(m+1, n, a) = B_x(n, a, \psi(m, x, a))$$

definiert werden. Diese Definition[28]) ist eine einfache Rekursion nach m; und die vorhin angegebene Definition von B_x eine einfache Rekursion nach n.

Also ist es gelungen, die zweifach-rekursive Definition von ψ in zwei einfache Rekursionen aufzulösen; aber auf Kosten der Komplikation, dass eine der Rekursionen keine zahlentheoretische Funktion, sondern eine Funktionsfunktion definiert. Durch die Vermittelung dieser neuartigen Rekursion sind wir zur Definition der zahlentheoretischen Funktion $\psi(m, n, a)$ gekommen.

2. In der Definition von B_x kommt übrigens die einfachste Funktionsfunktion vor, nämlich diejenige, welche der Zahl n und der Funktion $f(x)$ den Funktionswert $f(n)$ zuordnet. Wird

$$V_x(n, f(x)) = f(n)$$

gesetzt, so lautet die Definition von B_x:

$$B_x(0, a, f(x)) = a$$
$$B_x(n+1, a, f(x)) = V_y(B_x(n, a, f(x)), f(y))$$

(es ist ratsam die gebundenen Variablen verschränkter Funktionsfunktionen durch verschiedene Buchstaben zu bezeichnen). Hierbei erfolgt eine Substitution für eine Zahlenvariable von V_y. Bei unseren neuen Funktionen hat man immer darauf zu achten, was für eine Variable eingesetzt werden kann. Für die gebundene Variable x kann nichts eingesetzt werden; für die Funktionsvariable $f(x)$ eine zahlentheoretische Funktion von x (diese kann auch eine Funktionsfunktion als Funktion einer ihrer *Zahlen*variablen sein); für Zahlenvariable ebensogut Zahlen als Funktionen oder Funktionsfunktionen (die Werte auch der letzteren sind ja Zahlen).

Werde ich im Folgenden $f(n)$ schreiben, so ist das nur als eine kürzere Schreibweise für $V_x(n, f(x))$ aufzufassen.

Schauen wir nach, wie der Wert von ψ an einer gegebenen Stelle auf Grund der neuen Definition berechnet werden kann. Es ist z. B.

---

[28]) Ackermann [1].

$$\begin{aligned}\psi(2,1,2) &= B_x(1,2,\psi(1,x,2)) = V_y(B_x(0,2,\psi(1,x,2)),\psi(1,y,2)) =\\ &= V_y(2,\psi(1,y,2)) = \psi(1,2,2);\\ \psi(1,2,2) &= B_x(2,2,\psi(0,x,2)) = V_y(B_x(1,2,\psi(0,x,2)),\psi(0,y,2)) =\\ &= V_y(B_x(1,2,2x),2y) = 2\cdot B_x(1,2,2x);\\ B_x(1,2,2x) &= V_y(B_x(0,2,2x),2y) = V_y(2,2y) = 2\cdot 2 = 4;\end{aligned}$$

also

$$\psi(2,1,2) = \psi(1,2,2) = 2\cdot B_x(1,2,2x) = 8.$$

3. Natürlich können beim Definieren zahlentheoretischer Funktionen als Hilfsmittel auch rekursive Definitionen von „Funktionsfunktionsfunktionen" verwendet werden, welche auch von solchen Variablen abhängen, die nicht Zahlen, auch nicht Funktionen, sondern Funktionsfunktionen durchlaufen, usw. Die rekursive Definition einer Funktionsfunktion wird „Rekursion der zweiten Stufe" genannt; auch diese verläuft nach einer Zahlenvariablen (und enthält — bei fiktiven Funktionsvariablen — auch die „Rekursion der ersten Stufe", welche eine zahlentheoretische Funktion definiert, als Spezialfall). Genau so kann man auch „Rekursionen der dritten, vierten und höheren Stufe" zulassen; diese definieren Funktionen, die auch von Funktionsfunktionen, bzw. auch von Funktionsfunktionsfunktionen abhängen, usw.

Die zahlentheoretischen Funktionen, die sich aus $0, n+1$ und aus den Grundfunktionsfunktionen

$$V_{x_1}(n_1, f(x_1)) = f(n_1), \qquad V_{x_1x_2}(n_1, n_2, f(x_1, x_2)) = f(n_1, n_2),$$
$$V_{x_1x_2x_3}(n_1, n_2, n_3, f(x_1, x_2, x_3)) = f(n_1, n_2, n_3), \ldots$$

durch zugelassene Substitutionen und durch Vermittlung von Rekursionen der zweiten Stufe aufbauen lassen, können „rekursive Funktionen der zweiten Stufe" genannt werden. Ähnlich können nach Einführung geeigneter Grundfunktionen auch „rekursive Funktionen der höheren Stufen" definiert werden.

4. Nun kann man beweisen,[29]) dass sich jede mehrfach-rekursive Funktion der ersten Stufe auf der zweiten Stufe als eine 1-rekursive Funktion definieren lässt.

In Nr. **1** dieses Kapitels sahen wir schon ein Beispiel dafür, dass sich eine zweifache Rekursion in zwei einfache auflösen lässt. Ein solches Auflösen gelingt immer.

Es lässt sich nämlich nach Nr. **7** des § **10** jede zweifache Rekursion der ersten Stufe auf die Normalform

$$\varphi(0,n) = 0, \qquad \varphi(m+1,0) = 0$$
$$\varphi(m+1,n+1) = \beta(m,n,\varphi(m,\gamma(m,n,\varphi(m+1,n))),\varphi(m+1,n))$$

---

[29]) PÉTER [6], [12] und zu Nr. 7 noch [13].

bringen; und ich werde zeigen, dass sich diese Definition in zwei einfache Rekursionen der zweiten Stufe auflösen lässt.

Beobachten wir die für ein bestimmtes $m+1$ angenommenen Werte der Funktion φ:

$$\varphi(m+1,0)=0,$$
$$\varphi(m+1,1)=\beta(m,0,\varphi(m,\gamma(m,0,\varphi(m+1,0))),\varphi(m+1,0))=$$
$$=\beta(m,0,\varphi(m,\gamma(m,0,0)),0),$$
$$\varphi(m+1,2)=\beta(m,1,\varphi(m,\gamma(m,1,\varphi(m+1,1))),\varphi(m+1,1))=$$
$$=\beta(m,1,\varphi(m,\gamma(m,1,\beta(m,0,\varphi(m,\gamma(m,0,0)),0))),\beta(m,0,\varphi(m,\gamma(m,0,0)),0)),$$
$$\ldots\ldots\ldots\ldots\ldots\ldots\ldots\ldots\ldots$$

Wird auf der rechten Seite eine Funktionsvariable $f(x)$ für $\varphi(m,x)$ eingesetzt, so erhält man eine solche Funktion $B_x(m,n,f(x))$, für welche sich bei $n=0,1,2,\ldots$

$$B_x(m,0,f(x))=0,$$
$$B_x(m,1,f(x))=\beta(m,0,f(\gamma(m,0,0)),0),$$
$$B_x(m,2,f(x))=\beta(m,1,f(\gamma(m,1,\beta(m,0,f(\gamma(m,0,0)),0))),$$
$$,\beta(m,0,f(\gamma(m,0,0)),0)),$$
$$\ldots\ldots\ldots\ldots$$

ergibt; und demnach kann $B_x(m,n,f(x))$ durch

$$B_x(m,0,f(x))=0$$
$$B_x(m,n+1,f(x))=\beta(m,n,f(\gamma(m,n,B_x(m,n,f(x)))),B_x(m,n,f(x)))$$

definiert werden. Da ferner $B_x(m,n,f(x))$ für $f(x)=\varphi(m,x)$ und für $n=0,1,2,\ldots$ eben die Werte von $\varphi(m+1,n)$ annimmt, so kann man die Funktion $\varphi(m,n)$ durch

$$\varphi(0,n)=0$$
$$\varphi(m+1,n)=B_x(m,n,\varphi(m,x))$$

definieren. Diese Definition ist aber ebenso wie auch die Definition von $B_x(m,n,f(x))$ eine einfache Rekursion der zweiten Stufe.

5. Der Gedankengang der vorigen Nummer kann folgendermassen zu einem exakten Beweis umformt werden:

Sei $\varphi(m,n)$ durch die zweifache Rekursion

$$\varphi(0,n)=0,\qquad\qquad \varphi(m+1,0)=0$$
$$\varphi(m+1,n+1)=\beta(m,n,\varphi(m,\gamma(m,n,\varphi(m+1,n))),\varphi(m+1,n))$$

definiert, und definieren wir eine Funktionsfunktion $B_x(m, n, f(x))$ und eine Funktion $\psi(m, n)$ durch die einfachen Rekursionen der zweiten Stufe:

$$B_x(m, 0, f(x)) = 0$$
$$B_x(m, n+1, f(x)) = \beta(m, n, f(\gamma(m, n, B_x(m, n, f(x)))), B_x(m, n, f(x)))$$

und

$$\psi(0, n) = 0$$
$$\psi(m+1, n) = B_x(m, n, \psi(m, x)).$$

Dann behaupte ich, dass für alle m und n

$$\psi(m, n) = \varphi(m, n)$$

besteht. Das kann durch transfinite Induktion bewiesen werden. Erstens gilt die Behauptung an der Stelle (0, 0), da

$$\psi(0, 0) = 0 = \varphi(0, 0)$$

ist; und ich werde zeigen, dass sie sich von allen Vorgängern einer Stelle (m, n) auch auf die Stelle (m, n) vererbt, wobei jene Stellen als Vorgänger gelten, in welchen entweder das erste Argument kleiner als m ist, oder das erste Argument m, aber das zweite kleiner als n ist. Es genügt dies für $m \neq 0$ und $n \neq 0$ zu zeigen, denn für $m = 0$ ist

$$\psi(0, n) = 0 = \varphi(0, n),$$

und für $n = 0$ ist

$$\psi(m+1, 0) = B_x(m, 0, \psi(m, x)) = 0 = \varphi(m+1, 0).$$

Nehmen wir also an, dass die Behauptung bereits für alle Vorgänger der Stelle $(m+1, n+1)$ gilt. Dann ist

$$\begin{aligned}
\psi(m+1, n+1) &= B_x(m, n+1, \psi(m, x)) = \\
&= \beta(m, n\, \psi(m, \gamma(m, n, B_x(m, n, \psi(m, x)))), B_x(m, n, \psi(m, x))) = \\
&= \beta(m, n, \psi(m, \gamma(m, n, \psi(m+1, n))), \psi(m+1, n)) = \\
&= \beta(m, n, \varphi(m, \gamma(m, n, \varphi(m+1, n))), \varphi(m+1, n)) = \\
&= \varphi(m+1, n+1).
\end{aligned}$$

6. Eine drei- oder mehrfache Rekursion der ersten Stufe kann ähnlich Schritt für Schritt auf nach immer wenigeren Variablen verlaufende Rekursionen der zweiten Stufe zurückgeführt werden. Es ist z. B. nach Nr. **7** des § **10**

die Normalform der dreifachen Rekursion:

$$\varphi(m, n, r) = 0 \quad \text{falls} \quad m \cdot n \cdot r = 0$$

$$\varphi(m+1, n+1, r+1) =$$

$$= \beta(m, n, r, \varphi(m, \gamma_1(m, n, r, \varphi(m+1, n+1, r)), \gamma_2(m, n, r, \varphi(m+1, n+1, r))),$$

$$, \varphi(m+1, n, \gamma_3(m, n, r, \varphi(m+1, n+1, r))), \varphi(m+1, n+1, r)).$$

Wird hier für $\varphi(m, x, y)$ die Funktionsvariable $f(x, y)$ und für $\varphi(m+1, n, y)$ die Funktionsvariable $g(y)$ eingesetzt, so gelangt man statt $\varphi(m+1, n+1, r)$ zu einer Funktionsfunktion $B_{xy}(m, n, r, f(x, y), g(y))$, die durch

$$B_{xy}(m, n, 0, f(x, y), g(y)) = 0$$

$$B_{xy}(m, n, r+1, f(x, y), g(y)) =$$

$$= \beta(m, n, r, f(\gamma_1(m, n, r, B_{xy}(m, n, r, f(x, y), g(y))), \gamma_2(m, n, r, B_{xy}(m, n, r,$$

$$, f(x, y), g(y)))), g(\gamma_3(m, n, r, B_{xy}(m, n, r, f(x, y), g(y)))), B_{xy}(m, n, r, f(x, y), g(y)))$$

definiert werden kann.

Es ist klar, dass $B_{xy}(m, n, r, f(x, y), g(y))$ für $r = 0, 1, 2, \ldots$ der Reihe nach die Werte von $\varphi(m+1, n+1, r)$ annimmt, wenn für $f(x, y)$ und $g(y)$ wieder $\varphi(m, x, y)$ bzw. $\varphi(m+1, n, y)$ eingesetzt wird. Nach dem Muster der vorigen Nummer sieht man hieraus leicht ein, dass sich $\varphi(m, n, r)$ auch durch

$$\varphi(m, n, r) = 0 \quad \text{falls} \quad m \cdot n \cdot r = 0$$

$$\varphi(m+1, n+1, r) = B_{xy}(m, n, r, \varphi(m, x, y), \varphi(m+1, n, y))$$

definieren lässt.

Die Definition von B_{xy} ist eine *einfache* Rekursion der 2-ten Stufe nach r; und die jetzt angegebene Definition von φ ist eine zweifache Rekursion. Die letztere lässt sich durch die Methode, die in den beiden vorigen Nummern angewandt wurde, in die einfachen Rekursionen der 2-ten Stufe

$$B'_{xy}(m, 0, r, f(x, y)) = 0$$

$$B'_{xy}(m, n+1, r, f(x, y)) = B_{xy}(m, n, r, f(x, y), B'_{xy}(m, n, y, f(x, y)))$$

und

$$\psi(0, n, r) = 0$$

$$\psi(m+1, n, r) = B'_{xy}(m, n, r, \psi(m, x, y))$$

auflösen; man kann nämlich durch transfinite Induktion beweisen, das für alle m, n, r

$$\psi(m, n, r) = \varphi(m, n, r)$$

gilt.

Ähnlich sieht man ein, dass sich jede beliebige k-fache Rekursion der ersten Stufe auf k einfache Rekursionen der zweiten Stufe zurückführen lässt; und demnach gehören tatsächlich sämtliche mehrfach-rekursive Funktionen der ersten Stufe unter die 1-rekursiven Funktionen der zweiten Stufe.

7. Auch der umgekehrte Weg ist gangbar; nämlich die Darstellung von rekursiven Funktionen der II-ten Stufe als mehrfach-rekursive Funktionen der ersten Stufe.

Betrachten wir ein verhältnissmässig einfaches Beispiel, das wir später brauchen werden. Sei mit primitiv-rekursivem β

$$\alpha(0, n, r) = \beta(n, r)$$
$$\alpha(m+1, 0, r) = \alpha(m, 1, r)$$
$$\alpha(m+1, n+1, r) = B_{xy}(r \dot{-} 1, \alpha(m+1, n, x), \alpha(m, y, r))$$

wo

$$B_{xy}(0, f(x), g(y)) = 1$$
$$B_{xy}(n+1, f(x), g(y)) = B_{xy}(n, f(x), g(y)) \cdot \max(f(n+1), g(n+1))$$

ist.

Diese Definition ist deshalb eine Rekursion der II-ten Stufe, weil darin ausser der zu definierenden zahlentheoretischen Funktion $\alpha(m, n, r)$ auch die Funktionsfunktion $B_{xy}(n, f(x), g(y))$ vorkommt. Offenbar braucht man aber diese Funktionsfunktion zur Definition von $\alpha(m, n, r)$ nicht für beliebige Funktionen $f(x)$ und $g(y)$, sondern nur für die speziellen Funktionen $f(x) = \alpha(m+1, n, x)$ und $g(y) = \alpha(m, y, r)$. Eine Funktionsfunktion geht aber für eine spezielle Wahl ihrer Funktionsvariablen in eine Funktion von Zahlenvariablen über. Daher kann man versuchen die Definition von α sozusagen auf die I-te Stufe zu übersetzen, indem man die Funktionsfunktion B durch die zahlentheoretische Funktion ersetzt, die aus B durch Einsetzung dieser speziellen Funktionen entsteht.

Dabei ist aber eine gewisse Vorsicht notwendig. Statt der Funktionsfunktion $B_{xy}(n, f(x), g(y))$ kann man nicht die zahlentheoretische Funktion

$$\varphi(m, n, r) = B_{xy}(n, \alpha(m+1, n, x), \alpha(m, y, r))$$

durch Rekursion definieren, da $B_{xy}(n, f(x), g(y))$ durch Rekursion nach n definiert wurde, und n kommt in $\varphi(m, n, r)$ auch als Argument von $\alpha(m+1, n, x)$ vor. Wird daher für $m > 0$

$$\varphi(m, n+1, r) = B_{xy}(n+1, \alpha(m+1, n+1, x), \alpha(m, y, r))$$

mit Hilfe der zweiten Rekursionsgleichung von B berechnet, so erhält man

$$\varphi(m, n+1, r) = B_{xy}(n, \alpha(m+1, n+1, x), \alpha(m, y, r)) \cdot$$
$$\cdot \max(\alpha(m+1, n+1, n+1), \alpha(m, n+1, r)),$$

und hier kann man statt $B_{xy}(n, \alpha(m+1, n+1, x), \alpha(m, y, r))$ nicht die Funktion φ einführen.

Daher soll die Rekursionsvariable von B von dem mit ihr zufällig zusammenfallenden Argument n von $\alpha(m+1, n, x)$ unterschieden werden. Die Definition

$$\varphi(m, n_1, n_2, r) = B_{xy}(n_2, \alpha(m+1, n_1, x), \alpha(m, y, r))$$

würde aber später — wo φ und α zu einer einzigen Funktion zusammengezogen werden — gewisse Schwierigkeiten verursachen, da jene Funktion an der Stelle $(m, n_1, \ldots)$ mit Hilfe des Funktionswertes an der späteren Stelle $(m+1, n_1, \ldots)$ definiert wäre. Darum wird hier zweckmässigerweise $\varphi(m+1, n_1, n_2, r)$ statt $\varphi(m, n_1, n_2, r)$ gesetzt, und $\varphi(0, n_1, n_2, r)$ beliebig, z. B. als 1 definiert. Sei also

$$\varphi(0, n_1, n_2, r) = 1$$
$$\varphi(m+1, n_1, n_2, r) = B_{xy}(n_2, \alpha(m+1, n_1, x), \alpha(m, y, r)),$$

dann lautet nach der Definition von B die Definition dieser Hilfsfunktion:

$$\varphi(0, n_1, n_2, r) = 1$$
$$\varphi(m+1, n_1, 0, r) = B_{xy}(0, \alpha(m+1, n_1, x), \alpha(m, y, r)) = 1$$
$$\varphi(m+1, n_1, n_2+1, r) = B_{xy}(n_2+1, \alpha(m+1, n_1, x), \alpha(m, y, r)) =$$
$$= B_{xy}(n_2, \alpha(m+1, n_1, x), \alpha(m, y, r)) \cdot \max(\alpha(m+1, n_1, n_2+1), \alpha(m, n_2+1, r)) =$$
$$= \varphi(m+1, n_1, n_2, r) \cdot \max(\alpha(m+1, n_1, n_2+1), \alpha(m, n_2+1, r)).$$

Also hat man für $\alpha(m, n_1, r)$ und $\varphi(m, n_1, n_2, r)$ (da

$$B_{xy}(r \dot{-} 1, \alpha(m+1, n_1, x), \alpha(m, y, r)) = \varphi(m+1, n_1, r \dot{-} 1, r)$$

ist) die simultanen Rekursionen:

$$\alpha(0, n_1, r) = \beta(n_1, r)$$
$$\alpha(m+1, 0, r) = \alpha(m, 1, r)$$
$$\alpha(m+1, n_1+1, r) = \varphi(m+1, n_1, r \dot{-} 1, r)$$

und

$$\varphi(0, n_1, n_2, r) = 1$$
$$\varphi(m+1, n_1, 0, r) = 1$$
$$\varphi(m+1, n_1, n_2+1, r) = \varphi(m+1, n_1, n_2, r) \cdot \max(\alpha(m+1, n_1, n_2+1),$$
$$, \alpha(m, n_2+1, r)).$$

Wenn

$$\delta(m, n_1, 2n_2, r) = \alpha(m, n_1, r),$$
$$\delta(m, n_1, 2n_2+1, r) = \varphi(m, n_1, n_2, r)$$

gesetzt wird, so lassen sich diese simultanen Definitionen zur dreifachen Rekursion

$$\delta(0, n_1, 2n_2, r) = \beta(n_1, r)$$
$$\delta(m+1, 0, 2n_2, r) = \delta(m, 1, 2n_2, r)$$
$$\delta(m+1, n_1+1, 2n_2, r) = \delta(m+1, n_1, 2(r \dot{-} 1)+1, r)$$
$$\delta(0, n_1, 2n_2+1, r) = 1$$
$$\delta(m+1, n_1, 1, r) = 1$$
$$\delta(m+1, n_1, 2n_2+3, r) = \delta(m+1, n_1, 2n_2+1, r) \cdot \max(\delta(m+1, n_1, 2n_2, n_2+1), \; \delta(m, n_2+1, 2n_2, r))$$

zusammenziehen. In dieser dreifachen Rekursion kommen sogar überhaupt keine eingeschachtelten Funktionswerte vor; also kann diese Rekursion nach § **6** in primitive Rekursionen und Substitutionen aufgelöst werden. Da sich nun α z. B. durch die Substitution

$$\alpha(m, n, r) = \delta(m, n, 0, r)$$

definieren lässt, so ist mit δ auch α primitiv-rekursiv.

8. Auf der II-ten Stufe heisst eine einfache oder mehrfache Rekursion primitiv, falls darin an den Stellen von Funktionsvariablen keine Einschachtelungen vorkommen. Wenn beim Aufbau einer rekursiven Funktion der II-ten Stufe nur primitive Rekursionen nebst Substitutionen vorkommen, so heisst auch diese Funktion primitiv-rekursiv auf der II-ten Stufe. Sämtliche primitiv-rekursive Funktionen der II-ten Stufe können, ähnlich wie das eben betrachtete Beispiel, auch als mehrfach-rekursive Funktionen der I-ten Stufe definiert werden; allgemein sind sie aber auf der I-ten Stufe nicht primitiv-rekursiv (z. B. ist das in Nr. **1** dieses Kapitels betrachtete ACKERMANNsche Beispiel auf der I-ten Stufe nicht primitiv-rekursiv, jedoch auf der II-ten Stufe wohl).

Es kann aber auf der II-ten Stufe auch eine neue Art eingeschachtelter Rekursion auftreten; nämlich eine solche, bei der Einschachtelungen an den Stellen der Funktionsvariablen erfolgen; z. B. in der rekursiven Definition einer Funktion α:

$$\alpha(0, a) = a$$
$$\alpha(n+1, a) = B_x(n, a, a, \alpha(n, x)),$$

mit

$$B_x(0, a, b, f(x)) = f(a)$$
$$B_x(n+1, a, b, f(x)) = C_{zu}(n, a, b, B_y(n, a, u, B_x(n, y, z, f(x)))),$$

wobei $C_{zu}(n, a, b, g(z, u))$ eine früher eingeführte Funktionsfunktion ist.

Wird unsere Methode auf einen solchen Fall angewandt, so hat man zuerst eine zahlentheoretische Hilfsfunktion α:

$$\varphi_1(n_1, n_2, a, b) = B_x(n_2, a, b, \alpha(n_1, x))$$

einzuführen. Dann ergibt sich aus der zweiten Definitionsgleichung von B:

$$\begin{aligned}\varphi_1(n_1, n_2+1, a, b) &= B_x(n_2+1, a, b, \alpha(n_1, x)) = \\ &= C_{zu}(n_2, a, b, B_y(n_2, a, u, B_x(n_2, y, z, \alpha(n_1, x)))) = \\ &= C_{zu}(n_2, a, b, B_y(n_2, a, u, \varphi_1(n_1, n_2, y, z)));\end{aligned}$$

und hier kann $B_y(n_2, a, u, \varphi_1(n_1, n_2, y, z))$ nicht durch φ_1 ausgedrückt werden. Es muss eine neue Hilfsfunktion φ_2 eingeführt werden, wobei man wieder darauf zu achten hat, dass die Rekursionsvariable von B und die Argumente von φ_1 zu unterscheiden sind:

$$\varphi_2(n_1, n_2, n_3, a, b, c) = B_y(n_3, a, b, \varphi_1(n_1, n_2, y, c)).$$

Und so fort; das bricht nie ab. Auf diese Art erhält man (wenn φ auch als Funktion des Index betrachtet wird) auf der I-ten Stufe die mehrfach-rekursive Definition einer Funktion δ von unendlich vielen Variablen; d. h. es hängt von einem Argument ab, wievielstellig bei diesem Argument δ ist. Eine solche Funktion kann auch durch Substitution einfach-rekursiver Funktionen aus einer einstelligen Funktion erhalten werden, welche durch eine transfinite Rekursion vom Typus ω^ω definiert wird.

9. Demnach liegt es nahe zu glauben, dass die unendlichstellige Diagonalfunktion φ der mehrfach-rekursiven Funktionen der I-ten Stufe vom Schluss des § **12** (welche sich von allen mehrfach-rekursiven Funktionen der I-ten Stufe unterscheidet) ebenfalls zu den rekursiven Funktionen der II-ten Stufe gehört; diese Diagonalfunktion lässt sich ja ebenso wie δ mit Hilfe einer mehrfachen Rekursion von variabler Vielfachheit (oder mit Hilfe einer transfiniten Rekursion vom Typus ω^ω) definieren. Könnte man das beweisen, so hätte man ein Beispiel für eine rekursive Funktion der II-ten Stufe, welche nicht zur Klasse der rekursiven Funktionen der I-ten Stufe gehört.

Betrachtet man aber näher die „unendlich-vielfache" Rekursion, durch welche unsere Funktion δ, und jene unendlich-vielfache Rekursion, durch welche die Diagonalfunktion φ definiert wird, so entdeckt man einen Unterschied, den ich folgenderweise bezeichnen werde: die Definition von φ ist „vollzählig-mehrfach", die Definition von δ dagegen „zerstreut-mehrfach". Ergibt sich nämlich nach der Angabe eines gewissen Argumentes, dass φ dabei z. B. r-stellig ist, so müssen (für $n_1 \cdot n_2 \ldots n_r \neq 0$) zum Aufbau von $\varphi(n_1, n_2, \ldots, n_r)$ sowohl solche Funktionswerte benutzt werden, wobei das erste Argument kleiner als n_1 ist, als auch solche, wobei das erste Argument n_1, das zweite kleiner als n_2 ist, und so weiter lückenlos bis zum Funktionswert $\varphi(n_1, \ldots, n_{r-1}, \nu)$, mit $\nu < n_r$. Bei der Definition von δ gibt es dagegen eine ganz bestimmte Zahl k, so dass, wie gross auch r sein mag, wenn sich δ nach der Angabe eines gewissen Argumentes als r-stellig ergibt, zum Aufbau von $\delta(m_1, m_2, \ldots, m_r)$ nur solche frühere Funktionswerte benutzt werden, bei welchen höchstens k der Argumente (aber an anderen Stellen andere) kleiner als das entsprechende $m_1, m_2, \ldots$ oder m_r sind, während die früherstehenden Argumente den entsprechenden $m_1, m_2, \ldots$ gleich sind.

Wenn es gelingen würde, die Diagonalfunktion der I-ten Stufe auf der II-ten Stufe zu definieren, so hätte man ein Beispiel für eine vollzählig-mehrfache Rekursion, welche sich auf zerstreut-mehrfache Rekursion und Substitution zurückführen lässt. Es ist sehr fraglich, ob dies bei einer so wesentlich vollzählig-mehrfachen Rekursion möglich ist, wie es bei der Definition jener Diagonalfunktion der Fall ist.

Es wäre freilich auch möglich, dass unser δ, und ebenso beliebige Funktionen der II-ten Stufe — wenn die bisherigen Methoden auch versagen — auf irgendeine Art doch durch mehrfache Rekursionen der I-ten Stufe (oder, was auf das selbe herauskommt, durch transfinite Rekursionen vom Typus ω^k, wobei k endlich ist) und Substitutionen definiert werden könnten; dass sich also die zerstreut-vielfachen Rekursionen noch in endlich-vielfache Rekursionen auflösen liessen. Dann würde die II-te Stufe nichts Neues gegenüber der I-ten Stufe liefern. Dies scheint aber auch nicht wahrscheinlich zu sein.

Auch an sich ist das Problem interessant: Gibt es gewisse Zwischendinge zwischen den transfiniten Rekursionen vom Typus ω^k mit endlichem k und der vollzähligen transfiniten Rekursion vom Typus ω^ω — nämlich die zerstreute (d. h. in zerstreut-mehrfache, an jeder Stelle nach 1, oder nach 2, oder nach 3,... Variablen verlaufende Rekursionen übersetzbare) transfinite Rekursionen vom Typus ω^ω; oder lassen sich die zerstreut-transfiniten Rekursionen vom Typus ω^ω in jene vom Typus ω^k auflösen; oder lässt sich etwa die vollzählig-transfinite Rekursion vom Typus ω^ω in zerstreute auflösen?

Dieses Problem lautet gewissermassen ähnlich, wie jenes: ob es Zwischenmächtigkeiten zwischen dem Abzählbaren und dem Kontinuum gibt; aber im Gegensatz zur Kontinuumhypothese scheint es wahrscheinlich, dass es hier tatsächlich uneinschmelzbare Zwischendinge gibt.

Es erheben sich ähnliche Fragen auch auf den höheren Stufen, z. B. die Frage, ob sich ein vollzählig-transfinite Rekursion auf zerstreut-transfinite Rekursion von höherem Typus und Substitution zurückführen lässt. Es wäre auch interessant, zu untersuchen, welche Typen der transfiniten Rekursionen für die verschiedenen Stufen charakteristisch sind.

§ 14. DIE NORMALFORM DER MEHRFACHEN REKURSIONEN[30])

1. Jetzt kann ich auf die in Nr. **4** und **7** des **§ 10** versprochenen Darstellung der Normalform der mehrfachen Rekursionen zurückkommen. Die Verwendung von Funktionsfunktionen ermöglicht es nämlich, dass auch die am verwickeltesten eingeschachtelten Ausdrücke, die in den mehrfachen Rekursionen auftreten, in einer einheitlichen Form aufgeschrieben werden können.

In Nr. **5—6** des **§ 10** haben wir gesehen, dass man die Anfangswerte der mehrfachen Rekursionen zu 0 normieren kann; und auch hier können die Parameter mit dem Verfahren, das in Nr. **3** des **§ 7** angewandt wurde, zu einem einzigen zusammengezogen werden. So kann man sich z. B. bei der Untersuchung der zweifachen Rekursionen auf die Definition von Funktionen mit einem einzigen Parameter, und auf erste Definitionsgleichungen der Form

$$\varphi(m, n, a) = 0, \quad \text{falls} \quad m \cdot n = 0$$

beschränken.

In der zweiten Definitionsgleichung können dabei die kompliziertesten Einschachtelungen vorkommen. Betrachten wir einen verhältnismässig einfachen Fall:

$$\varphi(m+1, n+1, a) = \beta_1(m, n, a, \varphi(m, \beta_2(m, n, a, \varphi(m+1, n, \beta_3(m, n, a))), a)).$$

Hier wird die rechte Seite aus den „Komponenten“ $\beta_1(m, n, y_1, y_2)$, $\beta_2(m, n, y_1, y_2)$ und $\beta_3(m, n, y_1)$ zusammengesetzt. Werden für diese der Reihe nach die Funktionsvariablen $h_1(y_1, y_2)$, $h_2(y_1, y_2)$, $h_3(y_1)$, und für $\varphi(m, x_1, x_2)$ und $\varphi(m+1, n, x_1)$ die Funktionsvariablen $f(x_1, x_2)$ bzw. $g(x_1)$ eingesetzt, so kommt an die Stelle von $\beta_3(m, n, a)$

$$h_3(a) = V_{y_1}(a, h_3(y_1)),$$

an die Stelle von $\varphi(m+1, n, \beta_3(m, n, a))$

$$g(h_3(a)) = V_{x_1}(h_3(a), g(x_1)) = V_{x_1}(V_{y_1}(a, h_3(y_1)), g(x_1)),$$

an die Stelle von $\beta_2(m, n, a, \varphi(m+1, n, \beta_3(m, n, a)))$

$$h_2(a, g(h_3(a))) = V_{y_1 y_2}(a, g(h_3(a)), h_2(y_1, y_2)) =$$
$$= V_{y_1 y_2}(a, V_{x_1}(V_{y_1}(a, h_3(y_1)), g(x_1)); h_2(y_1, y_2)),$$

an die Stelle von $\varphi(m, \beta_2(m, n, a, \varphi(m+1, n, \beta_3(m, n, a))), a)$

$$f(h_2(a, g(h_3(a))), a) = V_{x_1 x_2}(h_2(a, g(h_3(a))), a, f(x_1, x_2)) =$$
$$= V_{x_1 x_2}(V_{y_1 y_2}(a, V_{x_1}(V_{y_1}(a, h_3(y_1)), g(x_1)), h_2(y_1, y_2)), a, f(x_1, x_2)),$$

---

[30]) PÉTER [5] § 2.

endlich an die Stelle der ganzen rechten Seite der zweiten Definitionsgleichung von φ das Ergebnis der Einschachtelung von a und vom zuletzt erhaltenen Ausdruck in $h_1(y_1, y_2)$ (das für $\beta_1(m, n, y_1, y_2)$ steht). So gelangt man zu der folgenden Funktionsfunktion:

$$
\begin{aligned}
&F_{x_1 x_2 y_1 y_2}(a, h_1(y_1, y_2), h_2(y_1, y_2), h_3(y_1), f(x_1, x_2), g(x_1)) = \\
&= h_1(a, f(h_2(a, g(h_3(a))), a)) = \\
&= V_{y_1 y_2}(a, f(h_2(a, g(h_3(a))), a), h_1(y_1, y_2)) = \\
&= V_{y_1 y_2}(a, V_{x_1 x_2}(V_{y_1 y_2}(a, V_{x_1}(V_{y_1}(a, h_3(y_1)), g(x_1)), h_2(y_1, y_2)), a, f(x_1, x_2)), h_1(y_1, y_2)).
\end{aligned}
$$

Man sieht, dass die Funktionsfunktion F aus a und aus den „Substitutionswert-Funktionsfunktionen“ V durch Substitutionen aufgebaut wird. Es sollen allgemein die Ausdrücke, die so aufgebaut werden, „Substitutionsterme“ genannt werden. Mit Hilfe von F lässt sich nun die zweite Definitionsgleichung von φ als

$$
\begin{aligned}
&\varphi(m+1, n+1, a) = \\
&F_{x_1 x_2 y_1 y_2}(a, \beta_1(m, n, y_1, y_2), \beta_2(m, n, y_1, y_2), \beta_3(m, n, y_1), \\
&\quad , \varphi(m, x_1, x_2), \varphi(m+1, n, x_1))
\end{aligned}
$$

aufschreiben.

Genau ebenso sieht man ein, dass die beliebig verwickelt eingeschachtelte rechte Seite der zweiten Definitionsgleichung einer beliebigen zweifachen Rekursion aus einem „Substitutionsterm“ F so entsteht, dass man darin für die Funktionsvariablen teils die bekannten „Komponenten“ β_i der Definition, teils $\varphi(m, x_1, x_2)$ und $\varphi(m+1, n, x_1)$ einsetzt (wobei φ die durch die Rekursion definierte Funktion ist). Durch Einführung fiktiver Variablen kann man erreichen, dass alle Komponenten β_i als Funktionen vom m, n und von anderen übereinstimmenden Variablen auftreten. So lässt sich jede zweifache Rekursion nach Normierung der Anfangswerte und nach Zusammenziehen der Parameter zu einem einzigen, in der Form

$$
\begin{aligned}
&\varphi(m, n, a) = 0, \quad \text{falls} \quad m \cdot n = 0 \\
&\varphi(m+1, n+1, a) = F_{x_1 x_2 y_1 \dots y_r}(a, \beta_1(m, n, y_1, \dots, y_r), \dots, \beta_s(m, n, y_1, \dots, y_r), \\
&\quad , \varphi(m, x_1, x_2), \varphi(m+1, n, x_1))
\end{aligned}
$$

aufschreiben, wobei F ein Substitutionsterm ist.

In einer k-fachen Rekursion lautet die zweite Definitionsgleichung:

$$
\begin{aligned}
&\varphi(n_1+1, \dots, n_k+1, a) = \\
&= F_{x_1 \dots x_k y_1 \dots y_r}(a, \beta_1(n_1, \dots, n_k, y_1, \dots, y_r), \dots, \beta_s(n_1, \dots, n_k, y_1, \dots, y_r), \\
&\quad , \varphi(n_1, x_1, \dots, x_k), \varphi(n_1+1, n_2, x_1, \dots, x_{k-1}), \dots, \\
&\quad , \varphi(n_1+1, \dots, n_{k-1}+1, n_k, x_1)).
\end{aligned}
$$

Falls hier unter den φ-Ausdrücken *eingeschachtelt* nur Ausdrücke der Form $\varphi(n_1, x_1, \ldots, x_k)$ auftreten, so lässt sich diese Rekursion noch ganz ähnlich wie im uneingeschachtelten Fall im **§ 6** in primitive Rekursionen und Substitutionen auflösen.[31]) Wenn aber nur zwei Ausdrücke der Form $\varphi(n_1+1, n_2, x_1, \ldots, x_{k-1})$ ineinandergeschachtelt vorkommen, gelingt das allgemein nicht mehr.

Kehren wir aber zurück zur allgemeinen eingeschachtelten zweifachen Rekursion.

2. Nun lässt sich diese Rekursion durch ein ähnliches Verfahren, wie im **§ 5** die Definition von $\binom{n}{a}$ auf primitive Rekursionen zurückgeführt wurde, auf eine gewisse Normalform bringen.

Nach der Definition ist

$$\begin{aligned}
\varphi(m+1, 0, a) &= 0 \\
\varphi(m+1, 1, a) &= F_{x_1 x_2 y_1 \ldots y_r}(a, \beta_1(m, 0, y_1, \ldots, y_r), \ldots, \\
&\qquad , \beta_s(m, 0, y_1, \ldots, y_r), \varphi(m, x_1, x_2), 0), \\
\varphi(m+1, 2, a) &= F_{x_1 x_2 y_1 \ldots y_r}(a, \beta_1(m, 1, y_1, \ldots, y_r), \ldots, \beta_s(m, 1, y_1, \ldots, y_r) \\
&\qquad , \varphi(m, x_1, x_2), \varphi(m+1, 1, x_1)) = \\
&= F_{x_1 x_2 y_1 \ldots y_r}(a, \beta_1(m, 1, y_1, \ldots, y_r), \ldots, \beta_s(m, 1, y_1, \ldots, y_r) \\
&\qquad , \varphi(m, x_1, x_2), \\
&\quad , F_{x'_1 x'_2 y'_1 \ldots y'_r}(x_1, \beta_1(m, 0, y'_1, \ldots, y'_r), \ldots, \\
&\qquad , \beta_s(m, 0, y'_1, \ldots, y'_r), \varphi(m, x'_1, x'_2), 0)), \\
&\qquad \ldots\ldots\ldots\ldots\ldots\ldots
\end{aligned}$$

Man sieht, dass $\varphi(m+1, n+1, a)$ für jedes n durch Substitutionen so aufgebaut werden kann, dass man dabei das in der ursprünglichen Definition auftretende $\varphi(m+1, n, x_1)$ nicht zu benutzen braucht; dafür treten im Aufbau auch solche Ausdrücke $\beta_i(m, t, y_1, \ldots, y_r)$ auf, in welchen $t \leqq n$ ist.

Wird also eine solche Hilfsfunktion $\psi(m, n, a)$ eingeführt, dass

$$\psi(m, n, a) = 0, \quad \text{falls} \quad m \cdot n = 0$$

ist, ferner unter den Werten der Hilfsfunktion auch a vorkommt, und mit bereits angenommenen Werten $y_1, \ldots, y_r$ auch $\beta_i(m, t, y_1, \ldots, y_r)$ für beliebiges t, und mit x_1 und x_2 auch $\varphi(m, x_1, x_2)$: so kommen alle Werte von φ unter den Werten von ψ vor. Genauer, es gilt für alle m und n, bei zu n geeignet gewähltem $\varkappa$:

$$\varphi(m+1, n, a) = \psi(m+1, \varkappa, a).$$

---

31) Péter [13] § 2.

Bei der Untersuchung der einfach-rekursiven Definition von $\binom{n}{a}$ ist die Forderung, dass die Hilfsfunktion auch gewisse φ-Werte annehmen soll, nicht aufgetreten. Deshalb wird jetzt die Definition der Hilfsfunktion komplizierter ausfallen als damals: sie wird eingeschachtelt sein. Aber die auftretende Einschachtelung wird nur einmalig sein, und demnach wird die Definition der Hilfsfunktion ψ allgemein einfacher werden als die Definition der betrachteten Funktion. $\varkappa$ wird sich auch jetzt als primitiv-rekursive Funktion von n erweisen; aber der Aufbau von $\varkappa$ muss jetzt verschränkt mit dem Aufbau von ψ geschehen.

3. Sei also

$$\psi(m, n, a) = 0, \quad \text{falls} \quad m \cdot n = 0;$$

dann ist

$$\psi(m+1, 0, a) = 0 = \varphi(m+1, 0, a),$$

folglich kann die Definition von $\varkappa(n)$ mit

$$\varkappa(0) = 0$$

beginnen. Also gilt bereits für $m \cdot n = 0$

$$\varphi(m, n, a) = \psi(m, \varkappa(n), a).$$

Als Vorgänger einer Stelle n (wie auch bisher öfters) werde ich die Exponenten in der Primfaktorenzerlegung von n benutzen; und die Fälle werde ich darnach trennen, wie gross hier der Exponent von 2, das heisst $\exp_0(n)$ ist. Sei also (gleich in Betracht gezogen, dass für $\varphi(m, x_1, x_2)$ bei geeignetem $\varkappa(n)$ hier $\psi(m, \varkappa(x_1), x_2)$ gesetzt werden darf):

$$\psi(m+1, n+1, a) = \begin{cases} a, \text{ falls } \exp_0(n+1) = 0 \\ \beta_{\exp_0(n+1)}(m, \exp_1(n+1), \psi(m+1, \exp_2(n+1), a), \ldots, \\ \quad , \psi(m+1, \exp_{r+1}(n+1), a)), \\ \qquad \text{falls } 1 \leqq \exp_0(n+1) \leqq s \\ \psi(m, \varkappa(\psi(m+1, \exp_1(n+1), a)), \\ \quad , \psi(m+1, \exp_2(n+1), a)), \\ \qquad \text{falls } \exp_0(n+1) = s+1, \\ 0 \text{ sonst.} \end{cases}$$

Die so definierte Funktion ψ genügt bei geeigneter Wahl von $\varkappa(n)$ den gestellten Forderungen.

Erstens ist wegen $\exp_0(1) = 0$ zum Beispiel

$$\psi(m+1, 1, a) = a. \tag{1}$$

Ferner nimmt ψ mit den Werten

$$y_1 = \psi(m+1, l_1, a), \ldots, y_r = \psi(m+1, l_r, a)$$

bei beliebigem t auch die Werte

$$\beta_i(m, t, y_1, \ldots, y_r) \qquad (i = 1, 2, \ldots, s)$$

an; man hat $n+1$ nur so zu wählen, dass

$$\exp_0(n+1) = i, \quad \exp_1(n+1) = t, \quad \exp_2(n+1) = l_1, \ldots, \quad \exp_{r+1}(n+1) = l_r$$

bestehen soll. Eine solche Zahl $n+1$ ist z. B.

$$n+1 = 2^i 3^t p_2^{l_1} \ldots p_{r+1}^{l_r}$$

(Im Folgenden werde ich ähnliche Rechnungen ohne besondere Erklärung durchführen), und demnach gilt für dieses $n+1$ nach der Definition von ψ tatsächlich

$$(2) \qquad \psi(m+1, 2^i \cdot 3^t \cdot p_2^{l_1} \ldots p_{r+1}^{l_r}, a) = \psi\left(m+1, 2^i \cdot 3^t \prod_{j=1}^{r} p_{j+1}^{l_j}, a\right) = \\ = \beta_i(m, t, y_1, \ldots, y_r).$$

4. Es bleibt noch zu beweisen, dass ψ bei geeignetem $\varkappa$ auch der dritten Forderung genügt, das heisst, mit x_1 und x_2 auch den Wert $\varphi(m, x_1, x_2)$ annimmt. Zum Beweis muss der folgende Hilfssatz vorausgeschickt werden, der dem Satz von Nr. **3** des § **5** entspricht:

Hilfssatz: Wie immer auch die einstweilen unbestimmt gelassene primitiv-rekursive Funktion $\varkappa(n)$ bestimmt wird, gibt es eine primitiv-rekursive Funktion $\nu(n, s)$, so dass

$$\psi(m+1, n, \psi(m+1, s, a)) = \psi(m+1, \nu(n, s), a)$$

gilt, und also gewisse eingeschachtelte ψ-Ausdrücke auch in uneingeschachtelter Form ausgedrückt werden können.

Da für $n = 0$ der Wert der linken Seite 0 ist, so gilt die Behauptung für $n = 0$, wenn

$$\nu(0, s) = 0$$

gewählt wird. Nehmen wir an, dass es schon gelungen ist, die Funktion $\nu(k, s)$ für alle $k \leqq n$ und für beliebiges s so zu definieren, dass der Hilfssatz für diese k statt n und für beliebiges s gültig ist. Dann ist nach der Definition von ψ

$$\psi(m+1, n+1, \psi(m+1, s, a)) =$$

$$= \begin{cases} \psi(m+1, s, a), \quad \text{falls} \quad \exp_0(n+1) = 0 \\ \beta_{\exp_0(n+1)}(m, \exp_1(n+1), \psi(m+1, \exp_2(n+1), \psi(m+1, s, a)), \ldots, \\ \qquad , \psi(m+1, \exp_{r+1}(n+1), \psi(m+1, s, a))) = \\ = \beta_{\exp_0(n+1)}(m, \exp_1(n+1), \psi(m+1, \nu(\exp_2(n+1), s), a), \ldots, \\ \qquad , \psi(m+1, \nu(\exp_{r+1}(n+1), s), a)) \\ = \psi(m+1, 2^{\exp_0(n+1)} \cdot 3^{\exp_1(n+1)} \prod_{j=1}^{r} p_{j+1}^{\nu(\exp_{j+1}(n+1), s)}, a), \\ \qquad \text{falls } 1 \leqq \exp_0(n+1) \leqq s \\ \psi(m, \varkappa(\psi(m+1, \exp_1(n+1), \psi(m+1, s, a))), \psi(m+1, \exp_2(n+1), \\ \qquad , \psi(m+1, s, a))) = \\ = \psi(m, \varkappa(\psi(m+1, \nu(\exp_1(n+1), s), a)), \\ \qquad , \psi(m+1, \nu(\exp_2(n+1), s), a)) = \\ = \psi(m+1, 2^{\exp_0(n+1)} \cdot 3^{\nu(\exp_1(n+1), s)} \cdot 5^{\nu(\exp_2(n+1), s)}, a), \\ \qquad \text{falls } \exp_0(n+1) = s+1 \\ 0 = \psi(m+1, 0, a) \qquad \text{sonst.} \end{cases}$$

Daher vererbt sich der Hilfssatz von allen Zahlen kleiner oder gleich n auf $n+1$, und somit gilt er für alle n, wenn

$$\nu(n+1, s) = \begin{cases} s, \quad \text{falls} \quad \exp_0(n+1) = 0 \\ 2^{\exp_0(n+1)} \cdot 3^{\exp_1(n+1)} \cdot \prod_{j=1}^{r} p_{j+1}^{\nu(\exp_{j+1}(n+1), s)}, \quad \text{falls } 1 \leqq \exp_0(n+1) \leqq s \\ 2^{\exp_0(n+1)} \cdot 3^{\nu(\exp_1(n+1), s)} \cdot 5^{\nu(\exp_2(n+1), s)}, \quad \text{falls } \exp_0(n+1) = s+1 \\ 0 \text{ sonst} \end{cases}$$

gilt. Zusammen mit $\nu(0, s) = 0$ definiert aber diese Wertverlaufsrekursion $\nu(n, s)$ als eine primitiv-rekursive Funktion.

5. Nun können wir uns daran machen, die Funktion $\varkappa(n)$ so zu definieren, dass die Gleichheit

$$\varphi(m, n, a) = \psi(m, \varkappa(n), a)$$

immer besteht. In Nr. **3** dieses Kapitels haben wir gesehen, dass sie für $m \cdot n = 0$ besteht, falls $\varkappa(0) = 0$ gewählt wird. Nehmen wir an, dass $\varkappa$ für die Vorgänger einer Stelle $(m+1, n+1, a)$ bereits so definiert wurde, dass die Behauptung für diese Vorgänger gilt; als Vorgänger werden dabei — wie bisher — solche Stellen betrachtet, wo das erste Argument kleiner als $m+1$, oder das erste Argument gleich $m+1$, aber das zweite kleiner als $n+1$ ist.

Es bleibt zu zeigen, dass sich diese Eigenschaft bei geeigneter Wahl von $\varkappa$ auch auf die Stelle $(m+1, n+1, a)$ vererbt.

Zunächst zeige ich, dass bei der gemachten Annahme ψ auch der übriggebliebenen dritten Forderung genügt: Ist für das jetzt gewählte $m+1$

$$x_1 = \psi(m+1, l_1, a)$$

und

$$x_2 = \psi(m+1, l_2, a),$$

so nimmt die Funktion ψ für dasselbe $m+1$ und für ein geeignetes n auch den Wert

$$\varphi(m, x_1, x_2)$$

n.

Es ist nämlich nach der Annahme und nach der Definition von ψ

$$\text{(3)} \quad \begin{aligned} \varphi(m, x_1, x_2) = \psi(m, \varkappa(x_1), x_2) = \psi(m, \varkappa(\psi(m+1, l_1, a)), \psi(m+1, l_2, a)) = \\ = \psi(m+1, 2^{s+1} \cdot 3^{l_1} \cdot 5^{l_2}, a). \end{aligned}$$

ψ nimmt sogar mit

$$x_1 = \psi(m+1, l, a)$$

für geeignetes zweite Argument auch den Wert

$$\varphi(m+1, n, x_1)$$

an, wo m und n die in der Annahme vorkommenden Zahlen sind. Es gilt nämlich nach der Annahme und nach dem Hilfssatz der vorigen Nummer

$$\text{(4)} \quad \begin{aligned} \varphi(m+1, n, x_1) = \psi(m+1, \varkappa(n), x_1) = \psi(m+1, \varkappa(n), \psi(m+1, l, a)) = \\ = \psi(m+1, r(\varkappa(n), l), a). \end{aligned}$$

6. Jetzt kann endlich die zu Beginn der vorigen Nummer begonnene Induktion zu Ende geführt werden: Ich zeige nämlich, dass bei Bestehen der gemachten Annahme $\varkappa(n+1)$ so gewählt werden kann, dass

$$\varphi(m+1, n+1, a) = \psi(m+1, \varkappa(n+1), a)$$

gilt.

Nach (1), (2), (3) und (4) nimmt die Funktion ψ für das $m+1$ der Annahme und für geeignete Werte des zweiten Arguments sämtliche Werte an, die aus Ineinanderschachtelungen von $a, \beta_1(m, n, y_1, \ldots, y_r), \ldots, \beta_s(m, n, y_1, \ldots, y_r), \varphi(m, x_1, x_2)$ und $\varphi(m+1, n, x_1)$ entstehen, wenn Einsetzungen nur für die Variablen $x_1, x_2, y_1, \ldots, y_r$ erfolgen. Aber nach der

Definition der Funktion φ kommt auch der Wert $\varphi(m+1, n+1, a)$ auf diese Weise zustande, nämlich durch jene Substitutionen, welche von der Funktionsfunktion $F_{x_1 x_2 y_1 \dots y_r}$ vorgeschrieben werden. Es gibt also eine Zahl n^*, so dass

$$\varphi(m+1, n+1, a) = F_{x_1 x_2 y_1 \dots y_r}(a, \beta_1(m, n, y_1, \dots, y_r), \dots, \beta_s(m, n, y_1, \dots, y_r), \\ , \varphi(m, x_1, x_2), \varphi(m+1, n, x_1)) = \psi(m+1, n^*, a)$$

gilt. Und wenn man (1), (2), (3) und (4) näher betrachtet, so sieht man, dass diese Zahl n^* genau so aus

$$1, \quad 2^i \cdot 3^n \cdot p_2^{y_1} \cdots p_{r+1}^{y_r} \text{ für } i = 1, 2, \dots, s, \qquad 2^{s+1} \cdot 3^{x_1} \cdot 5^{x_2}, \qquad \nu(\varkappa(n), x_1),$$

wie $\varphi(m+1, n+1, a)$ aus

$$a, \quad \beta_i(m, n, y_1, \dots, y_r) \text{ für } i = 1, 2, \dots, s, \quad \varphi(m, x_1, x_2), \quad \varphi(m+1, n, x_1)$$

aufgebaut wird. Es ist daher

$$n^* = F_{x_1 x_2 y_1 \dots y_r}(1, 2^1 \cdot 3^n \cdot p_2^{y_1} \cdots p_{r+1}^{y_r}, \dots, 2^s \cdot 3^n \cdot p_2^{y_1} \cdots p_{r+1}^{y_r}, 2^{s+1} \cdot 3^{x_1} \cdot 5^{x_2}, \nu(\varkappa(n), x_1)).$$

Der Wert der rechten Seite hängt nur von n ab. Wird dieser Wert für das $n+1$ der Annahme als $\varkappa(n+1)$ gewählt, so vererbt sich wegen

$$\varphi(m+1, n+1, a) = \psi(m+1, n^*, a)$$

die betrachtete Eigenschaft auch auf die Stelle $(m+1, n+1, a)$:

$$\varphi(m+1, n+1, a) = \psi(m+1, \varkappa(n+1), a).$$

Wird der in Nr. **3** dieses Kapitels erhaltene Anfangswert hinzugenommen, so lautet die Definition von $\varkappa(n)$:

$$\varkappa(0) = 0$$
$$\varkappa(n+1) = F_{x_1 x_2 y_1 \dots y_r}(1, 2^1 \cdot 3^n \cdot p_2^{y_1} \cdots p_{r+1}^{y_r}, \dots, 2^s \cdot 3^n \cdot p_2^{y_1} \cdots p_{r+1}^{y_r}, 2^{s+1} \cdot 3^{x_1} \cdot 5^{x_2}, \\ , \nu(\varkappa(n), x_1)).$$

Die Funktionsfunktion in der zweiten Definitionsgleichung ist nur eine kürzere Schreibweise für einen Ausdruck, der durch Substitutionen aus primitiv-rekursiven Funktionen entsteht. Es ist daher klar, dass die damit definierte Funktion $\varkappa(n)$ primitiv-rekursiv ist.

Da sich für diese Funktion $\varkappa(n)$

$$\varphi(m, n, a) = \psi(m, \varkappa(n), a)$$

erwiesen hat, so entsteht $\varphi(m, n, a)$ aus $\psi(m, n, a)$ durch Substitution einer primitiv-rekursiven Funktion.

7. Jetzt soll noch die in Nr. **3** dieses Kapitels angegebene Definition von ψ näher betrachtet werden. Das ist eigentlich noch eine Wertverlaufsrekursion, da in ihr zur Berechnung von $\psi(m+1, n+1, a)$ auch Werte $\psi(m+1, \exp_i(n+1), a)$ verwendet werden, wobei freilich $\exp_i(n+1) < n+1$, aber nicht genau $\exp_i(n+1) = n$ ist; die Definition kann aber, durch das in Nr. **1—2** des § **6** ausgeführte Verfahren, auf eine von dieser Beschaffenheit gereinigte Definition von ähnlicher Struktur zurückgeführt werden. Ähnlich wie bei dem Verfahren, das in Nr. **6** des § **7** angewandt wurde, kann mann sie auch auf die Definition von ähnlicher Struktur einer solchen Funktion zurückführen, welche von keinem Parameter abhängt. Das wesentliche an der Definition von ψ ist, dass darin nur eine *einmalige Einschachtelung* vorkommt; und daran ändern die genannten Reduktionen nichts.

Auf diese Art kommt man zur *Normalform:*

$$\psi(m, n) = 0, \quad \text{falls} \quad m \cdot n = 0$$
$$\psi(m+1, n+1) = \beta(m, n, \varphi(m, \gamma(m, n, \varphi(m+1, n))), \varphi(m+1, n))$$

der zweifachen Rekursion. Wie bereits am Ende des § **10** vorausgeschickt wurde, lassen sich alle 2-rekursive Funktionen (der ersten Stufe) durch solche Rekursionen und Substitutionen von den Ausgangsfunktionen $n+1$, quadres (n) und $a+n$ ausgehend aufbauen.

Ganz ähnlich lässt sich jede k-fache Rekursion, für beliebiges k, auf eine (in Nr. **7** des § **10** ausführlich angegebene) Normalform bringen, worin nur einmalige Einschachtelungen vorkommen.

§ 15. DAS „GÖDELISIEREN“ DER REKURSIONEN VON HÖHERER STUFE

1. In Nr. **7** des § **13** wurde eine Rekursion der 2-ten Stufe auf eine mehrfache Rekursion der ersten Stufe zurückgeführt, also auf eine solche Definition, welche keine Funktionsfunktionen benutzt. Die Funktionsfunktionen können aber auch auf eine andere Weise aus einer Definition der zweiten Stufe ausgeschaltet werden.

Wenn man die Berechnung der Werte einer durch Rekursion der zweiten Stufe definierten Funktion verfolgt, immer nur darauf achtend, was in den einzelnen Schritten *formal* durchgeführt wird, so kann man den dabei auftretenden Zeichenfolgen auch Zahlen zuordnen, und so das ganze Verfahren sozusagen in die Sprache der Zahlen übersetzen. Da eine derartige Methode (für einen anderen Zweck) zuerst von GÖDEL[32]) angewandt wurde, werde ich dieses Verfahren „Gödelisierung“ nennen.

---

[32]) GÖDEL [1].

Es soll das geschilderte Programm an dem folgenden Beispiel durchgeführt werden:

$$\psi(0, n) = 2n$$
$$\psi(m+1, n) = B_x(m, n, \psi(m, x)),$$

wobei die Definition von B_x

$$B_x(0, n, f(x)) = f(n)$$
$$B_x(m+1, n, f(x)) = f(B_x(m, n, f(x)))$$

ist (also B_x die Iterationen von $f(n)$ darstellt).

Es soll z. B. der Wert $\psi(3, 2)$ berechnet werden. Man muss dazu nach der zweiten Definitionsgleichung die Funktion $\psi(2, x)$ kennen; und diese lässt sich durch $\psi(1, x)$ bestimmen, das endlich auf $\psi(0, x)$ zurückgeführt werden kann. Daher muss man die Berechnung mit dem sukzessiven Aufbau von $\psi(m, x)$ beginnen:

$$\psi(0, x) = 2x.$$

$\psi(1, x)$ wird aus der zweiten Definitionsgleichung erhalten, indem x für n eingesetzt wird; dabei muss natürlich die gebundene Variable umbenannt werden; und es ist nach der ersten Definitionsgleichung von B

$$\psi(1, x) = B_y(0, x, \psi(0, y)) = B_y(0, x, 2y) = 2x,$$

da hier $2y$ für die Funktionsvariable $f(y)$, und x für n gesetzt wurde, und also erhält man $2x$ für $f(n)$. Ähnlich gewinnt man

$$\psi(2, x) = B_y(1, x, \psi(1, y)) = B_y(1, x, 2y),$$
$$\psi(3, x) = B_z(2, x, \psi(2, z)) = B_z(2, x, B_y(1, z, 2y)).$$

Jetzt hat man zur Berechnung von $\psi(3, 2)$ für x die Zahl 2 einzusetzen:

$$\psi(3, 2) = B_z(2, 2, B_y(1, z, 2y)).$$

Daraus kann der Wert von $\psi(3, 2)$ am schnellsten „von innen nach aussen" berechnet werden: nach der Definition von B_y gilt, da hier $f(y) = 2y$ ist,

$$B_y(1, z, 2y) = 2 \cdot B_y(0, z, 2y) = 2 \cdot 2z = 4z,$$

also kommt $4z$ im äusseren B_z an die Stelle von $f(z)$ und demnach ist

$$\psi(3, 2) = B_z(2, 2, 4z) = 4 \cdot B_z(1, 2, 4z) = 4 \cdot 4 \cdot B_z(0, 2, 4z) = 4 \cdot 4 \cdot 4 \cdot 2 = 128.$$

Ähnlich sieht man allgemein ein, dass

$$\psi(3, n) = 4 \cdot 4 \cdot 4 \cdot n$$

ist; und werden die Werte von $\psi(m, n)$ auf diese Weise der Reihe nach für $m = 1, 2, 3, 4, \ldots$ berechnet, so erhält man

$$\psi(1, n) = 2n, \quad \psi(2, n) = 2^2 \cdot n, \quad \psi(3, n) = (2^2)^3 \cdot n, \quad \psi(4, n) = ((2^2)^3)^4 \cdot n, \ldots$$

Also kann $\psi(m, n)$ durch die primitive Rekursion

$$\psi(0, n) = 2n$$
$$\psi(m+1, n) = \left[\frac{\psi(m, n)}{n}\right]^{m+1} \cdot n,$$

oder sogar durch die explizite Definition

$$\psi(m, n) = 2^{m!} \cdot n$$

definiert werden.

Daher war es überflüssig zur Definition von $\psi(m, n)$ die zweite Stufe zu verwenden. Jedoch möchte ich das ziemlich komplizierte Verfahren der Gödelisierung an dieser einfachen Funktion zeigen; aber so, dass sich der Gedankengang auch auf andere rekursive Definitionen der zweiten Stufe übertragen lässt. Deshalb werde ich im Folgenden die Berechnung der Werte von $\psi(m, n)$ mit Absicht ungeschickt durchführen.

2. Ich beginne damit, dass wir bereits in der vorigen Nummer zu der Gleichheit

$$\psi(3, 2) = B_z(2, 2, B_y(1, z, 2y))$$

gelangt sind. Jetzt werde ich die weitere Berechnung „von aussen nach innen" durchführen.

Die beiden ersten Argumente von B_z sind bekannte Zahlen, und für $f(z)$ wurde darin $B_y(1, z, 2y)$ als Funktion von z eingesetzt, also besitzt $B_z(2, 2, B_y(1, z, 2y))$ nach der zweiten Definitionsgleichung von B denselben Wert, wie der Ausdruck, der durch Einsetzung dieses Ausdruckes mit um 1 kleinerem ersten Argument für z in $B_y(1, z, 2y)$ erhalten wird. Es ist also

$$\psi(3, 2) = B_z(2, 2, B_y(1, z, 2y)) = B_y(1, B_z(1, 2, B_u(1, z, 2u)), 2y).$$

Wird dasselbe für $B_z(1, 2, B_u(1, z, 2u))$ wiederholt, so erhält man

$$B_z(1, 2, B_u(1, z, 2u)) = B_u(1, B_z(0, 2, B_v(1, z, 2v)), 2u),$$

und darin ist nach der ersten Definitionsgleichung von B

$$B_z(0, 2, B_v(1, z, 2v)) = B_v(1, 2, 2v).$$

Wird wieder die zweite, und dann die erste Definitionsgleichung von B angewandt, so ergibt sich

$$B_v(1, 2, 2v) = 2 \cdot B_v(0, 2, 2v) = 2 \cdot 2 \cdot 2.$$

Wird dies in den mit B_u beginnenden Ausdruck eingesetzt, so erhält man

$$B_u(1, B_z(0, 2, B_v(1, z, 2v)), 2u) = B_u(1, B_v(1, 2, 2v), 2u) =$$
$$= B_u(1, 2 \cdot 2 \cdot 2, 2u) = B_u(1, 8, 2u),$$

also

$$B_z(1, 2, B_u(1, z, 2u)) = B_u(1, 8, 2u).$$

Das ergibt, in die zuletzt erhaltene Form von $\psi(3, 2)$ eingesetzt,

$$\psi(3, 2) = B_y(1, B_u(1, 8, 2u), 2y).$$

Jetzt werde ich wieder jenen B-Ausdruck weiter umformen, dessen beide ersten Argumente Zahlen sind:

$$B_u(1, 8, 2u) = 2 \cdot B_u(0, 8, 2u) = 2 \cdot 2 \cdot 8.$$

In den letzten Ausdruck für $\psi(3, 2)$ eingesetzt, ergibt dies

$$\psi(3, 2) = B_y(1, 2 \cdot 2 \cdot 8, 2y) = B_y(1, 32, 2y) = 2 \cdot B_y(0, 32, 2y) = 2 \cdot 2 \cdot 32,$$

also

$$\psi(3, 2) = 128.$$

Die Berechnung des Wertes von $\psi(m, n)$ kann, wie man leicht einsieht, an jeder Stelle ähnlich durchgeführt werden.

3. Sehen wir jetzt nach, wie sich diese Berechnung, formal betrachtet, vollzogen hat. Wir haben in Nr. **1** dieses Kapitels der Reihe nach für $\psi(0, x)$, $\psi(1, x)$, $\psi(2, x)$, $\psi(3, x)$ je einen „Ausdruck“ erhalten. Der „Ausdruck“ für $\psi(0, x)$ war nach der ersten Definitionsgleichung $2 \cdot x$; und der „Ausdruck“ für $\psi(m+1, x)$ wurde aus dem bereits erhaltenen „Ausdruck“ für $\psi(m, x)$ so konstruiert, dass im letzteren x umbenannt, der so modifizierte Ausdruck für die Funktionsvariable von B eingesetzt, und für die beiden ersten Variablen von B zugleich w und x gesetzt wurde. Damit man unter den immer auf neue Weise bezeichneten Variablen irgendeine Ordnung einhalten kann, gehen wir von einer Variablenfolge

$$x_1, x_2, x_3, \ldots$$

aus, und bauen die „Ausdrücke“ für $\psi(m, x_1)$ folgendermassen auf:

Der	„Ausdruck“	für	$\psi(0, x_1)$	ist	$2 \cdot x_1$,
„	„	„	$\psi(1, x_1)$	„	$B_{x_2}(0, x_1, 2 \cdot x_2)$,
„	„	„	$\psi(2, x_1)$	„	$B_{x_3}(1, x_1, B_{x_2}(0, x_3, 2 \cdot x_2))$,
„	„	„	$\psi(3, x_1)$	„	$B_{x_4}(2, x_1, B_{x_3}(1, x_4, B_{x_2}(0, x_3, 2 \cdot x_2)))$,

und allgemein ergibt sich der Ausdruck für $\psi(m+1, x_1)$ aus dem Ausdruck für $\psi(m, x_1)$, indem darin x_{m+2} für x_1 gesetzt, und der so modifizierte Ausdruck in $B_{x_{m+2}}(m, x_1, f(x_{m+2}))$ an die Stelle von $f(x_{m+2})$ geschrieben wird.

4. Zur Berechnung von $\psi(m, n)$ wird dann erstens in dem Ausdruck für $\psi(m, x_1)$, der in der vorigen Nummer bestimmt wurde, n für x_1 gesetzt; auf diese Art erhält man den „Ausdruck" für $\psi(m, n)$.

5. In dem so erhaltenen Ausdruck wird nun ein solcher Teilausdruck der Form $B_{x_i}(a, b, \mathrm{t})$ gesucht, in dem a und b Zahlen sind, und t irgendein von x_i abhängiger Ausdruck ist.

In einem verwickelte Einschachtelungen enthaltenden Ausdruck ist gar nicht leicht zu erkennen, wie weit sich der Teilausdruck t erstreckt. Es sind z. B. die beiden ersten Argumente von B_{x_3} in dem Ausdruck

$$B_{x_1}(2, B_{x_3}(2, 4, B_{x_5}(1, B_{x_6}(2, B_{x_7}(1, x_8, 2\cdot x_7), 2\cdot x_6), 4\cdot x_5)), 8\cdot x_1)$$

Zahlen; wo endet aber sein drittes Argument? Die zur Anfangsklammer, welche auf B_{x_3} folgt, gehörige Endklammer steht am Ende des uns interessierenden Ausdrucks. Zwischen diesen Klammern treten auch neue Anfangsklammern auf, aber auch die zugehörigen Endklammer einer jeden müssen alle auftreten, bevor man zum Schluss des Ausdrucks gelangt. Von der ersten Anfangsklammer des Ausdrucks an sind bis zu seinem letzten Zeichen unbedingt die Anfangsklammern in der Mehrheit; bis zum Schluss fehlt nämlich die Endklammer wenigstens zu der ersten Anfangsklammer. Also steht das Endzeichen des mit t bezeichneten dritten Argumentes unmittelbar vor jener Stelle, wo zum erstenmal von der ersten Anfangsklammer des betrachteten Ausdrucks $B_{x_i}(a, \mathrm{b}, \mathrm{t})$ an die Anzahl der zweierlei Klammern gleich wird. So ist in dem vorhin angegebenen Beispiel

$$\mathrm{t} = B_{x_5}(1, B_{x_6}(2, B_{x_7}(1, x_8, 2\cdot x_7), 2\cdot x_6), 4\cdot x_5).$$

6. Hat man nun in dem betrachteten Ausdruck einen Teilausdruck der Form $B_{x_i}(a, b, \mathrm{t}(x_i))$ gefunden, wo a und b Zahlen sind, und $\mathrm{t}(x_i)$ ein von x_i abhängiger Ausdruck ist, so wird dieser Teilausdruck für $a=0$ durch $\mathrm{t}(b)$ ersetzt, und für $a \neq 0$ durch jenen Ausdruck, der aus $\mathrm{t}(x_i)$ entsteht, indem darin für x_i

$$B_{x_i}(a-1, b, \mathrm{t}'(x_i))$$

eingesetzt wird; hierbei wird $\mathrm{t}'(x_i)$ aus $\mathrm{t}(x_i)$ so gebildet, dass darin ausser x_i alle Variablen umbenannt werden. Diese Umbenennung kann so geschehen, dass man den grössten Variablenindex w in $\mathrm{t}(x_i)$ aufsucht, und dann mit Ausnahme von x_i für alle Variablen x_j von $\mathrm{t}(x_i)$ die Variable x_{j+w} einsetzt.

7. Wenn man während der Umformung zu einem solchen, auch B enthaltenden Ausdruck kommt, der keinen mit $B_{x_i}(a, b, \ldots$ beginnenden Teil besitzt, wo a und b Zahlen sind, aber einen Teilausdruck der Form $a_1 \cdot a_2 \ldots a_r$ enthält, worin die Faktoren Zahlen sind, so wird dieses Produkt durch seinen berechneten Wert ersetzt.

8. Nach endlich vielen solchen Schritten erhält man als Ergebnis das Produkt aus lauter Zahlen; dieses wird berechnet, und so ergibt sich zum Schluss der Zahlenwert von $\psi(m, n)$.

9. Man gelangt durch endlich viele Anwendungen der in den vorigen Nummern aufgezählten Schritte tatsächlich immer zum Ziel. Das sieht man so ein: Der „Ausdruck“ für $\psi(0, n)$ ist

$$2 \cdot n;$$

das ist für alle n ein Produkt aus lauter Zahlen, und so erhält man seinen Wert durch den Schritt der Nr. 8. Und wenn man für ein gewisses m bei beliebigem n bereits den Wert des „Ausdrucks“ für $\psi(m, n)$ berechnen kann, so gelingt auch bei beliebigem n die Berechnung des Wertes des zu $\psi(m+1, n)$ gehörigen Ausdrucks; und zwar folgendermassen:

Es ist

$$\psi(m+1, n) = B_x(m, n, \psi(m, x)),$$

und der „Ausdruck“ für $\psi(m+1, n)$ ergibt sich hieraus so, dass man für $\psi(m, x)$ den dazu gehörigen (für $m > 0$ aus ineinandergeschachtelten B-Ausdrücken aufgebauten) „Ausdruck“ einsetzt; dieser soll jetzt kurz durch $\psi^*(m, x)$ bezeichnet werden. In unserem Berechnungsverfahren gehen wir davon — die Definition von B in Betracht gezogen — schrittweise zu den Ausdrücken

$$\begin{aligned} B_x(m, n, \psi^*(m, x)) &= \psi^*(m, B_x(m-1, n, \psi^*(m, x))) = \\ &= \psi^*(m, \psi^*(m, B_x(m-2, n, \psi^*(m, x)))) = \ldots = \\ &= \overbrace{\psi^*(m, \psi^*(m, \ldots, \psi^*(m}^{m\text{-mal}}, B_x(0, n, \psi^*(m, x))), \ldots)) = \\ &= \overbrace{\psi^*(m, \psi^*(m, \ldots, \psi^*(m, \psi^*(m}^{m+1\text{-mal}}, n)), \ldots)) \end{aligned}$$

über. Dann wird der Wert des innersten Ausdrucks $\psi^*(m, n)$ berechnet; das lässt sich nach der Annahme in endlich vielen Schritten durchführen. In den nächsten Ausdruck ψ^* wird der so erhaltene Zahlenwert n_1 eingesetzt, so dass dieser Ausdruck in den Ausdruck für $\psi(m, n_1)$ übergeht. Auch der Wert dieses Ausdrucks lässt sich nach der Annahme in endlich vielen Schritten berechnen. Und so fort; auf diese Art werden die Werte von $m+1$ Ausdrücken $\psi^*(m, n)$

für immer andere n berechnet, und diese endlich vielen Schritte ergeben den Wert des Ausdrucks für $\psi(m+1, n)$.

10. Nun sollen die in Nr. **3—8** angegebenen formalen Berechnungschritte in die Sprache der Zahlen übersetzt werden. Formal betrachtet sind unsere Ausdrücke nur Zeichenfolgen. Wir werden also den benutzten Zeichen, und den Zeichenfolgen, die aus ihnen gebildet werden können, Zahlen zuordnen und zwar durch das folgende

Wörterbuch.

Der Zahl	n	soll	$2(n+1) = 2n+2$ (für $n = 0, 1, 2, \ldots$)	entsprechen,
dem Zeichen	B	„	1	„
„ „	$\cdot$	„	3	„
„ „	(	„	5	„
„ „	)	„	7	„
„ „	,	„	9	„
der Variablen	x_n	„	$2n+9$ (für $n = 1, 2, \ldots$)	„

Und wenn ein Ausdruck aus solchen Zeichen besteht, denen der Reihe nach die Zahlen

$$a_1, a_2, \ldots, a_r$$

entsprechen, so soll zum Ausdruck selber die „Gödel-Nummer“

$$n = p_1^{a_1} p_2^{a_2} \ldots p_r^{a_r}$$

gehören (x_i in B_{x_i} wird als auf B folgendes Zeichen betrachtet). Daher ergibt der Index des grössten Primteilers von n die Anzahl der Zeichen in der betrachteten Zeichenfolge.

Nach dem Wörterbuch ist z. B. die Gödel-Nummer von $B_{x_2}(3, 2, 4 \cdot x_2)$

$$p_1^1 p_2^{13} p_3^5 p_4^8 p_5^9 p_6^6 p_7^9 p_8^{10} p_9^3 p_{10}^{13} p_{11}^7.$$

Umgekehrt entspricht z. B. der Zahl

$$24 = 2^3 \cdot 3,$$

da in ihr auch $2 = p_0$ auftritt, keine Zeichenfolge; der Zahl

$$45 = 3^2 \cdot 5^1$$

entspricht die sinnlose, zweigliedrige Zeichenfolge

$$0B;$$

die Zahl mit der Primfaktorenzerlegung

$$3^6 \cdot 5^3 \cdot 7^4$$

ist die Gödel-Nummer des Produktes

$$2 \cdot 1.$$

So ausgestattet kann man sich schon daran machen, die Berechnung der Werte von $\psi(m, n)$ zu gödelisieren.

11. Erstens kann man aus dem Wörterbuch gleich herauslesen, dass die Gödel-Nummer des „Ausdrucks"

$$2 \cdot x_1$$

für $\psi(0, x_1)$ die Zahl

$$3^6 \cdot 5^3 \cdot 7^{11}$$

ist. Und wenn man bereits die Gödel-Nummer des Ausdrucks für $\psi(m, x_1)$ kennt, so kann man daraus auch die Gödel-Nummer des Ausdrucks für $\psi(m+1, x_1)$ herauslesen.

Nach Nr. **3** unseres Kapitels muss zunächst die in dem Ausdruck für $\psi(m, x_1)$ (wie leicht zu sehen, an einer einzigen Stelle) auftretende Variable x_1 durch x_{m+2} ersetzt werden. Sehen wir nach, wie sich die Gödel-Nummer n einer Zeichenfolge modifiziert, wenn darin für das erste auftretende x_1 die Variable x_{m+2} eingesetzt wird; oder allgemeiner, wenn man für ein solches Zeichen der Zeichenfolge, dem nach dem Wörterbuch die Zahl a entspricht, an der ersten Stelle, wo es vorkommt, jenes Zeichen einsetzt, dem die Zahl b entspricht. Die Gödel-Nummer der so modifizierten Zeichenfolge soll mit

$$\mathrm{Sb}_n\binom{a}{b}$$

bezeichnet werden.

Ist das Zeichen, das durch ein anderes vertreten werden soll, das k-te Zeichen der Zeichenfolge, so kommt in der Primfaktorenzerlegung von n die Primzahl p_k in der a-ten Potenz vor. Wird für dieses Zeichen das Zeichen, welches der Zahl b entspricht, eingesetzt, so kommt an die Stelle des Faktors p_k^a von n der Faktor p_k^b. Daher ist

$$\mathrm{Sb}_n\binom{a}{b} = \left[\frac{n}{p_k^a}\right] \cdot p_k^b .$$

Hier hat man aber noch k zu bestimmen.

Wir haben angenommen, dass k die kleinste solche Zahl ist, für welche p_k in der a-ten Potenz in der Primfaktorenzerlegung von n auftritt. k kann natürlich nicht grösser als n sein; wird also k in Abhängigkeit von n und a mit $\varkappa(n, a)$ bezeichnet, so ist

$$\varkappa(n, a) = \mu_i[i \leqq n \,\&\, \exp_i(n) = a].$$

Das ist eine primitiv-rekursive Funktion, und mit ihr ist auch

$$\mathrm{Sb}_n\binom{a}{b} = \left[\frac{n}{p_{\varkappa(n,a)}^{a}}\right] \cdot p_{\varkappa(n,a)}^{b}$$

eine solche. (Gibt es kein solches $i > 0$, für welches $\exp_i(n) = a$ ist, so ist $\varkappa(n, a) = 0$, und daher kann wegen des Faktors p_0^b die Zahl $\mathrm{Sb}_n\binom{a}{b}$ keine Gödel-Nummer sein; aber in dem uns interessierenden Fall kann das nicht vorkommen.)

In unserem Fall ist n die Gödel-Nummer des Ausdrucks für $\psi(m, x_1)$; ferner ist a die x_1 zugeordnete Zahl 11, und b die x_{m+2} zugeordnete Zahl $2m + 13$; also ist die Gödel-Nummer des durch die Umbenennung von $\psi(m, x_1)$ entstehenden Ausdrucks

$$\sigma(n, m) = \mathrm{Sb}_n\binom{11}{2m+13},$$

eine primitiv-rekursive Funktion von n und m.

12. Nach Nr. **3** dieses Kapitels erhält man den Ausdruck für $\psi(m + 1, x_1)$, indem man mit Benutzung des Ausdrucks für $\psi(m, x_1)$, der geeignet (wie das in der vorigen Nummer ausgeführt wurde) umbenannt, kurz mit $\mathfrak{t}$ bezeichnet wird, den Ausdruck

$$B_{x_{m+2}}(m, x_1, \mathfrak{t})$$

bildet. Wie erhält man nun die Gödel-Nummer dieses Ausdrucks?

Nach dem Wörterbuch beginnt diese mit

$$p_1^1 p_2^{2m+13} p_3^5 p_4^{2m+2} p_5^9 p_6^{11} p_7^9;$$

die nachkommenden Primzahlen erhalten Exponenten, die den Zeichen der Zeichenfolge $\mathfrak{t}$ entsprechen; und zum Schluss erhält die nach diesen folgende Primzahl den Exponenten 7, welcher der Endklammer entspricht.

Man hat also nachzusehen, welches die Gödel-Nummer einer solchen Folge ist, die aus Hintereinanderschreiben einer Zeichenfolge mit der Gödel-Nummer a und einer Zeichenfolge mit der Gödel-Nummer b entsteht. Die Gödel-Nummer der so zusammengesetzten Folge soll mit $a * b$ bezeichnet werden.

Da nach Nr. **10** dieses Kapitels der Index des grössten Primfaktors der Gödel-Nummer einer Zeichenfolge die Anzahl der Zeichen dieser Folge ergibt, so besteht die Folge mit der Gödel-Nummer a aus long(a), die Folge mit der Gödel-Nummer b aus long(b) Zeichen. Reihen sich also die Zeichen des zu b gehörigen Ausdruckes hinter die Zeichen des zu a gehörigen Ausdruckes, so nehmen in der Gödel-Nummer der zusammengesetzten Folge die Primfaktoren von b mit um long(a) verschobenen Indizes Teil. Also ist

$$a*b = a \cdot \prod_{i=1}^{\mathrm{long}(b)} p_{i+\mathrm{long}(a)}^{\exp_i(b)};$$

und das ist eine primitiv-rekursive Funktion. Es ist klar, dass die Operation $a*b$ associativ ist. (Die Gödel-Nummer einer Zeichenfolge beträgt weningstens $p_1 = 3$; aber $a*b$ hat auch für kleinere Werte von a und b einen Sinn. Da long$(1) = 0$ ist, so gilt, falls $p_0 = 2$ kein Primfaktor von b ist,

$$1*b = b.$$

Darauf werde ich mich später berufen.)

Nach der vorigen Nummer ist die Gödel-Nummer des Ausdrucks für $\psi(0, x_1)$

$$3^6 \cdot 5^3 \cdot 7^{11},$$

und ist n die Gödel-Nummer des Ausdrucks für $\psi(m, x_1)$, so ist die Gödel-Nummer der auf die oben angegebene Weise umbenannten Form dieses Ausdrucks $\sigma(n, m)$. Da ferner $B_{x_{m+2}}(m, x_1, t)$ der Ausdruck von $\psi(m+1, x)$ ist, können wir, unser bisheriges Wissen zusammenfassend, die Gödel-Nummer $\psi'(m)$ des Ausdrucks für $\psi(m, x_1)$ durch die primitive Rekursion

$$\psi'(0) = p_1^6 p_2^3 p_3^{11}$$
$$\psi'(m+1) = p_1^1 p_2^{2m+13} p_3^5 p_4^{2m+2} p_5^9 p_6^{11} p_7^9 * \sigma(\psi'(m), m) * p_1^7$$

definieren.

13. Nach Nr. **4** dieses Kapitels ist der nächste Schritt der Berechnung das Einsetzen von n für x_1 in dem Ausdruck für $\psi(m, x_1)$. Nach dem Wörterbuch entspricht 11 der Variablen x_1, und $2n+2$ der Zahl n, also ist nach Nr. **11** dieses Kapitels die Gödel-Nummer des Ergebnisses dieser Substitution, also des Ausdrucks für $\psi(m, n)$, die primitiv-rekursive Funktion

$$\psi'(m, n) = \mathrm{Sb}_{\psi'(m)} \binom{11}{2n+2}$$

(diese ebenfalls mit ψ' bezeichnete *zweistellige* Funktion ist natürlich nicht mit der gleichbezeichneten einstelligen Funktion identisch).

14. Nun folgt die Untersuchung der ineinandergeschachtelten B-Ausdrücke, wie das in Nr. **5** dieses Kapitels geschildert wurde.

Zunächst hat man einen mit $B_{x_i}(a, b \ldots$ beginnenden Teil des betrachteten Ausdrucks zu suchen, wobei a und b Zahlen sind (die Ausdrücke, die uns interessieren, enthalten, wie leicht zu sehen, einen einzigen so beginnenden Teil). Ein solcher Beginn spiegelt sich in der Primfaktorenzerlegung der Gödel-Nummer des Ausdrucks durch

$$p_k^1 p_{k+1}^{2i+9} p_{k+2}^5 p_{k+3}^{2a+2} p_{k+4}^9 p_{k+5}^{2b+2} p_{k+6}^9$$

wider. Wir wissen, dass die Aussage:

> „es gibt solche k, i, a und b, dass keine von diesen grösser als n ist (das ist wegen der Folgenden selbstverständlich) und dass $\exp_k(n) = 1$, $\exp_{k+1}(n) = 2i + 9$, $\exp_{k+2}(n) = 5$, $\exp_{k+3}(n) = 2a + 2$, $\exp_{k+4}(n) = 9$, $\exp_{k+5}(n) = 2b + 2$, $\exp_{k+6}(n) = 9$ gilt"

eine primitiv-rekursive Beziehung ist; das heisst, es gibt eine primitiv-rekursive Funktion — sie soll mit $\varphi_B(n)$ bezeichnet werden — die für solche und nur solche n verschwindet, für welche die betreffende Aussage richtig ist. Wir wissen auch, dass

> „das kleinste k bis n, zu welchem es solche i, a und b gibt, dass $\exp_k(n) = 1$, $\exp_{k+1}(n) = 2i + 9$, $\exp_{k+2}(n) = 5$, $\exp_{k+3}(n) = 2a + 2$, $\exp_{k+4}(n) = 9$, $\exp_{k+5}(n) = 2b + 2$, $\exp_{k+6}(n) = 9$ gilt"

eine primitiv-rekursive Funktion von n ist; diese soll mit $\varkappa(n)$ bezeichnet werden (dabei ist sie natürlich nicht mit der in Nr. **11** dieses Kapitels definierten zweistelligen Funktion $\varkappa(n, a)$ identisch).

15. Gilt nun

$$\varphi_B(n) = 0,$$

so hat der Ausdruck mit der Gödel-Nummer n vom $\varkappa(n)$-ten Zeichen an die Form

$$B_{x_i}(a, b, \mathfrak{t}) \ldots$$

Die erste Anfangsklammer ist darin das $\varkappa(n) + 2$-te Zeichen des betrachteten Ausdrucks; und ist l die Anzahl der Zeichen von $\mathfrak{t}$, so ist die Endklammer zu dieser Anfangsklammer das $\varkappa(n) + 6 + l + 1$-te Zeichen in dem betrachteten Ausdruck. Es ist noch die Länge l der Zeichenfolge $\mathfrak{t}$ zu bestimmen. Nach Nr. **5** dieses Kapitels hat man zu diesem Zweck zu untersuchen, wann vom $\varkappa(n) + 2$-ten Zeichen des betrachteten Ausdrucks an zum erstenmal die Anzahl der zweierlei Klammern gleich wird.

Sei $\mathrm{kl}'(n, i)$ (bzw. $\mathrm{kl}''(n, i)$) gleich 1 oder 0, je nachdem das i-te Zeichen der Folge, die n zur Gödel-Nummer hat, eine Anfangsklammer (bzw. Endklammer) ist, oder nicht; oder, was damit natürlich gleichbedeutend ist, je nachdem der Exponent von p_i in der Primfaktorenzerlegung von n die Zahl 5 (bzw. 7) ist, oder nicht. Sei also

$$\mathrm{kl}'(n, i) = \begin{cases} 1, \text{ falls } \exp_i(n) = 5 \\ 0 \text{ sonst} \end{cases}$$

und

$$\mathrm{kl}''(n, i) = \begin{cases} 1, \text{ falls } \exp_i(n) = 7 \\ 0 \text{ sonst.} \end{cases}$$

Dies sind primitiv-rekursive Funktionen.

Es ist klar, dass $\sum_{i=a}^{b} \mathrm{kl}'(n, i)$ $\left(\text{bzw. } \sum_{i=a}^{b} \mathrm{kl}''(n, i)\right)$ sovielmal 1 zusammenzählt, wie oft Anfangsklammern (bzw. Endklammern) vom a-ten Zeichen bis zum b-ten Zeichen (die Grenzen einbegriffen) in der Zeichenfolge, die n zur Gödel-Nummer hat, vorkommen; also ergeben diese Summen eben die Anzahl der Anfangs- bzw. Endklammern zwischen dem a-ten und dem b-ten Zeichen. Ist

$$\sum_{i=a}^{b} \mathrm{kl}'(n, i) = \sum_{i=a}^{b} \mathrm{kl}''(n, i),$$

so muss in dem betrachteten Fall zwischen dem a-ten und dem b-ten Zeichen zu jeder Anfangsklammer auch die dazu gehörige Endklammer auftreten.

Daher ist die Anzahl der Zeichen unseres t-Ausdrucks:

$$\lambda(n) = \mu_l \left[l \leqq n \ \& \sum_{i=\varkappa(n)+2}^{\varkappa(n)+6+l+1} \mathrm{kl}'(n, i) = \sum_{i=\varkappa(n)+2}^{\varkappa(n)+6+l+1} \mathrm{kl}''(n, i) \right];$$

und das ist eine primitiv-rekursive Funktion von n.

16. Es hat sich von dem Teil der Form $B_{x_i}(a, b, \mathrm{t})$ jenes Ausdrucks, der n zur Gödel-Nummer hat, und in den beiden vorigen Nummern untersucht wurde, herausgestellt, dass darin das erste Zeichen von t das $\varkappa(n) + 6 + 1$-te, das letzte Zeichen von t das $\varkappa(n) + 6 + \lambda(n)$-te Zeichen des betrachteten Ausdrucks ist. Also ist die Gödel-Nummer von t:

$$\tau(n) = \prod_{i=1}^{\lambda(n)} p_i^{\exp_{\varkappa(n)+6+i}(n)}.$$

Der ganze Teilausdruck $B_{x_i}(a, b, \mathrm{t})$ erstreckt sich vom $\varkappa(n)$-ten bis zum $\varkappa(n) + 6 + \lambda(n) + 1$-ten Zeichen des betrachteten Ausdrucks; es ist also seine

Gödel-Nummer:

$$\beta(n) = \prod_{i=0}^{6+\lambda(n)+1} p_{i+1}^{\exp_{\varkappa(n)+i}(n)}.$$

Auch $\tau(n)$ und $\beta(n)$ sind primitiv-rekursiv.

17. Nach Nr. **6** dieses Kapitels hängt der nächste Schritt der Berechnung davon ab, ob in dem betrachteten Teilausdruck $B_{x_i}(a, b, \mathfrak{t})$ die Zahl a gleich 0 ist, oder nicht. Ist $a = 0$, so hat man aus $\mathfrak{t}$ dadurch einen neuen Ausdruck $\mathfrak{t}'$ zu bilden, dass man b für die Variable x_i einsetzt; und dann hat man den Teilausdruck $B_{x_i}(a, b, \mathfrak{t})$ durch $\mathfrak{t}'$ zu ersetzen.

Ist die Gödel-Nummer des betrachteten Ausdrucks n, so ist nach der vorigen Nummer die Gödel-Nummer seines Teilausdrucks $B_{x_i}(a, b, \mathfrak{t})$ gleich $\beta(n)$, und die Gödel-Nummer von $\mathfrak{t}$ gleich $\tau(n)$. Da a das 4-te Zeichen von $B_{x_i}(a, b, \mathfrak{t})$ ist, so entspricht der Zahl a nach dem Wörterbuch die Zahl $\exp_4(\beta(n))$. Der 0 entspricht im Wörterbuch 2; also kann der Fall $a = 0$ durch

$$\exp_4(\beta(n)) = 2$$

ausgedrückt werden.

Die in $\mathfrak{t}$ auftretende Variable x_i kommt auch als das zweite Zeichen von $B_{x_i}(a, b, \mathfrak{t})$ vor, es entspricht ihr also nach dem Wörterbuch die Zahl $\exp_2(\beta(n))$; und der Zahl b entspricht $\exp_6(\beta(n))$. Also ist die Gödel-Nummer des durch die gewünschte Substitution entstehenden Ausdrucks $\mathfrak{t}'$ nach Nr. **11** dieses Kapitels durch die primitiv-rekursive Funktion

$$\tau'(n) = \mathrm{Sb}_{\tau(n)}\binom{\exp_2(\beta(n))}{\exp_6(\beta(n))}$$

bestimmt.

Jetzt ist noch der Teilausdruck $B_{x_i}(a, b, \mathfrak{t})$ durch $\mathfrak{t}'$ zu ersetzen.

Wird in der Zeichenfolge, die n zur Gödel-Nummer hat, der Teil, der sich vom u-ten Zeichen bis zum v-ten Zeichen erstreckt (die Grenzen einbegriffen) durch einen Ausdruck, der m zur Gödel-Nummer hat, ersetzt, so soll

$$\mathrm{Subst}_n\binom{u, v}{m}$$

die Gödel-Nummer der entstehenden Zeichenfolge bezeichnen. Diese Art der Substitution kann „Einschaltung“ genannt werden.

Ist $u > 1$, so ist Gödel-Nummer des vor u stehenden Teils der Zeichenfolge, die n zur Gödel-Nummer hat

$$\gamma_1(n, u) = \prod_{i=1}^{u \dot{-} 1} p_i^{\exp_i(n)};$$

und ist $v < \operatorname{long}(n)$, so ist die Gödel-Nummer des nach v folgenden Teils der betreffenden Zeichenfolge

$$\nu_2(n, v) = \prod_{i=1}^{\operatorname{long}(n) \dot{-} v} p_i^{\exp_{v+i}(n)}.$$

Also ist nach Nr. **12** dieses Kapitels (wenn in den uns nicht interessierenden Fällen der Funktion der Wert 0 gegeben wird)

$$\operatorname{Subst}_n\binom{u, v}{m} = \begin{cases} \nu_1(n, u) * m * \nu_2(n, v), & \text{falls } u > 1 \text{ und } v < \operatorname{long}(n) \\ m * \nu_2(n, v), & \text{falls } u = 1 \text{ und } v < \operatorname{long}(n) \\ \nu_1(n, u) * m, & \text{falls } u > 1 \text{ und } v = \operatorname{long}(n) \\ m, & \text{falls } u = 1 \text{ und } v = \operatorname{long}(n) \\ 0 & \text{sonst.} \end{cases}$$

Auch das ist eine primitiv-rekursive Funktion.

Wie auch in der vorigen Nummer benutzt wurde, erstreckt sich in unserem Fall der Teilausdruck $B_{x_i}(a, b, \mathfrak{t})$, der durch einen Ausdruck mit der Gödel-Nummer $\tau'(n)$ ersetzt werden soll, vom $\varkappa(n)$-ten bis zum $\varkappa(n)+6+\lambda(n)+1$-ten Zeichen der betrachteten Zeichenfolge, die n zur Gödel-Nummer hat; daher ist das Ergebnis dieser Einschaltung

$$\operatorname{Subst}_n\binom{\varkappa(n),\ \varkappa(n)+6+\lambda(n)+1}{\tau'(n)}.$$

18. Ist im Teilausdruck $B_{x_i}(a, b, \mathfrak{t})$ des betrachteten Ausdrucks $a \neq 0$, was nach der vorigen Nummer mit

$$\exp_4(\beta(n)) \neq 2$$

gleichbedeutend ist, so hat man nach Nr. **6** dieses Kapitels in $\mathfrak{t}$ ausser x_i alle Variablen x_j durch x_{j+w} zu ersetzen, wo w der grösste in $B_{x_i}(a, b, \mathfrak{t})$ auftretende Variablenindex ist; dann hat man den mit Hilfe des so erhaltenen Ausdruckes $\mathfrak{t}''$ aufgebauten Ausdruck $B_{x_i}(a-1, b, \mathfrak{t}'')$ in $\mathfrak{t}$ für x_i einzuschalten; endlich muss der so erhaltene Ausdruck $\mathfrak{t}'''$ im betrachteten Ausdruck an die Stelle von $B_{x_i}(a, b, \mathfrak{t})$ eingeschaltet werden.

Es muss also erstens untersucht werden, wie man in einem Ausdruck, der m zur Gödel-Nummer hat, falls er auch Variablen enthält, den grössten auftretenden Variablenindex findet. Dieser ist nach dem Wörterbuch offenbar die grösste solche Zahl w bis m, zu welcher es ein i gibt (das freilich nicht grösser als m sein kann), für welches $\exp_i(m) = 2w+9$ gilt; und als solche ist w eine primitiv-rekursive Funktion von m. Diese Funktion soll mit

$$\omega(m)$$

bezeichnet werden. Da die Gödel-Nummer des Ausdrucks $B_{x_i}(a, b, \mathfrak{t})$ nach Nr. **16** dieses Kapitels gleich $\beta(n)$ ist, so ist in diesem Ausdruck der grösste auftretende Variablenindex

$$\omega(\beta(n)).$$

Der Variablen x_i entspricht nach dem Wörterbuch $\exp_2(\beta(n))$; und die Gödel-Nummer von $\mathfrak{t}$ ist nach Nr. **16** dieses Kapitels $\tau(n)$. Wir wollen alle von x_i verschiedene Variablen x_j von $\mathfrak{t}$ durch $x_{j+\omega(\beta(n))}$ ersetzen. Der Variablen x_j entspricht die Zahl $2j+9$ im Wörterbuch; wird daher der Index j um $\omega(\beta(n))$ vermehrt, so wird die der Variablen entsprechende Zahl um $2\omega(\beta(n))$ grösser. Sei daher

$$\exp_j''(n) = \begin{cases} \exp_j(\tau(n)) + 2\omega(\beta(n)), \text{ falls } \exp_j(\tau(n)) \begin{cases} > 9, \\ \text{durch 2 nicht teilbar,} \\ \neq \exp_2(\beta(n)) \text{ ist} \end{cases} \\ \exp_j(\tau(n)) \text{ sonst} \end{cases}$$

(eine ungerade Zahl, die grösser als 9 ist, entspricht nach dem Wörterbuch einer Variablen). Bei der Umbenennung der Variablen, wobei $\mathfrak{t}$ zu $\mathfrak{t}''$ wird, bleibt die Anzahl der Zeichen unverändert, also $\lambda(n)$ (nach Nr. **15** dieses Kapitels). Also ist auch die Gödel-Nummer von $\mathfrak{t}''$

$$\tau''(n) = \prod_{j=1}^{\lambda(n)} p_j^{\exp_j''(n)}$$

eine primitiv-rekursive Funktion von n.

19. Jetzt hat man den Ausdruck $\mathfrak{t}''$ an die Stelle von $\mathfrak{t}$ in $B_{x_i}(a, b, \mathfrak{t})$ einzuschalten. Nach Nr. **16** und **15** dieses Kapitels ist $\beta(n)$ die Gödel-Nummer des Ausdrucks $B_{x_i}(a, b, \mathfrak{t})$; und $\mathfrak{t}$ erstreckt sich vom $7+1$-ten bis zum $7+\lambda(n)$-ten Zeichen dieses Ausdrucks; und nach der vorigen Nummer ist $\tau''(n)$ die Gödel-Nummer von $\mathfrak{t}''$. Daher ist die Gödel-Nummer von $B_{x_i}(a, b, \mathfrak{t}'')$ nach Nr. **17** dieses Kapitels

$$\beta^*(n) = \mathrm{Subst}_n\begin{pmatrix} 7+1, 7+\lambda(n) \\ \tau''(n) \end{pmatrix}.$$

Es ist noch $a-1$ für a im Ausdruck $B_{x_i}(a, b, \mathfrak{t}'')$ einzusetzen. Der Zahl a entspricht nach dem Wörterbuch $\exp_4(\beta(n))$; also entspricht wegen der Annahme $a \neq 0$ im Wörterbuch der Zahl $a-1$ die Zahl $\exp_4(\beta(n))-2$; und diese Differenz kann auch in der Form $\exp_4(\beta(n)) \dot{-} 2$ geschrieben werden. Die Gödel-Nummer des Ausdrucks $B_{x_i}(a-1, b, \mathfrak{t}'')$ ist also nach Nr. **11** dieses Kapitels

$$\beta''(n) = \mathrm{Sb}_{\beta^*(n)}\begin{pmatrix} \exp_4(\beta(n)) \\ \exp_4(\beta(n)) \dot{-} 2 \end{pmatrix}.$$

20. Der nächste Schritt ist die Einschaltung von $B_{x_i}(a-1, b, t'')$ an die Stelle von x_i in t. Wie schon öfters verwendet wurde, entspricht nach dem Wörterbuch der Variablen x_i die Zahl $\exp_2(\beta(n))$; und die Gödel-Nummer des Ausdrucks t ist $\tau(n)$. Nach Nr. **11** dieses Kapitels ist daher x_i das $\varkappa(\tau(n), \exp_2(\beta(n)))$-te Zeichen von t. Wird also in t für x_i der Ausdruck $B_{x_i}(a-1, b, t'')$, der $\beta''(n)$ zur Gödel-Nummer hat, eingeschaltet, so ist die Gödel-Nummer des so erhaltenen Ausdrucks t'''

$$\tau'''(n) = \mathrm{Subst}_{\tau(n)}\begin{pmatrix}\varkappa(\tau(n), \exp_2(\beta(n))), \ \varkappa(\tau(n), \exp_2(\beta(n))) \\ \beta''(n)\end{pmatrix}.$$

Es ist endlich noch der Ausdruck t''' an die Stelle von $B_{x_i}(a, b, t)$ im betrachteten Ausdruck, der n zur Gödel-Nummer hat, einzuschalten. Da sich dieser Teilausdruck — wie schon öfters benutzt wurde — vom $\varkappa(n)$-ten bis zum $\varkappa(n)+6+\lambda(n)+1$-ten Zeichen erstreckt, so ist die Gödel-Nummer des Ausdrucks, der durch diese Einschaltung entsteht,

$$\mathrm{Subst}_n\begin{pmatrix}\varkappa(n), \varkappa(n)+6+\lambda(n)+1 \\ \tau'''(n)\end{pmatrix}.$$

21. Kommt man zu einem auch B enthaltenden solchen Ausdruck, der keinen mit $B_{x_i}(a, b, \ldots$ beginnenden Teil enthält, wo a und b Zahlen sind, dafür aber einen Teil der Form $a_1 \cdot a_2 \ldots a_r$, wo alle a_i Zahlen sind und $r > 1$ ist, so wird nach Nr. **7** dieses Kapitels der erste solche Teilausdruck (in dem uns interessierenden Fall gibt es, wie leicht zu sehen, nach anderen Zeichen keinen weiteren solchen Teil) durch die Gödel-Nummer seines berechneten Wertes ersetzt (so kommt man im uns interessierenden Fall, wie leicht zu sehen, zu einem Ausdruck, in dem bereits ein mit $B_{x_i}(a, b, \ldots$ beginnender Teil vorkommt, wobei a und b Zahlen sind).

Ist die Gödel-Nummer des betrachteten Ausdrucks n, so kann man die Bedingung nach Nr. **14** dieses Kapitels auch so formulieren, dass $\varphi_B(n) \neq 0$ gilt, und dass es ausserdem ein von 0 verschiedenes i gibt (das freilich nicht grösser als n ist), für welches $\exp_i(n) = 1$ ist (es entspricht ja dem Zeichen B die Zahl 1 im Wörterbuch), das heisst dass

$$(Ei)\ [i \leqq n \ \&\ i > 0 \ \&\ \exp_i(n) = 1]$$

gilt.

Ist nun m die Gödel-Nummer eines Produktes aus lauter Zahlen, so ist in der Primfaktorenzerlegung von m jeder Exponent entweder 3 oder eine von 0 verschiedene gerade Zahl. Sei

$$\mathrm{prod}(m) = \begin{cases} 1, \text{ falls für alle } i \leqq m \quad 0 < \exp_i(m) \begin{cases} = 3 \\ \text{oder gerade Zahl ist} \end{cases} \\ 0 \text{ sonst,} \end{cases}$$

so ist prod(m) eine primitiv-rekursive Funktion. (Unter ihren Werten kommen auch einzelne Faktoren, und auch sinnlose Zeichenfolgen vor, z. B. eine Folge aus lauter Multiplikationszeichen; das kann aber bei der uns interessierenden Verwendung nicht vorkommen.)

Ist n die Gödel-Nummer des jetzt betrachteten, auch B enthaltenden Ausdrucks, so kann die Behauptung, dass diese Zeichenfolge ein Produkt mehrerer Zahlen enthält, auch folgendermassen ausgedrückt werden:

„Es gibt solche j_1 und j_2 (die natürlich nicht grösser als n sind), dass $j_2 > j_1$ und

$$\operatorname{prod}\left(\prod_{i=j_1}^{j_2} p_i^{\exp_i(n)}\right) = 1$$

gilt.“

Das ist eine primitiv-rekursive Beziehung. Sei $\varphi'_B(n)$ eine primitiv-rekursive Funktion, die für solche und nur solche n verschwindet, für welche diese Beziehung und zugleich auch $\varphi_B(n) \neq 0$ und

$$(Ei)[i \leqq n \,\&\, i > 0 \,\&\, \exp_i(n) = 1]$$

besteht. In dem jetzt betrachteten Fall gilt

$$\varphi'_B(n) = 0.$$

Wo beginnt und wo endet in dem betrachteten Ausdruck das betrachtete Zahlenprodukt? Sein erstes Zeichen ist das k'-te Zeichen des ganzen Produktes, wenn k' die kleinste solche Zahl bis n ist, zu der es ein j gibt (das natürlich nicht grösser als n ist), so dass

$$\operatorname{prod}\left(\prod_{i=k'}^{j} p_i^{\exp_i(n)}\right) = 1$$

gilt. Diese Zahl k' soll als Funktion von n mit $\varkappa'(n)$ bezeichnet werden; diese Funktion ist primitiv-rekursiv.

Und das letzte Zeichen des Produktes ist das $\varkappa'(n) + l'$-te Zeichen des ganzen betrachteten Ausdrucks, falls l' die grösste Zahl bis n ist, für welche

$$\operatorname{prod}\left(\prod_{i=\varkappa'(n)}^{\varkappa'(n)+l'} p_i^{\exp_i(n)}\right) = 1$$

gilt. Natürlich ist auch l' eine primitiv-rekursive Funktion von n; diese soll mit $\lambda'(n)$ bezeichnet werden.

Also ist die Gödel-Nummer des betrachteten Produktes die folgende primitiv-rekursive Funktion von n:

$$\prod_{i=0}^{\lambda'(n)} p_{i+1}^{\exp_{\varkappa'(n)+i}(n)}.$$

Wie kann der Wert des betrachteten Produktes berechnet werden? Wir wissen, dass in der Primfaktorenzerlegung der Gödel-Nummer des Produktes jeder Exponent 3 oder eine von 0 verschiedene gerade Zahl ist. Einer Zahl a entspricht nach dem Wörterbuch der Exponent $b = 2a + 2$; einem von 0 verschiedenen geraden Exponenten b entspricht daher umgekehrt die Zahl

$$\frac{b-2}{2} = \left[\frac{b \dot{-} 2}{2}\right].$$

Ist daher m die Gödel-Nummer eines Zahlenproduktes, und ist

$$\exp_i'(m) = \begin{cases} \left[\frac{\exp_i(m) \dot{-} 2}{2}\right], & \text{falls } 0 < \exp_i(m) \text{ gerade ist,} \\ 1 \text{ sonst,} \end{cases}$$

so ist der Wert des betreffenden Produktes

$$\zeta(m) = \prod_{i=1}^{\operatorname{long}(m)} \exp_i'(m).$$

Der Wert unseres Zahlenproduktes ist daher

$$\zeta'(n) = \zeta\left(\prod_{i=0}^{\lambda'(m)} p_{i+1}^{\exp_{\varkappa'(n)+i}(n)}\right),$$

und daraus erhält man nach dem Wörterbuch die Gödel-Nummer der Zeichenfolge, die aus dieser einzigen Zahl besteht, als

$$\sigma'(n) = p_1^{2 \cdot \zeta'(n)+2}.$$

Wird in dem betrachteten Ausdruck das betrachtete Zahlenprodukt durch seinen Wert ersetzt, so erhält man daher einen Ausdruck, der nach Nr. **17** dieses Kapitels

$$\operatorname{Subst}_n\begin{pmatrix}\varkappa'(n), & \varkappa'(n)+\lambda'(n) \\ & \sigma'(n)\end{pmatrix}$$

zur Gödel-Nummer hat. Auch diese ist mit den inzwischen verwendeten Funktionen primitiv-rekursiv.

22. Nach Nr. **9** dieses Kapitels gelangt man durch die Umformung nach endlich vielen Schritten zu einem Produkt aus lauter Zahlen. In diesem Fall hat man nach Nr. **8** dieses Kapitels endlich nur noch den Wert dieses Produktes zu bestimmen. Ist n die Gödel-Nummer des Produktes, so gilt nach der vorigen Nummer

$$\operatorname{prod}(n) = 1,$$

und der Wert des Produktes wird durch die primitiv-rekursive Funktion

$$\zeta(n)$$

geliefert.

23. Fassen wir unsere Ergebnisse in der Definition einer Funktion $\gamma(n)$ zusammen: Es sei

$$\gamma(n) = \begin{cases} \zeta(n), \quad \text{falls} \quad \operatorname{prod}(n) = 1 \\ \gamma\left(\operatorname{Subst}_n\left(\begin{matrix} \varkappa(n), \varkappa(n)+6+\lambda(n)+1 \\ \tau'(n) \end{matrix}\right)\right), \\ \qquad\qquad \text{falls} \quad \varphi_B(n) = 0 \quad \text{und} \quad \exp_4(\beta(n)) = 2 \\ \gamma\left(\operatorname{Subst}_n\left(\begin{matrix} \varkappa(n), \varkappa(n)+6+\lambda(n)+1 \\ \tau'''(n) \end{matrix}\right)\right), \\ \qquad\qquad \text{falls} \quad \varphi_B(n) = 0 \quad \text{und} \quad \exp_4(\beta(n)) \neq 2 \\ \gamma\left(\operatorname{Subst}_n\left(\begin{matrix} \varkappa'(n), \varkappa'(n)+\lambda'(n) \\ \sigma'(n) \end{matrix}\right)\right), \quad \text{falls} \quad \varphi'_B(n) = 0. \end{cases}$$

Dann gilt nach dem Vorherigen

$$\psi(m, n) = \gamma(\psi'(m, n)).$$

Es ist nämlich (unter den angegebenen Nummern jetzt immer Nummern dieses Kapitels verstanden) nach Nr. **13** $\psi'(m, n)$ die Gödel-Nummer des Ausdrucks für $\psi(m, n)$. Der Ausdruck für $\psi(m, n)$ ist entweder ein Produkt aus Zahlen (für $m = 0$), und in diesem Fall ergibt nach Nr. **21** und **22** wegen $\operatorname{prod}(\psi'(m, n)) = 1$

$$\gamma(\psi'(m, n)) = \zeta(\psi'(m, n))$$

den Wert dieses Produktes; oder aber besteht dieser Ausdruck aus ineinandergeschachtelten B-Ausdrücken. Im letzten Fall beginnt eine Umformung; hierbei enthält ein jeder betrachtete Ausdruck entweder einen Teil, der mit $B_{x_i}(a, b, \ldots$ beginnt, wo a und b Zahlen sind: dann gilt nach Nr. **14** $\varphi_B(\psi'(m, n)) = 0$; oder einen Teil, der das Produkt von mehreren Zahlen ist: dann gilt nach Nr. **21** $\varphi'_B(\psi'(m, n)) = 0$. Gilt $\varphi_B(\psi'(m, n)) = 0$, so ist in dem betreffenden Teilausdruck $B_{x_i}(a, b, \ldots$ die Zahl a entweder 0 oder nicht 0. Diese beiden Möglichkeiten sind nach Nr. **17** gleichbedeutend damit, dass der Wert von $\exp_4(\beta(n))$ gleich 2 ist oder nicht. Im ersten Fall bedeutet die Berechnung von $\gamma(\psi'(m, n))$ durch die obige Definition nach Nr. **17**, im zweiten Fall nach Nr. **18**—**19**—**20**, endlich für $\varphi'_B(n) = 0$ nach Nr. **21** den Übergang zu den Gödel-Nummern jener neuen Ausdrücke, die durch die in Nr. **6** und **7** geschilderten Schritte der Berechnung erhalten werden. Nach Nr. **9** muss die

Berechnung in endlich vielen derartigen Schritten, das heisst nach endlich vielen Übergängen zu immer neuen solchen Gödel-Nummern, endigen; man muss nämlich zu einer Zahl gelangen, deren prod-Funktion gleich 1 ist, die also die Gödel-Nummer eines Zahlenproduktes ist; und dann ergibt $\gamma(\psi'(m, n))$ nach der Definition von γ den Wert dieses Produktes als Wert von $\psi(m, n)$.

24. Betrachten wir näher die in der vorigen Nummer angegebene Definition von $\gamma(n)$. Diese Definition ist nicht vollkommen. Die Trennung der Fälle ist insofern richtig, als $\text{prod}(n) = 1$, $\varphi_B(n) = 0$ und $\varphi'_B(n) = 0$ sich gegenseitig ausschliessende Fälle sind. $\text{prod}(n) = 1$ bedeutet ja nach Nr. **21**, dass n die Gödel-Nummer eines Zahlenproduktes ist; und die Zeichenfolge mit der Gödel-Nummer n enthält für $\varphi_B(n) = 0$ nach Nr. **14** und für $\varphi'_B(n) = 0$ nach Nr. **21** auch das Zeichen B. Ferner enthält diese Folge nach Nr. **14** im Fall $\varphi_B(n) = 0$ einen mit $B_{x_i}(a, b, \ldots$ beginnenden Teil, und nach Nr. **21** enthält sie im Fall $\varphi'_B(n) = 0$ keinen solchen Teil. Es sind aber durch diese Fälle nicht sämtliche Möglichkeiten erschöpft. Man könnte nach dem bisherigen Gebrauch die Definition dadurch ergänzen, dass $\gamma(n) = 0$ für die übrigen n sein soll; aber ebensogut könnte für die übrigen n das nichtssagende $\gamma(n) = \gamma(n)$ geschrieben werden: für unsere Zwecke genügt auch eine solche unvollkommene, „partielle" Definition von $\gamma(n)$.

Sogar in jenen Fällen, die in der obigen Definition berücksichtigt sind, sieht man keine Sicherung dafür, dass der Wert von $\gamma(n)$ auf Grund der Definition berechnet werden kann. Diese Definition erscheint ja gar nicht als eine Rekursion: der Wert von $\gamma(n)$ wird darin zwar mit der Hilfe von anderen γ-Werten angegeben; es ist aber keine Rede davon, dass die letzteren an solchen Stellen angenommen werden, die in irgendeinem Sinn „vor" n kommen würden. Uns interessieren aber die an beliebigen Stellen angenommenen Werte von $\gamma(n)$ gar nicht, nur die Werte $\gamma(\psi'(m, n))$; und von diesen Werten wissen wir bereits aus den Überlegungen vor der Gödelisierung, dass ihre Berechnung in endlich vielen Schritten durch die Definition von $\gamma(n)$ ermöglicht wird.

Ähnlich gelingt es durch Gödelisierung auch die rekursive Definition einer beliebigen ψ-Funktion von höherer Stufe auf die „partielle" Definition einer Funktion $\gamma(n)$ zurückzuführen, die aus lauter primitiv-rekursiven Funktionen aufgebaut wird (also Funktionsfunktionen nicht mehr benutzt); so dass man durch Einsetzen einer geeigneten primitiv-rekursiven Funktion in $\gamma(n)$ eine überall in endlich vielen Schritten berechenbare Funktion erhält, deren Werte eben die Werte der ψ-Funktion liefern.

Diese Zurückführung hat nur eine prinzipielle Bedeutung; eigentlich wird dadurch die Berechnung der Werte der betreffenden Funktion sehr langwierig.

Führt man die Berechnung der Werte von ψ an einer konkreten Stelle durch, so sieht man, dass diese Berechnung mit Hilfe von γ als eine gewisse Art Rekursion aufgefasst werden kann; obwohl nämlich dabei gewisse $\gamma(n^*)$-Werte auf γ-Werte an solchen Stellen zurückgeführt werden, die grösser und komplizierter als n^* sind, sind unsere Schritte doch „zurückführende" Schritte; sie führen ja nach endlich vielen Anwendungen der Definitionsgleichungen von γ zum gesuchten Zahlenwert von ψ.

§ 16. ALLGEMEIN-REKURSIVE FUNKTIONEN

1. Bereits in der transfiniten Rekursion hatten wir ein Beispiel für eine Definition, welche die Funktionswerte mit Hilfe von solchen Funktionswerten angibt, die an grösseren Stellen angenommen wurden, und trotzdem die Berechnung der Funktionswerte in endlich vielen Schritten ermöglicht.

Ein einfaches Beispiel einer Rekursion dieser Art ist die Berechnung von

$$\varphi(n) = [\sqrt{n}]$$

mit Hilfe der nächsten *grösseren* Quadratzahl.

Es ist natürlich

$$\varphi(n^2) = [\sqrt{n^2}] = n.$$

Und von einer Quadratzahl an ändert sich bis zur nächsten der Wert von $\varphi(n)$ nicht; es ist z. B.

$$\varphi(4) = [\sqrt{4}] = 2, \quad \varphi(5) = [\sqrt{5}] = 2, \quad \varphi(6) = [\sqrt{6}] = 2, \quad \varphi(7) = [\sqrt{7}] = 2,$$
$$\varphi(8) = [\sqrt{8}] = 2,$$

aber

$$\varphi(9) = [\sqrt{9}] = 3 = 2 + 1:$$

bei der nächsten Quadratzahl springt der Wert von φ um 1. Also ist $\varphi(n) = \varphi(n+1)$, falls $n+1$ keine Quadratzahl ist, und $\varphi(n) = \varphi(n+1) - 1$, falls $n+1$ eine Quadratzahl ist; und im letzteren Fall kann wegen

$$\varphi(n+1) = [\sqrt{n+1}] = \sqrt{n+1} \geqq 1$$

statt $\varphi(n+1) - 1$ auch $\varphi(n+1) \dot{-} 1$ geschrieben werden. Dass eine Zahl eine Quadratzahl ist, kann auch ohne Benutzung von $[\sqrt{n}]$ als eine primitiv-rekursive Beziehung aufgeschrieben werden; nämlich als

$$(Ei)[i \leqq n \,\&\, i^2 = n].$$

Daher ist

$$\beta(n, a) = \begin{cases} a, & \text{falls } n+1 \text{ keine Quadratzahl ist} \\ a \dot{-} 1, & \text{falls } n+1 \text{ eine Quadratzahl ist} \end{cases}$$

eine primitiv-rekursive Funktion, und $\varphi(n)$ kann durch

$$\varphi(n^2) = n$$
$$\varphi(n) = \beta(n, \varphi(n+1))$$

definiert werden.

Hier wird der Wert an der Stelle n mit Hilfe des an der Stelle $n+1$ angenommenen Wertes angegeben; jedoch ermöglichen die beiden Definitionsgleichungen die Berechnung des Wertes von φ an einer beliebigen Stelle. Es ist ja nach der zweiten Definitionsgleichung für φ und nach der Definition von β

$$\varphi(n) = \begin{cases} \varphi(n+1), & \text{falls } n+1 \text{ keine Quadratzahl ist} \\ \varphi(n+1) \dot{-} 1, & \text{„} \quad n+1 \text{ eine Quadratzahl ist.} \end{cases}$$

Daher kann z. B. $\varphi(14)$ folgendermassen berechnet werden: Man sucht eine Quadratzahl, die grösser als 14 ist. Die nächste solche Zahl ist 16. Da 16 eine Quadratzahl ist, so ist nach der ersten Definitionsgleichung

$$\varphi(16) = 4;$$

und nach der zweiten Definitionsgleichung ist

$$\varphi(15) = \varphi(16) \dot{-} 1 = 4 \dot{-} 1 = 3.$$

15 ist keine Quadratzahl; also ergibt die zweite Definitionsgleichung

$$\varphi(14) = \varphi(15) = 3.$$

Die Berechnung gelingt immer in endlich vielen Schritten: Man findet zu jeder Zahl n eine grössere Quadratzahl; z. B. ist $(n+1)^2$ sicher grösser als n und eine Quadratzahl. Von hier aus gelangt man immer um 1 rückwärts schreitend in endlich vielen Schritten zum Wert von $\varphi(n)$, so wie vorhin im Fall $n = 14$.

2. Man hat noch zu bedenken, ob die angegebene Definition zu keinem Widerspruch führen kann. Es lässt sich ja der Wert von $\varphi(n)$ nach der zweiten Definitionsgleichung von einem beliebigen solchen φ-Wert ausgehend berechnen, wobei das Argument eine Quadratzahl und grösser als n ist; und man könnte annehmen, dass man von verschiedenen Quadratzahl-Argumenten ausgehend verschiedene Werte von $\varphi(n)$ erhält. Das kann aber nicht eintreffen, denn auf welche Quadratzahl auch immer erst die erste, dann schrittweise die zweite Definitionsgleichung von φ angewandt wird, man erhält für alle kleinere Quadratzahl-Argumente denselben Wert, welche die erste Definitionsgleichung geliefert hätte. Geht man nämlich davon aus, dass nach der ersten Definitionsgleichung

$$\varphi((m+1)^2) = m+1$$

ist, und schreitet man dann nach der zweiten Definitionsgleichung rückwärts, so ergibt sich, da es zwischen m^2 und $(m+1)^2 = m^2 + 2m + 1$ keine Quadratzahl gibt,

$$\begin{aligned} \varphi(m^2) &= \varphi(m^2+1) = \varphi(m^2+2) = \cdots = \varphi(m^2+2m) = \\ &= \varphi((m+1)^2 - 1) = \varphi((m+1)^2) \dot{-} 1 = (m+1) \dot{-} 1 = m; \end{aligned}$$

demnach überträgt die zweite Definitionsgleichung von der zum Ausgang genommenen Quadratzahl $(m+1)^2$ auch auf die vorherige Quadratzahl m^2 die Eigenschaft

$$\varphi(m^2) = m;$$

und genau so geht diese Eigenschaft auch auf die immer kleineren Quadratzahlen über. Also ist es gleich, von welcher nach n kommenden Quadratzahl ausgehend man bei der Berechnung von $\varphi(n)$ rückwärts schreitet.

Man hatte bereits bei der in Nr. **23** des vorigen Kapitels angegebenen Definition der Funktion $\gamma(n)$, welche die formalen Schritte der Berechnung von $\psi(m, n)$ gödelisiert hat, darauf zu achten, dass die Definition an keiner gegebenen Stelle (m, n) verschiedene Werte für ψ liefern kann. Deswegen wurde in die Bedingung $\varphi'_B(n) = 0$ auch jene Forderung eingeschlossen, dass in der Primfaktorenzerlegung von n auch die Zahl 1 vorkommen soll, die im Wörterbuch dem Zeichen B entspricht. In der Bedingung $\varphi'_B(n) = 0$ wurde nämlich ausser dieser Forderung gefordert, dass in der Zeichenfolge, welche n zur Gödel-Nummer hat, kein mit B_{x_i} $(a, b, \ldots$ beginnender Teil (wo a und b Zahlen sind) vorkommen soll; dafür aber ein Teil, der ein Produkt aus lauter Zahlen ist. Hätte man aber das Auftreten eines Exponenten gleich 1 nicht gefordert, so könnte eine Zeichenfolge mit der genannten Eigenschaft auch ein Zahlenprodukt sein; aber in diesem Fall ordnet die Definition wegen $\mathrm{prod}(n) = 1$ einen anderen Wert $\gamma(n)$ zu, als dann, wenn auch B in der Zeichenfolge vorkommt.

3. In diesem Kapitel wurde $\varphi(n) = [\sqrt{n}]$ durch die Gleichungen

$$\varphi(n^2) = n$$
$$\varphi(n) = \beta(n, \varphi(n+1))$$

definiert; dazu musste man aber auch die primitiv-rekursive Funktion $\beta(n, a)$ kennen. Diese wird durch endlich viele Substitutionen und Rekursionen aus

0 und $n+1$ aufgebaut. Man erhält eigentlich erst dann die vollständige Definition von φ, wenn man sämtliche Gleichungen, welche diese Substitutionen und Rekursionen definieren, vor die beiden Definitionsgleichungen von φ setzt. Dasselbe gilt für alle zahlentheoretischen Funktionen, die durch irgendeine Rekursion definiert werden. In dem jetzt betrachteten verhältnismässig einfachen Fall soll einmal die vollständige Definition aufgeschrieben werden. Dabei hat man sich an die Tabelle vom Schluss des § **2** zu erinnern.

Wie bereits in Nr. 1 dieses Kapitels erwähnt wurde, kann die Quadratzahl-Eigenschaft von n auch durch

$$(Ei)\,[i \leqq n \,\&\, i^2 = n]$$

ausgedrückt werden. Hierbei ist $i^2 = n$ mit

$$|n - i^2| = 0$$

gleichbedeutend (in der Definition von $|a-b|$ wurde früher die Funktion $a \dot{-} n$ benutzt, es war ja

$$|a-b| = (a \dot{-} b) + (b \dot{-} a));$$

und dass es ein i zwischen 0 und n gibt, für welches dies gilt, ist mit

$$\prod_{i=0}^{n} |n - i^2| = 0$$

äquivalent. (Dabei kann $\prod_{i=0}^{m} |n-i^2|$ durch

$$\prod_{i=0}^{0} |n - i^2| = |n| = n$$

$$\prod_{i=0}^{m+1} |n - i^2| = \left(\prod_{i=0}^{m} |n - i^2|\right) \cdot |n - (m+1)^2|$$

definiert werden.)

$\beta(n, a)$ wurde in Nr. **1** dieses Kapitels als eine „zusammengeflickte" Funktion definiert. Die Trennung der Fälle kann hier mit Hilfe von $\mathrm{sg}(n)$ und $\overline{\mathrm{sg}}(n)$ geschehen; es ist nämlich

$$\beta(n, a) = a \cdot \mathrm{sg}\left(\prod_{i=0}^{n+1} |n+1-i^2|\right) + (a \dot{-} 1) \cdot \overline{\mathrm{sg}}\left(\prod_{i=0}^{n+1} |n+1-i^2|\right).$$

In der Definition von $\mathrm{sg}(n)$ und $\overline{\mathrm{sg}}(n)$ wird auch die Konstante 1 benutzt; und am Aufbau von $\beta(n, a)$ nehmen auch die Funktionen $a+n$, $n \cdot a$, n^2, $n \dot{-} 1$ Teil.

Es sollen also die Definitionsgleichungen der aufgezählten Funktionen vor den beiden Definitionsgleichungen von φ aufgereiht werden. Die verwendeten Funktionen sollen mit Ausnahme der konstanten Zahlen und der Variablen, durch σ-Zeichen mit verschiedenen Indizes bezeichnet werden. Für die Ausgangsfunktion $n+1$ setze ich $\sigma_0(n)$. Dann lauten die benutzten Definitionsgleichungen (wobei links die durch diese Gleichungen definierten Hilfsfunktionen aufgeschrieben werden, in welchen, wo m als Argument auftritt, m, sonst immer n, als erstes Argument zu betrachten ist):

$$
\begin{array}{ll}
a+n \;\ldots\ldots & \sigma_1(0,a)=a \\
 & \sigma_1(\sigma_0(n),a)=\sigma_0(\sigma_1(n,a)) \\[1ex]
n\cdot a \;\ldots\ldots & \sigma_2(0,a)=0 \\
 & \sigma_2(\sigma_0(n),a)=\sigma_1(a,\sigma_2(n,a)) \\[1ex]
n^2 \;\ldots\ldots & \sigma_3(n)=\sigma_2(n,n) \\[1ex]
n \dot{-} 1 \;\ldots\ldots & \sigma_4(0)=0 \\
 & \sigma_4(\sigma_0(n))=n \\[1ex]
a \dot{-} n \;\ldots\ldots & \sigma_5(0,a)=a \\
 & \sigma_5(\sigma_0(n),a)=\sigma_4(\sigma_5(n,a)) \\[1ex]
|n-a| \;\ldots\ldots & \sigma_6(n,a)=\sigma_1(\sigma_5(n,a),\sigma_5(a,n)) \\[1ex]
\mathrm{sg}\,(n) \;\ldots\ldots & \sigma_7(0)=0 \\
 & \sigma_7(\sigma_0(n))=1 \\[1ex]
\overline{\mathrm{sg}}\,(n) \;\ldots\ldots & \sigma_8(0)=1 \\
 & \sigma_8(\sigma_0(n))=0 \\[1ex]
|n+1-i^2| \;\ldots\ldots & \sigma_9(n,i)=\sigma_6(\sigma_0(n),\sigma_3(i)) \\[1ex]
|n+1-(a+1)^2| \;\ldots & \sigma_{10}(n,a)=\sigma_9(n,\sigma_0(a)) \\[1ex]
\prod_{i=0}^{m}|n+1-i^2| \;\ldots & \sigma_{11}(0,n)=\sigma_0(n) \\
 & \sigma_{11}(\sigma_0(m),n)=\sigma_2(\sigma_{11}(m,n),\sigma_{10}(n,m)) \\[1ex]
\prod_{i=0}^{n+1}|n+1-i^2| \;\ldots & \sigma_{12}(n)=\sigma_{11}(\sigma_0(n),n) \\[1ex]
\mathrm{sg}\left(\prod_{i=0}^{n+1}|n+1-i^2|\right)\ldots & \sigma_{13}(n)=\sigma_7(\sigma_{12}(n)) \\[1ex]
\overline{\mathrm{sg}}\left(\prod_{i=0}^{n+1}|n+1-i^2|\right)\ldots & \sigma_{14}(n)=\sigma_8(\sigma_{12}(n)) \\[1ex]
\beta(n,a) \;\ldots\ldots & \sigma_{15}(n,a)=\sigma_1(\sigma_2(\sigma_4(a),\sigma_{14}(n)),\sigma_2(a,\sigma_{13}(n))),
\end{array}
$$

und endlich

$$\varphi(\sigma_3(n)) = n$$
$$\varphi(n) = \sigma_{15}(n, \varphi(\sigma_0(n))).$$

4. Will man zum Beispiel $\varphi(1)$ auf Grund der vollständigen Definition berechnen, so trachtet man danach, mit Rücksicht auf die erste Definitionsgleichung von φ, eine solche Stelle n zu suchen, wo $\sigma_3(n) = 1$ ist. Das gelingt leicht, da

$$\sigma_3(1) = \sigma_2(1, 1) = \sigma_2(\sigma_0(0), 1) = \sigma_1(1, \sigma_2(0, 1)) = \sigma_1(1, 0) =$$
$$= \sigma_1(\sigma_0(0), 0) = \sigma_0(\sigma_1(0, 0)) = \sigma_0(0) = 1$$

gilt. Daher ist

$$\varphi(1) = 1.$$

Bei der Berechnung von $\varphi(2)$ findet man schon keine Stelle n, wo $\sigma_3(n) = 2$ ist; wird aber die zweite Definitionsgleichung von φ in Anspruch genommen, so erhält man

$$\varphi(2) = \sigma_{15}(2, \varphi(\sigma_0(2))) = \sigma_{15}(2, \varphi(3))$$

und

$$\varphi(3) = \sigma_{15}(3, \varphi(\sigma_0(3))) = \sigma_{15}(3, \varphi(4)).$$

Aus unseren Gleichungen kann aber

$$\sigma_3(2) = 4$$

berechnet werden, und demnach ergibt sich, dass

$$\varphi(4) = \varphi(\sigma_3(2)) = 2,$$

folglich

$$\varphi(3) = \sigma_{15}(3, 2)$$

ist. Der Wert von $\sigma_{15}(3, 2)$ lässt sich wieder aus den Definitionsgleichungen berechnen, und kann dann in $\sigma_{15}(2, \varphi(3))$ für $\varphi(3)$ eingesetzt werden; wird auch der Wert des so erhaltenen Ausdrucks berechnet, so erhält man endlich den Wert von $\varphi(2)$.

Die Schritte der Berechnung sind Einsetzungen von Zahlen für Variablen der Definitionsgleichungen, und das Ersetzen eines Teils einer Gleichung durch einen Ausdruck, der sich damit als gleich erwiesen hat.

5. Nun kann der Begriff der *allgemein-rekursiven Funktion* formuliert werden.[33]) Betrachten wir Gleichungen, die folgendermassen aufgebaut wer-

[33]) Herbrand [1] § 2. Gruppe C; Gödel [2]; Kleene [1] und [5] I. Nr. 2.

den. Die Zahlen, Variablen und $n+1$ sollen „Terme“ genannt werden, ferner auch alle Ausdrücke, die aus den zu definierenden Hilfsfunktionen $\sigma_i(a_1, \ldots, a_{r_i})$ und aus der zu definierenden Funktion $\varphi(a_1, \ldots, a_r)$ durch Einsetzung von Termen für ihre Variablen entstehen. Eine Gleichung zwischen zwei Termen, worin auch irgendein σ_i oder φ auftritt, soll eine *Definitionsgleichung* heissen. Ein Gleichungssystem, das aus solchen Gleichungen besteht, wird eine *allgemeine Rekursion* genannt, welche die *allgemein-rekursive Funktion* φ definiert, wenn es zu jedem r-tupel $n_1, \ldots, n_r$ eine und nur eine Zahl n gibt, so dass man

$$\varphi(n_1, \ldots, n_r) = n$$

aus dem Gleichungssystem durch endlich viele Anwendungen der folgenden beiden Schritte erhält:

1. Einsetzung von Zahlen für Variablen,

2. Übergang von einem Ausdruck $\mathfrak{a}$ und von einem Ausdruck der Form $\mathfrak{b} = \mathfrak{c}$, zu dem Ausdruck, der aus $\mathfrak{a}$ entsteht, wenn darin für $\mathfrak{b}$ an einer oder mehreren Stellen $\mathfrak{c}$ eingesetzt wird.

Hier wird nicht verlangt, dass die Funktionswerte aus an früheren Stellen angenommenen Funktionswerten aufgebaut werden sollen; auch nicht, dass die beim Aufbau von φ teilnehmenden Hilfsfunktionen überall berechenbar sein sollen (wie auch die Berechenbarkeit der im vorigen Kapitel eingeführten Funktion $\gamma(n)$, welche die Berechnung der dort behandelten Funktion $\psi(m, n)$ gödelisiert hat, nicht überall notwendig war, sondern nur an den Stellen, die durch die Werte von $\psi'(m, n)$ geliefert worden sind). Es wird vielmehr nur verlangt, dass das Gleichungssystem die Werte von φ an gewissen Stellen mit Hilfe anderer φ-Werte und gewisser Werte der Hilfsfunktionen so angeben soll, dass die Werte von φ aus dem Gleichungssystem an allen Stellen eindeutig berechnet werden können.

Die so definierten Funktionen können als die im allgemeinsten Sinne rekursiven Funktionen angesehen werden. Natürlich gehören alle Arten unserer rekursiven Funktionen, die durch ausschliessliche Verwendung von Zahlenvariablen definiert wurden, unter diesen Begriff. Aber die Untersuchungen über $\psi(m, n)$ im vorigen Kapitel zeigen, dass die ausschliessliche Verwendung von Zahlenvariablen keine Beschränkung bedeutet. Wird nämlich die Berechnung der Werte einer zahlentheoretischen Funktion, die durch Vermittlung von Funktionsfunktionen (oder auch durch Vermittlung von Rekursionen noch höherer Stufen oder von anderen Hilfsmitteln) definiert wurde, gödelisiert, so erhält man eine allgemeine Rekursion der ersten Stufe.

§ 17. DIE EXPLIZITE FORM DER ALLGEMEIN-REKURSIVEN FUNKTIONEN

1. In der Tabelle am Ende des § **2** wurde die $n+1$-te Primzahl (da p_n die $n+1$-te Primzahl bedeutet) charakterisiert als die kleinste Zahl bis zur Schranke $2^{2^{n+1}}$, bis zu welcher es genau $n+1$ Primzahlen gibt, also — da $\pi(i)$ die Anzahl der Primzahlen bis i bezeichnet hat — als

$$p_n = \mu_i[i \leqq 2^{2^{n+1}} \,\&\, \pi(i) = n+1].$$

Es hat sich daher p_n als eine primitiv-rekursive Funktion erwiesen.

Wenn man aber nicht Wert darauf legt, p_n als primitiv-rekursive Funktion zu definieren, sondern sich mit der Definition von p_n als allgemein-rekursiver Funktion begnügt, so muss man sich nicht um die Aufsuchung einer Schranke bemühen. Es genügt zu wissen, dass es zu jedem n ein solches i gibt, dass

$$\pi(i) = n+1, \quad \text{das heisst} \quad |n+1-\pi(i)| = 0$$

gilt. (Das ist aber sicher, da es unendlich viele Primzahlen gibt.) Denn wird das kleinste i mit einer gegebenen Eigenschaft, auch wenn keine Schranke angegeben ist, mit μ_i bezeichnet, wobei die betrachtete Eigenschaft in der Klammer nach μ_i angegeben wird, so ist

$$p_n = \mu_i[|n+1-\pi(i)| = 0].$$

Und man kann allgemein den folgenden Satz beweisen: Ist $\tau(n_1, \ldots, n_r, i)$ eine solche primitiv- oder auch nur allgemein-rekursive Funktion, dass es zu jedem r-tupel $n_1, \ldots, n_r$ ein i gibt, so dass

$$\tau(n_1, \ldots, n_r, i) = 0$$

gilt, so ist

$$\mu(n_1, \ldots, n_r) = \mu_i[\tau(n_1, \ldots, n_r, i) = 0]$$

eine allgemein-rekursive Funktion.[34]) Man kann nämlich ein Gleichungssystem angeben, aus dem sich mit Hilfe einer Hilfsfunktion der Wert von $\mu(n_1, \ldots, n_r)$ an jeder Stelle eindeutig berechnen lässt.

Die Hilfsfunktion σ hängt ausser den Variablen $n_1, \ldots, n_r$ von zwei weiteren Variablen ab. Für eine von diesen, die mit m bezeichnet wird, werden der Reihe nach die Werte

$$\tau(n_1, \ldots, n_r, 0),\ \tau(n_1, \ldots, n_r, 1),\ \tau(n_1, \ldots, n_r, 2), \ldots$$

[34]) Kleene [1] § 1. Satz V.

eingesetzt, die darauf hin untersucht werden, welche von ihnen zum erstenmal 0 wird; man macht einen Versuch mit diesen Werten, bis man 0 findet. Für die andere neue Variable a wird jeweils die Anzahl der bisherigen Versuche eingesetzt. Für das erste i, für welches $\tau(n_1, \ldots, n_r, i) = 0$ gilt, ist die Anzahl der vorangehenden Versuche eben i. Es sei also

$$\sigma(0, n_1, \ldots, n_r, a) = a$$
$$\sigma(m+1, n_1, \ldots, n_r, a) = \sigma(\tau(n_1, \ldots, n_r, a+1), n_1, \ldots, n_r, a+1).$$

Dann ist

$$\mu(n_1, \ldots, n_r) = \sigma(\tau(n_1, \ldots, n_r, 0), n_1, \ldots, n_r, 0).$$

Denn betrachten wir eine bestimmte Stelle $n_1, \ldots, n_r$. Hier repräsentiert

$$\sigma(\tau(n_1, \ldots, n_r, 0), n_1, \ldots, n_r, 0)$$

den ersten Versuch. Ist bereits $\tau(n_1, \ldots, n_r, 0) = 0$, so liefert die erste Definitionsgleichung den einzigen anwendbaren Schritt:

$$\sigma(\tau(n_1, \ldots, n_r, 0), n_1, \ldots, n_r, 0) = \sigma(0, n_1, \ldots, n_r, 0) = 0;$$

und in diesem Fall ist tatsächlich 0 das kleinste i, für welches

$$\tau(n_1, \ldots, n_r, i) = 0$$

gilt. Ist aber $\tau(n_1, \ldots, n_r, 0)$ nicht 0, so kann sein Wert in der Form $m+1$ geschrieben werden, und die weitere Berechnung kann nur durch Anwendung der zweiten Definitionsgleichung geschehen:

$$\sigma(\tau(n_1, \ldots, n_r, 0), n_1, \ldots, n_r, 0) = \sigma(m+1, n_1, \ldots, n_r, 0) =$$
$$= \sigma(\tau(n_1, \ldots, n_r, 1), n_1, \ldots, n_r, 1).$$

Hier gibt es zwei Möglichkeiten. Ist

$$\tau(n_1, \ldots, n_r, 1) = 0,$$

so lässt sich nur die erste Definitionsgleichung anwenden, und nach ihr ist

$$\sigma(\tau(n_1, \ldots, n_r, 1), n_1, \ldots, n_r, 1) = \sigma(0, n_1, \ldots, n_r, 1) = 1;$$

in diesem Fall ist aber tatsächlich 1 das kleinste i, für welches $\tau(n_1, \ldots, n_r, i) = 0$ gilt. Ist aber $\tau(n_1, \ldots, n_r, 1)$ nicht 0, so kann es in der Form $m+1$ geschrieben werden; also ergibt die allein anwendbare zweite Definitionsgleichung

$$\sigma(\tau(n_1, \ldots, n_r, 1), n_1, \ldots, n_r, 1) = \sigma(m+1, n_1, \ldots, n_r, 1) =$$
$$= \sigma(\tau(n_1, \ldots, n_r, 2), n_1, \ldots, n_r, 2).$$

Und so weiter. Da es nach der Annahme auch zu dem betrachteten r-tupel $n_1, \ldots, n_r$ ein i gibt, für welches $\tau(n_1, \ldots, n_r, i) = 0$ gilt, so muss dieses Verfahren sicher nach endlich vielen Schritten zum Abschluss kommen. Werden daher zu den beiden Definitionsgleichungen von σ auch die Definitionsgleichungen von τ und die Gleichung

$$\mu(n_1, \ldots, n_r) = \sigma(\tau(n_1, \ldots n_r, 0), n_1, \ldots, n_r, 0)$$

hinzugenommen, so erhält man in endlich vielen (in der Definition einer allgemein-rekursiven Funktion erlaubten) Schritten eindeutig den Wert von $\mu(n_1, \ldots, n_r)$. Folglich ist $\mu(n_1, \ldots, n_r)$ tatsächlich allgemein-rekursiv.

Wird hier die Forderung, dass es zu jeden r-tupel $n_1, \ldots, n_r$ ein i gibt, für welches $\tau(n_1, \ldots, n_r, i) = 0$ gilt, fallen gelassen, so können die Werte von $\mu(n_1, \ldots, n_r)$ nicht an allen Stellen aus den gewonnenen Definitionsgleichungen berechnet werden; an jeder Stelle $n_1, \ldots, n_r$, zu welcher es ein i mit $\tau(n_1, \ldots, n_r, i) = 0$ gibt, liefert jedoch das gewonnene Gleichungssystem auch in diesem Fall eindeutig den Wert von $\mu(n_1, \ldots, n_r)$. Nach KLEENE wird $\mu(n_1, \ldots, n_r)$ in diesem Fall „partiell-rekursiv" genannt.[35]) Der Begriff der *partiell-rekursiven Funktion* hat sich als sehr nützlich erwiesen. Er unterscheidet sich darin vom Begriff der allgemein-rekursiven Funktion, dass bei ihm die Forderung der Überall-Berechenbarkeit fallen gelassen wird; es wird vielmehr nur soviel verlangt, dass an solchen Stellen, wo sich der Wert der betreffenden Funktion aus dem Definitionsgleichungssystem durch die erlaubten Schritte berechnen lässt, sein Wert eindeutig bestimmt sein soll. Die Identität von partiell-rekursiven Funktionen wird mit

$$\varphi(n_1, \ldots, n_r) \simeq \psi(n_1, \ldots, n_r)$$

bezeichnet, und das wird so verstanden, dass an jeder Stelle, an der φ definiert ist, auch ψ definiert ist, und umgekehrt; und diese Funktionen sollen überall, wo sie definiert sind, denselben Wert haben.

Nun kehren wir aber zurück zur allgemein-rekursiven Definition unserer Funktion $\mu(n_1, \ldots, n_r)$.

2. Das definierende Gleichungssystem ist wieder von solcher Struktur, dass es den Wert $\sigma(m+1, n_1, \ldots, n_r, a)$ mit Hilfe des Funktionswertes an einer solchen Stelle $(\tau(n_1, \ldots, n_r, a+1), n_1, \ldots, n_r, a+1)$ angibt, welche kaum als eine „frühere" Stelle betrachtet werden kann. Trotzdem ist es überraschend, dass diese verhältnismässig einfache Definitionsart alle komplizierten Möglichkeiten der von der primitiven Rekursion abweichenden rekursiven Definitionen in sich trägt. Man kann nämlich beweisen,[36]) dass jede allge-

---

[35]) KLEENE [4] Nr. 1. Siehe noch KLEENE [5] II. Nr. 6.

[36]) KLEENE [1] § 1., [5] II. Nr. 7.

mein-rekursive Funktion $\varphi(n_1, \ldots, n_r)$ auf folgende explizite Form gebracht werden kann:

$$\varphi(n_1, \ldots, n_r) = \psi(\mu_i [\tau(n_1, \ldots, n_r, i) = 0]),$$

wo $\psi(n)$ und $\tau(n_1, \ldots, n_r; m)$ primitiv-rekursiv sind, und es zu jedem r-tupel $n_1, \ldots, n_r$ ein solches i gibt, für welches

$$\tau(n_1, \ldots, n_r, i) = 0$$

gilt.

Kurzgefasst kann das folgendermassen bewiesen werden:

Ist $\varphi(n_1, \ldots, n_r)$ eine allgemein-rekursive Funktion, so gibt es ein Gleichungssystem, aus welchem sich ihre Werte in endlich vielen Schritten berechnen lassen. Es soll für ein gegebenes r-tupel $a_1, \ldots, a_r$ eine endliche Folge von Gleichungen, deren jedes Glied entweder eine Gleichung des betrachteten Gleichungssystems ist, oder durch einen erlaubten Berechnungsschritt aus früheren Gleichungen der Folge ensteht, eine „Ableitung" heissen, falls das letzte Glied der Folge eine Gleichung der Form

$$\varphi(a_1, \ldots, a_r) = a,$$

und hierbei a eine Zahl ist. Nach der Definition der allgemein-rekursiven Funktionen gibt es zu jedem r-tupel $a_1, \ldots, a_r$ eine solche Ableitung. Daher kann der Wert von φ an der Stelle $(a_1, \ldots, a_r)$ als der Wert a definiert werden, der von einer bestimmten Ableitung geliefert wird (die in einem gewissen Sinn „erste" derartige Ableitung wird zur Anwendung kommen). Dieser ist eindeutig bestimmt, denn nach der Definition der allgemein-rekursiven Funktion muss jede zur Stelle $(a_1, \ldots, a_r)$ gehörige Ableitung denselben Wert a als Wert von $\varphi(a_1, \ldots, a_r)$ ergeben.

Wird nun das formal betrachtete Berechnungsverfahren „gödelisiert", so stellt es sich heraus, dass mann sich dabei ausser der Bestimmung der zur „ersten" Ableitung gehörigen Gödel-Nummer, auf lauter primitiv-rekursive Funktionen beschränken kann.

Die Gödelisierung wird einfacher werden, wenn nicht alle Zahlen zugrunde gelegt werden, sondern nur 0; man erhält ja, wenn auch die Funktion $\sigma_0(n) = n+1$ zugrunde gelegt wird, die übrigen Zahlen als

$$1 = 0 + 1 = \sigma_0(0), \quad 2 = 1 + 1 = \sigma_0(0) + 1 = \sigma_0(\sigma_0(0)),$$
$$3 = 2 + 1 = \sigma_0(\sigma_0(0)) + 1 = \sigma_0(\sigma_0(\sigma_0(0))), \ldots$$

Also wird zu einem Zahlzeichen einer Zeichenfolge in der Primfaktorenzerlegung der zur Folge gehörigen Gödel-Nummer nicht nur ein einziger Exponent gehören, sondern eine ganze Exponentenfolge, welche aus einer gewissen Anzahl solcher Zahlen besteht, die den Zeichen σ_0, 0 und den Klammern entsprechen.

In unseren Gleichungen treten auch neue Zeichen auf; deshalb hat man auch das Wörterbuch von Nr. **10** des § **15** etwas zu modifizieren. Ich werde so wenig wie möglich daran ändern. Jetzt treten nicht beliebig viele Zahlen, aber beliebig viele Zeichen σ_n auf. Diesen Zeichen σ_n sollen die geraden Zahlen von 2 an entsprechen. Ferner kommen jetzt die Zeichen B und „$\cdot$" nicht vor, dafür aber die Zeichen 0 und „$=$". Diesen sollen 1 und 3 entsprechen. Die übrigen Zuordnungen sollen unverändert bleiben. Ich bemerke noch, dass man sich beim Aufbau der in Nr. **12** und **17** des § **15** definierten primitiv-rekursiven Funktionen

$$a*b \quad \text{und} \quad \mathrm{Subst}_n\binom{u,\, v}{m}$$

auf keine B, „$\cdot$" oder irgendeine Zahl enthaltende Zeichenfolge berufen musste; also ändert die Einführung des neuen Wörterbuches nichts an der Bedeutung dieser Funktionen. Diese Funktionen werde ich im Folgenden öfter benutzen.

Ich schicke noch voraus, dass dem Zeichen σ_0 die Zahl 2 entspricht, und die zu definierende Funktion nicht mit φ, sondern mit σ_s bezeichnet wird (s ist die Anzahl der benutzten Hilfsfunktionen, auch $\sigma_0(n)=n+1$ einbegriffen). Also lautet

das neue Wörterbuch:

Dem Zeichen	σ_n	soll	die	Zahl	$2n+2$ (für $n=0, 1, 2, \ldots$)	entsprechen
„	0	„	„	„	1	„
„	$=$	„	„	„	3	„
„	(	„	„	„	5	„
„	)	„	„	„	7	„
„	,	„	„	„	9	„
der Variaben	x_n	„	„	„	$2n+9$ (für $n=1, 2, \ldots$)	„

Die Definitionsgleichungen sind formal betrachtet Zeichenfolgen; die Gödel-Nummer der aus den Zeichen

$$a_1, a_2, \ldots, a_t$$

bestehenden Gleichung ist

$$n = p_1^{a_1} p_2^{a_2} \ldots p_t^{a_t}.$$

Und wenn den Gleichungen der Anzahl l, die in einem Gleichungssystem, oder in einer Ableitung vorkommen, der Reihe nach die Gödel-Nummern

$$n_1, n_2, \ldots, n_l$$

entsprechen, so wird dem Gleichungssystem bzw. der Ableitung die Gödel-

Nummer

$$p_1^{n_1} p_2^{n_2} \dots p_l^{n_l}$$

zugeordnet. Z. B. ist die Gödel-Nummer der aus den Gleichungen

$$\sigma_2(x_1) = 0$$
$$\sigma_2(0) = 0$$

bestehenden einfachen Ableitung:

$$p_1^{p_1^6 p_2^5 p_3^{11} p_4^7 p_5^3 p_6^1} \cdot p_2^{p_1^6 p_2^5 p_3^1 p_4^7 p_5^3 p_6^1}.$$

3. Da jetzt eine Zahl n durch eine ganze Zeichenfolge aufgeschrieben wird, wird es sich lohnen, die Definition der Gödel-Nummer einer Zeichenfolge dieser Art im voraus aufzuschreiben. Es soll jetzt diese Gödel-Nummer mit $\zeta(n)$ bezeichnet werden (diese Funktion ist aber nicht identisch mit der Funktion $\zeta(n)$, die in Nr. **21** des § **15** definiert wurde, und die wir nicht mehr gebrauchen werden).

Da das Wörterbuch dem Zeichen 0 die Zahl 1 zuordnet, ist die Gödel-Nummer der Zeichenfolge, die aus dem einzigen Zeichen 0 besteht:

$$\zeta(0) = p_1^1.$$

Und da die Zeichenfolge für $n+1$ so aufgebaut wird, dass man zwischen die Klammern von $\sigma_0(\dots)$ die Zeichenfolge für n schreibt, wird $\zeta(n+1)$ aus $\zeta(n)$ durch

$$\zeta(n+1) = p_1^2 p_2^5 * \zeta(n) * p_1^7$$

aufgebaut. Das ergibt mit der vorigen Gleichung eine primitive Rekursion für $\zeta(n)$.

Es ist aus der Definition klar, dass für alle n

$$n < \zeta(n)$$

gilt; denn das gilt ja nach der ersten Definitionsgleichung für $n = 0$, und vererbt sich nach der zweiten Definitionsgleichung von n auf $n+1$. Darauf werde ich mich noch berufen.

4. Es ist zweckmässig erst die in der Berechnung der Funktionswerte erlaubten Schritte — die „Reduktionsschritte" der Gleichungen — zu gödelisieren.

Nach Nr. **5** des vorigen Kapitels ist einer der erlaubten Schritte das Einsetzen von Zahlen für die Variablen einer Gleichung. Das kann in weitere elementare Schritte aufgelöst werden. Erstens können die Zahlen einzeln für je eine Variable eingesetzt werden. Will man nun zum Beispiel 2 für x_i einsetzen, so kann das — da 2 durch die Zeichenfolge $\sigma_0(\sigma_0(0))$ aufgeschrieben wird — in folgenden Schritten geschehen: Man setzt zuerst $\sigma_0(x_i)$ für x_i; dann in der so modifizierten Gleichung wieder $\sigma_0(x_i)$ für x_i; endlich in der neuen modifizierten Gleichung 0 für x_i. Genau so sieht man ein, dass sich das Einsetzen von Zahlen für Variablen immer in folgende elementare Schritte auflösen lässt:

1) das Einsetzen von $\sigma(x_i)$ für eine Variable x_i,

2) das Einsetzen von 0 für eine Variable x_i.

In einer gebebenen Gleichung treten natürlich nur endlich viele Variablen auf. Ist n die Gödel-Nummer einer Gleichung, so ist nach dem neuen Wörterbuch der grösste Variablenindex in der Gleichung die grösste Zahl j (die natürlich nicht grösser als n ist), für welche $2j+9$ unter den Exponenten in der Primfaktorenzerlegung von n vorkommt; darauf werde ich mich im Folgenden berufen.

5. Beschäftigen wir uns zunächst mit dem leichteren Reduktionsschritt 2). Ist n die Gödel-Nummer der Gleichung, auf welche diese Reduktion angewandt wird, so soll die Gödel-Nummer der durch diesen Schritt modifizierten Gleichung mit $\mathrm{red}_1(i, n)$ bezeichnet werden (diese Zahl ist natürlich n selbst, wenn x_i nicht in der Gleichung auftritt; also für $i > n$ jedenfalls, denn kommt x_i in der Gleichung vor, so muss die entsprechende Zahl $2i+9$ unter den Exponenten der Primfaktorenzerlegung von n vorkommen, und daher kann sogar $2i+9$ nicht grösser als n sein). Da nach dem Wörterbuch zu 0 die Zahl 1 und zu x_i die Zahl $2i+9$ gehört, so ist für

$$\exp_j'(n, i) = \begin{cases} 1, & \text{falls } \exp_j(n) = 2i+9 \\ \exp_j(n) & \text{sonst} \end{cases}$$

(welche Funktion nicht identisch mit der im § **15** ähnlich bezeichneten Funktion ist, die wir nicht mehr gebrauchen)

$$\mathrm{red}_1(i, n) = \prod_{j=1}^{\mathrm{long}(n)} p_j^{\exp_j'(n, i)}.$$

Nun sei die Gödel-Nummer der durch den elementaren Schritt 1) modifizierten Gleichung: $\mathrm{red}_2(i, n)$ (diese ist wieder n selber, wenn x_i nicht in der Gleichung vorkommt; also für $i > n$ jedenfalls). Da dieser Schritt im Einsetzen von $\sigma_0(x_i)$ für x_i besteht, und die Gödel-Nummer von $\sigma_0(x_i)$

$$p_1^2 p_2^5 p_3^{2i+9} p_4^7$$

ist, entsteht $\mathrm{red}_2(i, n)$ aus n, indem in die Primfaktorenzerlegung von n für alle Faktoren der Form p_j^{2i+9} dieses Produkt eingeschaltet wird. Sei also

$$p'_j(n, i) = \begin{cases} p_1^2 p_2^5 p_8^{\exp_j(n)} p_4^7, & \text{falls } \exp_j(n) = 2i+9 \\ p_1^{\exp_j(n)} & \text{sonst,} \end{cases}$$

dann ist

$$\mathrm{red}_2(i, n) = p'_1(n, i) * p'_2(n, i) * \ldots * p'_{\mathrm{long}(n)}(n, i).$$

Wird hier benutzt, dass

$$1 * b = b$$

ist, wie das in Nr. **12** des **§ 15** hervorgehoben wurde, so kann die durch Einschaltungen von variabler Anzahl zusammengesetzte Funktion

$$\pi^*(m, n, i) = p'_1(n, i) * p'_2(n, i) * \ldots * p'_m(n, i)$$

durch die primitive Rekursion

$$\pi^*(0, n, i) = 1$$
$$\pi^*(m+1, n, i) = \pi^*(m, n, i) * p'_{m+1}(n, i)$$

definiert werden; und es ist

$$\mathrm{red}_2(i, n) = \pi^*(\mathrm{long}(n), n, i).$$

6. Nach Nr. 5 des vorigen Kapitels ist der andere erlaubte Reduktionsschritt, dass für einen Teil $\mathfrak{b}$ einer Gleichung $\mathfrak{a}$, falls eine Gleichung $\mathfrak{b} = \mathfrak{c}$ bereits abgeleitet wurde, $\mathfrak{c}$ gesetzt werden darf. Es genügt nachzuschauen: wie sich die Gödel-Nummer n der Gleichung $\mathfrak{a}$ modifiziert, wenn ein solcher Teil $\mathfrak{b}$ von $\mathfrak{a}$ durch $\mathfrak{c}$ ersetzt wird, der mit dem $i+1$-ten Zeichen von $\mathfrak{a}$ beginnt (und n bleibt natürlich unverändert, wenn $\mathfrak{a}$ keinen solchen Teil enthält, also z. B. für $i > n$); i kann ja nachher die Zahlen $0, 1, 2, \ldots$ durchlaufen — natürlich muss dabei n nicht überstiegen werden — und demnach kann ein beliebiger Teil $\mathfrak{b}$ von $\mathfrak{a}$ durch $\mathfrak{c}$ ersetzt werden.

Wir haben also nachzuprüfen, ob in $\mathfrak{a}$ vom $i+1$-ten Zeichen an die Zeichen der linken Seite der Gleichung $\mathfrak{b} = \mathfrak{c}$ aufeinanderfolgen, und wenn das der Fall ist, dann haben wir für diese die Zeichen der rechten Seite von $\mathfrak{b} = \mathfrak{c}$ einzuschalten. Ist n die Gödel-Nummer von $\mathfrak{a}$ und m die Gödel-Nummer von $\mathfrak{b} = \mathfrak{c}$, so soll die Gödel-Nummer der so modifizierten Gleichung mit $\mathrm{red}_3(i, n, m)$ bezeichnet werden.

Da m die Gödel-Nummer einer Gleichung ist, so muss unter den Exponenten der Primfaktorenzerlegung von m auch die dem Zeichen „=" im Wörterbuch entsprechende Zahl 3 vorkommen; und zwar als der $\mathrm{eq}(m)$-te

Exponent, wo

$$\mathrm{eq}(m) = \mu_j\,[j \leqq m \,\&\, \exp_j(m) = 3]$$

ist. Daher sind die Gödel-Nummern der linken und rechten Seite von $\mathfrak{b} = \mathfrak{c}$:

$$\beta(m) = \prod_{j=1}^{\mathrm{eq}(m) \dot{-} 1} p_j^{\exp_j(m)} \text{ bzw. } \gamma(m) = \prod_{j=1}^{\mathrm{long}(m) \dot{-} \mathrm{eq}(m)} p_j^{\exp_{j+\mathrm{eq}(m)}(m)};$$

und es ist

$$\mathrm{red}_3(i, n, m) = \begin{cases} n, \text{ falls } (Ej)\,[j \leqq \mathrm{long}(\beta(m)) \,\&\, j > 0 \,\&\, \exp_{i+j}(n) \neq \exp_j(m)], \\ \mathrm{Subst}_n \binom{i+1,\, i+\mathrm{long}(\beta(m))}{\gamma(m)} \text{ sonst.} \end{cases}$$

7. Die Gödel-Nummern der Ergebnisse der dreierlei Reduktionsschritte können in einer einzigen Funktion $\mathrm{red}(t, n, m)$ zusammengefasst werden, wenn die Zahlen z. B. nach ihrer Teilbarkeit durch 3 in drei Gruppen eingeteilt werden. Da der Rest der Division von t durch 3 mit $\mathrm{res}(t, 3)$ bezeichnet wurde, und da falls t solche Zahlen durchläuft, die bei der Teilung durch 3 den Rest 0, 1 oder 2 ergeben, $\frac{t}{3}, \frac{t-1}{3}$, bzw. $\frac{t-2}{3}$ sämtliche Werte annimmt, und in den entsprechenden Fällen die Differenz und der Quotient auch als arithmetische Differenz und arithmetischer Quotient geschrieben werden kann, so setzen wir

$$\mathrm{red}(t, n, m) = \begin{cases} \mathrm{red}_1\left(\left[\frac{t}{3}\right], n\right), & \text{falls } \mathrm{res}(t, 3) = 0 \\ \mathrm{red}_2\left(\left[\frac{t \dot{-} 1}{3}\right], n\right), & \text{,, } \mathrm{res}(t, 3) = 1 \\ \mathrm{red}_3\left(\left[\frac{t \dot{-} 2}{3}\right], n, m\right), & \text{,, } \mathrm{res}(t, 3) = 2. \end{cases}$$

Wir werden diese Definition nur für

$$t \leqq 3n + 2$$

benutzen. Wir haben ja in den beiden vorigen Nummern bei der Definition von $\mathrm{red}_1(i, n)$, $\mathrm{red}_2(i, n)$ und $\mathrm{red}_3(i, n, m)$ durchdacht, dass in den uns interessierenden Fällen i nicht grösser als n sein kann; und aus jeder der Ungleichungen

$$\frac{t}{3} \leqq n, \quad \frac{t-1}{3} \leqq n, \quad \frac{t-2}{3} \leqq n$$

folgt, dass

$$t \leqq 3n+2$$

gilt.

8. Nun können wir zur Definition der Eigenschaft einer Zahl w übergehen, die Gödel-Nummer einer Ableitung zu sein, die aus lauter erlaubten elementaren Schritten besteht. Die Exponenten in der Primfaktorenzerlegung einer solchen Gödel-Nummer sind die Gödel-Nummern der Gleichungen, die der Reihe nach in der Ableitung vorkommen. Diese Gleichungen gehören zu dem zugrunde gelegten Gleichungssystem, oder enstehen durch einen elementaren Reduktionsschritt aus einer oder aus zwei früheren Gleichungen der Ableitung. Ist daher n die Gödel-Nummer des zugrunde gelegten Gleichungssystems, so ist jeder Exponent in der Zerlegung von w entweder einer der Exponenten von n, oder die Funktion red (t, b, c) zweier früheren Exponenten b und c von w, mit geeignetem t, für welches

$$t \leqq 3b+2$$

gilt.

Dass alle Exponenten der Zerlegung von w diese Eigenschaft besitzen, kann folgendermassen aufgeschrieben werden:

$$(i)[i \leqq \operatorname{long}(w) \rightarrow ((Ej)\,[j \leqq \operatorname{long}(n)\ \&\ \exp_i(w) = \exp_j(n)] \vee$$
$$\vee (Ej_1)(Ej_2)(Et)\,[j_1 \leqq \operatorname{long}(w)\ \&\ j_2 \leqq \operatorname{long}(w)\ \&\ t \leqq 3\exp_{j_1}(w)+2\ \&$$
$$\&\ \exp_i(w) = \operatorname{red}(t, \exp_{j_1}(w), \exp_{j_2}(w))])].$$

Dies ist eine primitiv-rekursive Beziehung; es gibt also eine primitiv-rekursive Funktion $\tau'(n, w)$, welche dann und nur dann 0 wird, wenn diese Beziehung besteht.

Es wird aber von einer zur Stelle $(a_1, \ldots, a_r)$ gehörigen Ableitung auch verlangt, dass ihre letzte Gleichung die Form

$$\sigma_s(a_1, \ldots, a_r) = a$$

hat, wobei a eine Zahl ist. (a kann natürlich nicht grösser als die Gödel-Nummer dieser Gleichung sein; es entstehen ja in der Zerlegung dieser Gödel-Nummer die letzten Faktoren durch Einschaltung der Gödel-Nummer $\zeta(a)$, die nach Nr. 3 dieses Kapitels der Zahl a entspricht; und bei der Definition von ζ wurde hervorgehoben, dass $a < \zeta(a)$ ist.) Diese Forderung (die sich auf den letzten, das heisst long (w)-ten Exponenten der Zerlegung von w bezieht) kann folgendermassen aufgeschrieben werden:

$$(Ea)[a \leqq \exp_{\operatorname{long}(w)}(w)\ \&\ \exp_{\operatorname{long}(w)}(w) =$$
$$= p_1^{2s+2}\, p_2^5 * \zeta(a_1) * p_1^9 * \zeta(a_2) * p_1^0 * \ldots * p_1^9 * \zeta(a_r) * p_1^7\, p_2^3 * \zeta(a)].$$

Hier ist r eine bestimmte Zahl, nämlich die Anzahl der Variablen der Funktion $\varphi = \sigma_s$; also stehen an den Stellen der Punkte Einschaltungen von einer bestimmten Anzahl. Also ist auch dies eine primitiv-rekursive Beziehung; d. h. es gibt eine primitiv-rekursive Funktion $\tau''(a_1, \ldots, a_r, w)$, welche dann und nur dann 0 wird, wenn diese Beziehung besteht.

9. Jetzt kann man bereits den in der vorigen Nummer erwähnten Wert a das heisst den Wert der Funktion $\sigma_s = \varphi$ an der Stelle $(a_1, \ldots, a_s)$ aus der Gödel-Nummer w der Ableitung erhalten.

Wenn nämlich m die Gödel-Nummer einer Gleichung ist, so ist nach Nr. **6** dieses Kapitels die Gödel-Nummer der rechten Seite $\gamma(m)$. Da nun nach Annahme die letzte Gleichung der zur Gödel-Nummer w gehörigen Ableitung (die zum letzten Exponenten der Zerlegung von w gehört) die Form

$$\sigma_s(a_1, \ldots, a_r) = a$$

hat, und nach Nr. **3** dieses Kapitels die zur Zahl a gehörige Gödel-Nummer $\zeta(a)$ ist, so gilt

$$\zeta(a) = \gamma(\exp_{\mathrm{long}(w)}(w)).$$

Daher ist a als Funktion von w (da $a < \zeta(a)$ ist):

$$a = \psi(w) = \mu_i[i \leqq \gamma(\exp_{\mathrm{long}(w)}(w)) \,\&\, \zeta(i) = \gamma(\exp_{\mathrm{long}(w)}(w))].$$

10. Nach Annahme ist $\varphi = \sigma_s$ eine allgemein-rekursive Funktion; und daher gehört zu jeder Stelle $(a_1, \ldots, a_r)$ eine Ableitung, deren letzte Gleichung

$$\sigma_s(a_1, \ldots, a_r) = a$$

mit einer bestimmten Zahl a ist. Also gehört nach Nr. **8** dieses Kapitels zu jedem r-tupel $(a_1, , \ldots, a_r)$ ein solches w, dass sowohl $\tau'(n, w)$ als auch $\tau''(a_1, \ldots, a_r, w)$ verschwindet, das heisst, dass

$$\tau(n, a_1, \ldots, a_r, w) = \tau'(n, w) + \tau''(a_1, \ldots, a_r, w) = 0$$

ist; und somit ist nach Nr. **1** dieses Kapitels

$$\mu_w[\tau(n, a_1, \ldots, a_r, w) = 0]$$

eine allgemein-rekursive Funktion. Ihrer Bedeutung nach ergibt sie die kleinste Gödel-Nummer die zu einer solchen Ableitung gehört, deren letzte Gleichung von der Form $\sigma_s(a_1, \ldots, a_r) = a$ ist. Da es nach der Definition der allgemein-rekursiven Funktion zu der gegebenen Stelle $(a_1, \ldots, a_r)$ eine einzige solche Zahl a gibt, dass sich

$$\sigma_s(a_1, \ldots, a_r) = a$$

aus dem Definitionsgleichungssystem ableiten lässt, endigt jede zu einer derartigen Gödel-Nummer w gehörige Ableitung — auch diejenige, welche zum kleinsten solchen w gehört — auf eine Gleichung, auf deren rechten Seite dieses a auftritt; daher kann dieses a nach der vorigen Nummer auch folgendermassen aufgeschrieben werden: Ist w eine beliebige Zahl, für welche

$$\tau(n, a_1, \ldots, a_r, w) = 0$$

ist, so ist

$$a = \psi(w);$$

und speziell für das kleinste solche w ist

$$a = \psi(\mu_w[\tau(n, a_1, \ldots, a_r, w) = 0]).$$

Da hier

$$a = \sigma_s(a_1, \ldots, a_r) = \varphi(a_1, \ldots, a_r)$$

ist, so kann $\varphi(a_1, \ldots, a_r)$ tatsächlich in der Form

$$\varphi(a_1, \ldots, a_r) = \psi(\mu_w[\tau(n, a_1, \ldots, a_r, w) = 0])$$

geschrieben werden, wo ψ und τ primitiv-rekursive Funktionen sind.

GRZEGORCZYK[37]) hat gezeigt, dass man sich in der Bildung der expliziten Form sogar auf solche Funktionen ψ und τ beschränken kann, die zu seiner Klasse $\mathfrak{E}^0$ gehören, d. h. die von 0 und $n+1$ ausgehend durch endlich viele Substitutionen und *beschränkte* Rekursionen definiert werden können. (Diese Klasse $\mathfrak{E}^0$ ist, wie bereits in Nr. **11** des § **8** festgestellt wurde, eine echte Teilmenge der Klasse der elementaren Funktionen.)

Das erhaltene Ergebnis zeigt auch, dass wenn eine allgemein-rekursive Funktion nicht primitiv-rekursiv ist, die Berechnung ihrer Werte aus dem definierenden Gleichungssystem kein einfaches Verfahren sein kann; die Gödel-Nummer der Berechnung (wie sie in diesem Kapitel genannt wurde: der „Ableitung"), in welcher sich die Komplikationen der Berechnung spiegeln, muss nämlich eine „grosse" Zahl sein. Wir wissen ja, falls man eine primitiv-rekursive Schranke $\varkappa(a_1, \ldots, a_r)$ für w finden könnte, so wäre

$$\mu_w[w \leqq \varkappa(a_1, \ldots, a_r) \;\&\; \tau(n, a_1, \ldots, a_r, w) = 0],$$

und damit auch $\varphi(a_1, \ldots, a_r)$ primitiv-rekursiv. (Also hat jede, durch eine Art Rekursion definierte, aber nicht primitiv-rekursive Funktion etwas mit der Nicht-Majorisierbarkeit durch primitiv-rekursive Funktionen zu tun; dies weist wieder darauf hin, dass im ACKERMANNschen Beispiel für eine durch primitiv-

37) GRZEGORCZYK [1] § 5.

rekursive Funktionen nicht majorisierbare Funktion das Wesentliche der nicht-primitiv-rekursiven Funktionen erfasst wurde.)

11. Nach den Vorangehenden kann jede allgemein-rekursive Funktion aus primitiv-rekursiven Funktionen durch Substitutionen und durch die folgende Operation aufgebaut werden: Man bildet aus einer primitiv-rekursiven Funktion $\alpha(a_1, \ldots, a_r, m)$, falls zu jedem r-tupel $a_1, \ldots, a_r$ ein solches m zu finden ist, dass

$$\alpha(a_1, \ldots, a_r, m) = 0$$

gilt, die Funktion

$$\mu_m[\alpha(a_1, \ldots, a_r, m) = 0].$$

Man kann sogar zeigen,[38]) dass durch diese Operation und durch Substitutionen auch dann alle algemein-rekursive Funktionen aufgebaut werden können, wenn nur die folgenden drei primitiv-rekursiven Funktionen zugrunde gelegt werden:

$$a + n, \qquad n \cdot a \qquad \text{und} \qquad \delta(n, a) = \begin{cases} 1, & \text{falls } n = a \\ 0, & \text{„} \quad n \neq a. \end{cases}$$

Wird jetzt die Konstruktion der vorhin erhaltenen expliziten Form

$$\varphi(a_1, \ldots, a_r) = \psi(\mu_w[\tau(n, a_1, \ldots, a_r, w) = 0])$$

einer beliebigen allgemein-rekursiven Funktion $\varphi(a_1, \ldots, a_r)$ näher betrachtet, so sieht man, dass die Definition von ψ und τ ganz unabhängig von dem zugrunde gelegten Gleichungssystem ist; dieses Gleichungssystem spielt nur dadurch eine Rolle, dass für das erste Argument von τ seine Gödel-Nummer eingesetzt wird. Also enthält

$$\psi(\mu_w[\tau(n, a_1, \ldots, a_r, w) = 0])$$

gleichzeitig die explizite Definition sämtlicher allgemein-rekursiver Funktionen; man hat immer nur die Gödel-Nummer des entsprechenden definierenden Gleichungssystems für n einzusetzen (natürlich müssen erst die im System auftretenden Funktionszeichen in $\sigma_1, \sigma_2, \ldots$ umbenannt werden, so dass die zu definierende Funktion den grössten Index erhält). Da in der expliziten Definition einer konkreten Funktion für n eine konkrete Zahl gesetzt wird, so ist $\tau(n, a_1, \ldots, a_r, w)$ in jedem einzelnen Fall eine primitiv-rekursive Funktion $\tau(a_1, \ldots, a_r, w)$ der Variablen $a_1, \ldots, a_r, w$.

---

[38]) Kleene [3].

Ebenso sieht man ein, dass jede partiell-rekursive Funktion $\varphi(a_1, \ldots, a_r)$ mit geeignetem n in der Form

$$\varphi(a_1, \ldots, a_r) \simeq \psi(\mu_w[\tau(n, a_1, \ldots, a_r, w) = 0])$$

geschrieben werden kann, nur gibt es hier nicht notwendig zu jedem r-tupel $a_1, \ldots, a_r$ ein w mit $\tau(n, a_1, \ldots, a_r, w) = 0$, da hier die Forderung, dass es zu jedem r-tupel eine Ableitung mit einer Endformel der Form $\varphi(a_1, \ldots, a_r) = a$ geben soll, fallen gelassen wurde. Da $\mu_w[\tau(n, a_1, \ldots, a_r, w) = 0]$ auch so, wenn auch nicht notwendig eine allgemein-rekursive, so doch wenigstens eine partiell-rekursive Funktion der $r+1$ Variablen $n, a_1, \ldots, a_r$ ist, haben wir somit in

$$\psi'(n, a_1, \ldots, a_r) = \psi(\mu_w[\tau(n, a_1, \ldots, a_r, w) = 0])$$

eine *universelle* $r+1$-stellige partiell-rekursive Funktion, welche für geeignete Werte ihres ersten Argumentes mit einer beliebigen r-stelligen partiell-rekursiven Funktion, und daher — da die allgemein-rekursiven Funktionen Spezialfälle der partiell-rekursiven Funktionen sind — auch mit einer beliebigen r-stelligen allgemein-rekursiven Funktion identisch wird.

§ 18. MÖGLICHKEITEN ZUR WEITEREN VEREINFACHUNG DER EXPLIZITEN FORM

1. Im vorigen Kapitel hat es sich herausgestellt, dass jede allgemein-rekursive Funktion in der Form

$$\psi(\mu_m[\tau(a_1, \ldots, a_r, m) = 0])$$

geschrieben werden kann, wobei ψ und τ primitiv-rekursiv sind, und τ der Forderung

(F) „zu jedem r-tupel $a_1, \ldots, a_r$ soll es ein m geben, so dass $\tau(a_1, \ldots, a_r, m) = 0$ gilt"

genügt. Sämtliche Abweichungen der allgemein-rekursiven Funktionen von den primitiv-rekursiven nimmt die Operation μ_m auf sich. Es erhebt sich die Frage, ob es bei der Darstellung der allgemein-rekursiven Funktionen überhaupt notwendig ist auch die Funktion ψ zu verwenden; und wenn das im allgemeinen erforderlich ist, welche allgemein-rekursiven Funktionen dennoch auch in der Form

$$\mu_m[\tau(a_1, \ldots, a_r, m) = 0]$$

geschrieben werden können, wo τ irgendeine der Forderung (F) genügende primitiv-rekursive Funktion ist.

Man kann zeigen, dass sich eine allgemein-rekursive Funktion $\varphi(a_1, \ldots, a_r)$ dann und nur dann auf diese einfachere explizite Form bringen lässt, wenn die Gleichung

$$\varphi(a_1, \ldots, a_r) = m$$

eine primitiv-rekursive Beziehung ist.[39])

Dass diese Bedingung hinreichend ist, versteht sich von selbst; denn ist $\varphi(a_1, \ldots, a_r) = m$ eine primitiv-rekursive Beziehung, so gibt es eine primitiv-rekursive Funktion $\tau(a_1, \ldots, a_r, m)$, welche dann und nur dann 0 wird, wenn diese Gleichheit besteht; und diese Funktion τ genügt der Forderung (F), da es ja zu jedem r-tupel $a_1, \ldots, a_r$ ein m gibt, nämlich eben $\varphi(a_1, \ldots, a_r)$, für welches

$$\varphi(a_1, \ldots, a_r) = m \text{ und somit } \tau(a_1, \ldots, a_r, m) = 0$$

gilt. Da es ferner ein einziges solches m zu dem r-tupel $a_1, \ldots, a_r$ gibt, so ist dies zugleich das kleinste derartige m; daher ist

$$\varphi(a_1, \ldots, a_r) = \mu_m \, [\tau(a_1, \ldots, a_r, m) = 0].$$

Nehmen wir jetzt umgekehrt an, dass

$$\varphi(a_1, \ldots, a_r) = \mu_m \, [\tau(a_1, \ldots, a_r, m) = 0]$$

ist, wo τ eine der Forderung (F) genügende primitiv-rekursive Funktion ist. In diesem Fall besteht

$$\varphi(a_1, \ldots, a_r) = m$$

dann und nur dann, wenn

(B) $\quad \tau(a_1, \ldots, a_r, m) = 0$ und für alle m' $\quad \tau(a_1, \ldots, a_r, m') = 0 \rightarrow m' \geqq m$

besteht (diese Beziehung gilt nämlich offenbar für das kleinste m, für welches $\tau(a_1, \ldots, a_r, m) = 0$ ist und nur für dieses). Diese Beziehung ist aber primitiv-rekursiv, man kann nämlich leicht eine primitiv-rekursive Funktion $\tau'(a_1, \ldots, a_r, m)$ definieren, welche dann 0 wird, wenn diese Beziehung besteht (und sonst zum Beispiel 1 wird). Ist $m = 0$, so besteht $m' \geqq 0$ für alle m'; daher fordert in diesem Fall die Beziehung (B) bloss das Bestehen von $\tau'(a_1, \ldots, a_r, 0) = 0$. Sei also

$$\tau'(a_1, \ldots, a_r, 0) = \tau(a_1, \ldots, a_r, 0).$$

Für andere m muss τ' dann 0 werden, wenn an derselben Stelle auch τ

39) Skolem [6] Satz 1.

0 wird, aber für kleinere m nicht. Daher sei

$$\tau'(a_1, \ldots, a_r, m+1) = \begin{cases} 0, \text{ falls } \tau(a_1, \ldots, a_r, m+1) = 0 \text{ und} \\ \qquad \prod_{i=0}^{m} \tau(a_1, \ldots, a_r, i) \neq 0 \\ 1 \text{ sonst.} \end{cases}$$

Die so definierte Funktion $\tau'(a_1, \ldots, a_r, m)$ ist primitiv-rekursiv, und wird dann und nur dann zu 0, wenn $\varphi(a_1, \ldots, a_r) = m$ ist; daher ist $\varphi(a_1, \ldots, a_r) = m$ tatsächlich eine primitiv-rekursive Beziehung.

2. Also könnte man für den ersten Augenblick glauben, dass sich nur primitiv-rekursive Funktionen auf die einfachere explizite Form

$$\mu_m[\tau(a_1, \ldots, a_r, m) = 0]$$

bringen lassen. Das gilt aber nicht; denn $\varphi(a_1, \ldots, a_r) = m$ kann auch dann eine primitiv-rekursive Beziehung sein, wenn $\varphi(a_1, \ldots, a_r)$ keine primitiv-rekursive Funktion ist.[40]) Betrachten wir ein Beispiel.

In Nr. **2** des **§ 9** wurde eine Funktion $\psi(m, n)$ als Beispiel für eine nicht-primitiv-rekursive Funktion eingeführt. Sie wurde durch folgende eingeschachtelte zweifache Rekursion definiert:

$$\psi(0, n) = n + 1$$
$$\psi(m+1, 0) = \psi(m, 1)$$
$$\psi(m+1, n+1) = \psi(m, \psi(m+1, n)).$$

Nun kann man obwohl ψ nicht primitiv-rekursiv ist, zeigen, dass

$$\psi(m, n) = r$$

eine primitiv-rekursive Beziehung ist.

In Nr. **4** und **5** des **§ 9** habe ich bewiesen, dass $\psi(m, n)$ eine monoton wachsende Funktion ihrer Variablen ist; daraus folgt wegen $\psi(0, 0) = 1$ auch, dass überall

$$\psi(m, n) > 0$$

gilt.

Diese Eigenschaften von ψ werde ich in der Definition einer solchen Funktion $\alpha(m, n, r)$ benützen, welche dann und nur dann gleich 0 wird, wenn die Beziehung $\psi(m, n) = r$ besteht (und sonst z. B. 1 wird). Dann wird es genügen zu zeigen, dass diese Funktion α primitiv-rekursiv ist.

---

[40]) Skolem [5] Satz 3.

Aus den beiden ersten Definitionsgleichungen von $\psi(m, n)$ ist es klar, dass die Definition von α mit

$$\alpha(0, n, r) = \begin{cases} 0, & \text{falls } r = n+1 \\ 1 & \text{sonst} \end{cases}$$

und

$$\alpha(m+1, 0, r) = \alpha(m, 1, r)$$

beginnen muss. Zum Aufschreiben von $\alpha(m+1, n+1, r)$ braucht man keine eingeschalteten α-Werte zu verwenden (und das ist das Entscheidende). Denn ist

$$\psi(m+1, n) = i,$$

so ist der Wert von $\psi(m+1, n+1)$ nach der dritten Definitionsgleichung gleich $\psi(m, i)$; wenn daher

$$\psi(m, i) = r$$

ist, so ist zugleich

$$\psi(m+1, n+1) = r.$$

Wir wissen, dass dabei

$$\psi(m+1, n) > 0 \quad \text{und} \quad \psi(m+1, n) < \psi(m+1, n+1) = r$$

ist; daher gilt für $\psi(m+1, n) = i$

$$1 \leqq i \leqq r-1 .$$

Zusammenfassend: ist r eine solche Zahl, dass für ein i zwischen 1 und $r-1$

$$\psi(m+1, n) = i \quad \text{und} \quad \psi(m, i) = r$$

gilt, so ist

$$\psi(m+1, n+1) = r.$$

Wird nun α auf die gewünschte Weise definiert, so ist

$$\max(\alpha(m+1, n, i), \ \alpha(m, i, r))$$

gleich 0, wenn

$$\psi(m+1, n) = i \quad \text{und} \quad \psi(m, i) = r$$

ist; sonst ist der Wert dieses Maximums 1. Also ist

$$\prod_{i=1}^{r-1} \max(\alpha(m+1, n, i), \alpha(m, i, r))$$

dann und nur dann gleich 0, wenn es zwischen den Grenzen 1 und $r-1$ ein i gibt, für welches

$$\psi(m+1, n)=i \quad \text{und} \quad \psi(m, i)=r$$

gilt. Daher kann die Definition von α mit der Gleichung

$$\alpha(m+1, n+1, r)=\prod_{i=1}^{r-1} \max(\alpha(m+1, n, i), \alpha(m, i, r))$$

beendet werden.

Also ist die Definition von α eine zweifache, aber nicht-eingeschachtelte Rekursion.

3. Dafür tritt hier aber eine neue Komplikation auf, die in den bisherigen Rekursionen nicht vorgekommen ist (nur in der Wertverlaufsrekursion, wo sie aber keine Schwierigkeiten verursacht hat); der Wert von $\alpha(m+1, n+1, r)$ wird nämlich aus vorangehenden Funktionswerten von nicht bestimmter, sondern variabler Anzahl aufgebaut. Diese Rekursionsarten (wobei nicht nur nebeneinander stehende Funktionswerte, sondern auch Einschachtelungen von variabler — sogar von Werten der zu definierenden Funktion abhängigen — Anzahl vorkommen können) lassen sich aber auf gewöhnliche mehrfache Rekursionen zurückführen, der vorliegende einfache Fall sogar auf primitive Rekursionen und Substitutionen [41]).

Fassen wir noch einmal die Definition von α zusammen, wobei zur Abkürzung

$$\beta(n, r)=\begin{cases} 0, & \text{falls } r=n+1 \\ 1 & \text{sonst} \end{cases}$$

gesetzt werden soll:

$$\alpha(0, n, r)=\beta(n, r)$$
$$\alpha(m+1, 0, r)=\alpha(m, 1, r)$$
$$\alpha(m+1, n+1, r)=\prod_{i=1}^{r\dot{-}1} \max(\alpha(m+1, n, i), \alpha(m, i, r)).$$

Hier wird der Funktionswert $\alpha(m+1, n+1, r)$ aus früheren Funktionswerten

$$\alpha(m+1, n, 1),\quad \alpha(m, 1, r),\quad \alpha(m+1, n, 2),\quad \alpha(m, 2, r), \ldots$$
$$\ldots,\ \alpha(m+1, n, r\dot{-}1),\quad \alpha(m, r\dot{-}1, r)$$

von variabler Anzahl aufgebaut, diese sind aber im Produkt sozusagen „re-

[41]) Péter [13] § 1 Nr. 4.

kursiv zusammengefasst". Werden in diesem Produkt $\alpha(m+1, n, i)$ und $\alpha(m, i, r)$ durch die Funktionsvariablen $f(i), g(i)$ ersetzt, so kann die Funktionsfunktion

$$B_{xy}(n, f(x), g(y)) = \prod_{i=1}^{n} \max(f(i), g(i))$$

durch die Rekursion

$$B_{xy}(0, f(x), g(y)) = 1$$
$$B_{xy}(n+1, f(x), g(y)) = B_{xy}(n, f(x), g(y)) \cdot \max(f(n+1), g(n+1))$$

definiert werden, und somit erhält man für $\alpha(m, n, r)$ die Definition:

$$\alpha(0, n, r) = \beta(n, r)$$
$$\alpha(m+1, 0, r) = \alpha(m, 1, r)$$
$$\alpha(m+1, n+1, r) = B_{xy}(r \dot{-} 1,\ \alpha(m+1, n, x),\ \alpha(m, y, r)).$$

Das ist aber eben die primitiv-rekursive (mehrfache) Definition der II-ten Stufe, welche in Nr. **7** vom § **13** betrachtet wurde; dort hat es sich herausgestellt, dass durch solche Definitionen mehrfach-rekursive Funktionen der I-ten Stufe definiert werden; im betrachteten Spezialfall sogar eine primitiv-rekursive Funktion der I-ten Stufe. (SKOLEM hat dies in dem betrachteten Spezialfall, ohne die II-te Stufe heranzuziehen, durch einen besonderen Kunstgriff bewiesen.)

Der Umweg über die II-te Stufe kann auch allgemein leicht vermieden werden. Man sieht ja hier auch unmittelbar, dass die früheren Funktionswerte von variabler Anzahl, die im Aufbau von $\alpha(m+1, n+1, r)$ teilnehmen, durch

$$\varphi(m+1, n_1, n_2, r) = \prod_{i=1}^{n_2} \max(\alpha(m+1, n_1, i),\ \alpha(m, i, r))$$

rekursiv zusammengefasst sind, wo

$$\varphi(m+1, n_1, 0, r) = 1$$
$$\varphi(m+1, n_1, n_2+1, r) = \varphi(m+1, n_1, n_2, r) \cdot \max(\alpha(m+1, n_1, n_2+1),$$
$$, \alpha(m, n_2+1, r))$$

gilt (dabei kann $\varphi(0, n_1, n_2+1, r)$ beliebig, z. B. als 1 definiert werden); und so erhält man gleich die simultanen Rekursionen von Nr. **7** im § **13** für α und φ.

(Als eine andere Anwendung dieser Methode erwähne ich, dass sich daraus ein neuer Beweis für die Tatsache ergibt, dass die Klasse der elementaren Funktionen enger ist als die Klasse der primitiv-rekursiven Funktionen. Man sieht nämlich leicht ein, dass die elementaren Funktionen in eine Folge geordnet werden können. Wird auf diese Folge das Diagonalverfahren angewandt, so erweist sich die Definition der nicht elementaren Diagonalfunktion auch als eine Rekursion, wobei frühere Funktionswerte von variabler Anzahl verwendet werden. Auch diese kann nun mit der geschilderten Methode auf primitive Rekursion zurückgeführt werden.) [42])

Kehren wir aber wieder zurück zur hier betrachteten Funktion $\alpha(m, n, r)$. Jedenfalls ergibt sich, dass diese eine primitiv-rekursive Funktion ist; folglich ist die Gleichheit

$$\psi(m, n) = r,$$

welche dann und nur dann besteht, wenn $\alpha(m, n, r)$ verschwindet, tatsächlich eine primitiv-rekursive Beziehung.

4. Nun könnte man glauben, dass vielleicht jede Beziehung

$$\varphi(a_1, \ldots, a_r) = m,$$

welche zu einer allgemein-rekursiven Funktion $\varphi(a_1, \ldots, a_r)$ gehört, primitiv-rekursiv ist; und daher nach Nr. **1** dieses Kapitels alle allgemein-rekursive Funktionen in der Form

$$\mu_m[\tau(a_1, \ldots, a_r, m) = 0]$$

geschrieben werden können. Dies gilt aber wieder nicht; man ersieht das aus dem anderen Beispiel, durch welches gezeigt wurde, dass die zweifache Rekursion über die Klasse der primitiv-rekursiven Funktionen hinausführt. [43])

In Nr. **4** und **5** des § **11** wurde eine durch zweifache Rekursion definierte (und also jedenfalls allgemein-rekursive) Funktion $\varphi(m, n)$ eingeführt, welche bei geeigneter Wahl von m mit einer beliebigen einstelligen primitiv-rekursiven Funktion $\varphi(n)$ identisch wird.

Daraus hat sich in Nr. **8** des § **11** ergeben, dass die 2-rekursive Funktion

$$\xi(n) = \overline{\mathrm{sg}}\,(\varphi(n, n))$$

nicht primitiv-rekursiv sein kann.

Aber daraus, dass die 1 nicht übersteigende allgemein-rekursive Funktion $\xi(n)$ nicht primitiv-rekursiv ist, folgt, dass auch die Beziehung

$$\xi(n) = m$$

nicht primitiv-rekursiv sein kann. Denn zusammen mit dieser Beziehung wäre

[42]) Péter [13] § 1 Nr. 1, 2, 3.

[43]) Siehe Post [4] und die *Besprechung* davon von Kleene in The Journ. of Symb. Log. 12 (1947) S. 28.

auch die Funktion $\xi(n)$, welche in der Form

$$\xi(n) = \mu_m[m \leqq 1 \,\&\, \xi(n) = m]$$

geschrieben werden kann, primitiv-rekursiv.

5. Ich erwähne noch, dass man Folgendes beweisen kann: Lässt sich eine allgemein-rekursive Funktion auf eine solche explizite Form bringen, wo τ eine der Forderung (F) genügende, und $\psi(m)$ eine *monoton wachsende* primitiv-rekursive Funktion ist, so kann diese Funktion auch auf die Form

$$\mu_m[\tau'(a_1, \ldots, a_r, m) = 0]$$

gebracht werden, wobei τ' der Forderung (F) genügt.[44])

Man entnimmt daraus einfach, dass sich sämtliche allgemein-rekursive Funktionen auf die Form

$$\mu_m[\tau_1(a_1, \ldots, a_r, m) = 0] \dot{-} \mu_m[\tau_2(a_1, \ldots, a_r, m) = 0]$$

bringen lassen, wobei τ_1 und τ_2 der Forderung (F) genügende primitiv-rekursive Funktionen sind.[45])

6. Man kann auch anders als in Nr. **4** dieses Kapitels einsehen, dass nicht alle allgemein-rekursiven Funktionen auf die Form

$$\mu_m[\tau(a_1, \ldots, a_r, m) = 0]$$

gebracht werden können. Ich nehme auch jetzt die in Nr. **4** verwendete einstellige, allgemein- aber nicht primitiv-rekursive Funktion

$$\xi(n) = \overline{\text{sg}}\,(\varphi(n, n))$$

zu Hilfe; aber ich beweise gleich mehr: Ich gebe eine solche zweistellige allgemein-rekursive Funktion an, die keinesfalls in der Form

$$\psi(\mu_m[\tau(a_1, a_2, m) = 0])$$

geschrieben werden kann, mit einer primitiv-rekursiven Funktion τ und einer solchen Funktion $\psi(m)$, welche nicht alle Werte über alle Grenzen annimmt. Da die Funktion $\psi(m) = m$ jeden Wert nur an einer einzigen Stelle annimmt, so kann die genannte Funktion natürlich auch nicht auf die Form

$$\mu_m[\tau(a_1, a_2, m) = 0]$$

gebracht werden.

---

44) Skolem [5] Satz 1.

45) Skolem [5] Satz 2.

Die betreffende zweistellige Funktion ist

$$\varphi_2(a_1, a_2) = \xi(a_1) + a_2;$$

diese ist natürlich mit ξ allgemein-rekursiv, und

$$\varphi_2(a_1, a_2) = a_2$$

ist mit

$$\xi(a_1) = 0$$

gleichbedeutend. Wenn sich φ_2 auf die Form

$$\varphi_2(a_1, a_2) = \psi(\mu_m[\tau(a_1, a_2, m) = 0])$$

bringen lassen würde, wo τ eine der Forderung (F) genügende, und $\psi(t)$ eine solche primitiv-rekursive Funktion wäre, welche einen bestimmten Wert a für kein $t > k$ annehmen würde, so könnte

$$\xi(n) = 0$$

— das heisst

$$\varphi_2(n, a) = \xi(n) + a = \psi(\mu_m[\tau(n, a, m) = 0]) = a$$

— dann und nur dann bestehen, wenn

$$t = \mu_m[\tau(n, a, m) = 0]$$

der Gleichung

$$\psi(t) = a$$

genügen würde. Daraus würde aber $t \leqq k$ folgen. Daher wäre $\xi(n)$ dann und nur dann gleich 0, wenn es ein $t \leqq k$ mit

$$t = \mu_m[\tau(n, a, m) = 0] \quad \text{und} \quad \psi(t) = a$$

gäbe. Für $\xi(n) \neq 0$ gilt aber $\xi(n) = 1$. Folglich wäre

$$\xi(n) = \begin{cases} 0, \text{ falls } (Et)\,[t \leqq k \;\&\; t = \mu_m[\tau(n, a, m) = 0] \;\&\; \psi(t) = a] \\ 1 \text{ sonst,} \end{cases}$$

daraus würde sich aber — da die Beziehung $t = \mu_m[\tau(n, a, m) = 0]$ nach Nr. 1 dieses Kapitels primitiv-rekursiv ist — $\xi(n)$ als eine primitiv-rekursive Funktion ergeben, obwohl $\xi(n)$ nicht-primitiv rekursiv ist.

Zum Widerspruch hat die Annahme geführt, dass $\psi(t)$ einen gewissen Wert a für keinen Wert von t über einer Schranke k annimmt. Also kann in einer expliziten Form von $\varphi_2(a_1, a_2)$ nur eine solche Funktion ψ auftreten, welche alle Werte über alle Grenzen annimmt. Eine solche Funktion soll „umfangsreich“ genannt werden.

7. Der in der vorigen Nummer bewiesene Satz ist nur die eine Hälfte des folgenden *Satzes von* MARKOV:[46])

Es soll eine primitiv-rekursive Funktion $\psi(t)$ *in bezug auf die Variablenanzahl* r *„universal" genannt werden, wenn jede* r*-stellige allgemein-rekursive Funktion mit diesem gemeinsamen* ψ *auf die Form*

$$\psi(\mu_m[\tau(a_1, \ldots, a_r, m) = 0])$$

gebracht werden kann, wobei τ *eine der Forderung (F) genügende primitiv-rekursive Funktion ist.* (Die Funktion ψ des vorigen Kapitels war in bezug auf eine beliebige Variablenanzahl universal.) *Eine primitiv-rekursive Funktion* $\psi(t)$ *ist dann und nur dann universal, wenn sie „umfangsreich" ist,* das heisst, alle Werte über alle Grenzen annimmt.

In der vorigen Nummer wurde für $r = 2$ bewiesen, dass die Bedingung notwendig ist. Ist $r > 2$, so erhält man auch aus der dort angegebenen Funktion $\varphi_2(a_1, a_2)$ ein geeignetes Beispiel. Sei nämlich mit Hinzunahme fiktiver Variablen

$$\varphi_r(a_1, \ldots, a_r) = \varphi_2(a_1, a_2).$$

Ist nun

$$\varphi_r(a_1, \ldots, a_r) = \psi(\mu_m[\tau(a_1, \ldots, a_r, m) = 0])$$

eine explizite Form von φ_r, wobei ψ und τ primitiv-rekursiv sind, und τ der Forderung (F) genügt, so gibt es wegen (F) bei beliebigem a_1 und a_2 auch zu $a_1, a_2, 0, \ldots, 0$ ein solches m, für welches

$$\tau'(a_1, a_2, m) = \tau(a_1, a_2, 0, \ldots, 0, m) = 0$$

gilt. Also kommt man zu der Darstellung

$$\varphi_2(a_1, a_2) = \varphi_r(a_1, a_2, 0, \ldots, 0) = \psi(\mu_m[\tau(a_1, a_2, 0, \ldots, 0, m) = 0]) =$$
$$= \psi(\mu_m[\tau'(a_1, a_2, m) = 0])$$

von $\varphi_2(a_1, a_2)$, welche den üblichen Forderungen genügt; darüber wissen wir aber bereits aus der vorigen Nummer, dass darin nur eine „umfangsreiche" Funktion $\psi(t)$ auftreten kann.

Der Fall $r = 1$ lässt sich mit Hilfe der Funktionen $\sigma(a, b)$, $\sigma_1(n)$, $\sigma_2(n)$, die in Nr. **27** des § **1** zur Anordnung der Zahlenpaare in eine Folge eingeführt wurden, auf die Betrachtungen über $\varphi_2(a_1, a_2)$ zurückführen. $\sigma(a, b)$ war die Stellenzahl des Paars (a, b) in der genannten Folge; durch $\sigma_1(n)$ und $\sigma_2(n)$ wurden die beiden Glieder des n-ten Paars bezeichnet; daher war

$$\sigma_1(\sigma(a, b)) = a \quad \text{und} \quad \sigma_2(\sigma(a, b,)) = b.$$

[46]) MARKOV [3] und [4].

Es soll also im Fall $r=1$ die Funktion

$$\varphi_1(a_1)=\varphi_2(\sigma_1(a_1), \sigma_2(a_1))$$

als Beispiel genommen werden. Kann man diese Funktion auf die Form

$$\varphi_1(a_1)=\psi(\mu_m[\tau(a_1, m)=0])$$

bringen, wobei die üblichen Bedingungen erfüllt sind, so ist

$$\begin{aligned}\varphi_2(a_1, a_2)=\varphi_2(\sigma_1(\sigma(a_1, a_2)), \sigma_2(\sigma(a_1, a_2)))=\varphi_1(\sigma(a_1, a_2))=\\=\psi(\mu_m[\tau(\sigma(a_1, a_2), m)=0]),\end{aligned}$$

das ist aber eine die üblichen Bedingungen erfüllende explizite Darstellung von $\varphi(a_1, a_2)$ mit

$$\tau'(a_1, a_2, m)=\tau(\sigma(a_1, a_2), m);$$

und demnach muss darin nach der vorigen Nummer die Funktion $\psi(t)$ „umfangsreich" sein.

Also hat es sich herausgestellt, dass es zu jedem r eine r-stellige Funktion gibt, welche sich nur mit „umfangsreichem" $\psi(t)$ auf die obige explizite Form bringen lässt; diese Eigenschaft von $\psi(t)$ ist also für alle r *notwendig* dafür, dass die Funktion $\psi(t)$ in bezug auf r universal sein soll.

8. Um zeigen zu können, dass die genannte Eigenschaft von $\psi(t)$ auch hinreichend ist, wird zunächst bewiesen, dass es zu jeder beliebigen „umfangsreichen" primitiv-rekursiven Funktion $\psi_2(t)$ eine primitiv-rekursive Funktion $\psi_1(t)$, und eine allgemein-rekursive Funktion $\psi_0(w, a)$ gibt,[47]) so dass sich ψ_1, ψ_2 und ψ_0 ähnlich, wie die in der vorigen Nummer verwendeten $\sigma_1, \sigma_2, \sigma$ verhalten: das heisst, dass für beliebige w und a

$$\psi_1(\psi_0(w, a))=w \quad \text{und} \quad \psi_2(\psi_0(w, a))=a \quad .$$

gilt. Zum Beweis kann benutzt werden, dass ein beliebiger Wert beliebig oft von $\psi_2(t)$ angenommen wird; erhalten daher w und a folgende Rolle: es wird die $w+1$-te Stelle betrachtet, wo $\psi_2(t)$ den Wert a annimmt, dann kann man sowohl w als auch a alle Zahlen durchlaufen lassen.

Es sei also $\psi_0(iw, a)$ die $w+1$-te Stelle, wo $\psi_2(t)$, den Wert a annimmt. Diese Funktion kann folgendermassen definiert werden: Wir wissen, dass es über alle w ein t gibt, für welches $\psi_2(t)=a$ ist; daher ist nach Nr. 1 des vorigen Kapitels das kleinste solche $t \geqq w$:

$$\nu(w, a)=\mu_t[t \geqq w \,\&\, \psi_2(t)=a]$$

---

[47]) Dass hier $\psi_0(w, a)$ nicht immer primitiv-rekursiv ausfallen kann, wurde in Kuzn'ecov [1] bewiesen.

eine allgemein-rekursive Funktion. Und damit hat man

$$\psi_0(0, a) = \nu(0, a)$$
$$\psi_0(w+1, a) = \nu(\psi_0(w, a) + 1, a);$$

denn die erste Gleichung ergibt $\psi_0(0, a)$ als von 0 an das erste, das heisst das erste t, für welches $\psi_2(t) = a$ ist; und ist bereits $\psi_0(w, a)$ die $w+1$-te Stelle t, wo $\psi_2(t) = a$ ist, so ist $\psi_0(w+1, a)$ nach der zweiten Definitionsgleichung und nach der Definition von ν die erste solche Stelle nach $\psi_0(w, a)$, das heisst die $w+2$-te solche Stelle.

$\psi_0(w, a)$ bedeutet jedenfalls immer eine solche Stelle, wo $\psi_2(t) = a$ ist; und somit gilt

$$\psi_2(\psi_0(w, a)) = a$$

tatsächlich für alle w und a.

Jetzt hat man noch eine solche primitiv-rekursive Funktion $\psi_1(t)$ zu konstruieren, welche w aus $\psi_0(w, a)$ wiedergibt, das heisst für welche

$$\psi_1(\psi_0(w, a)) = w$$

besteht. Da $\psi_0(w, a)$ die $w+1$-te Stelle ist, wo $\psi_2(t)$ denselben Wert (nämlich den Wert a) annimmt, kann die Funktion $\psi_1(t)$ definiert werden, als die Anzahl jener Stellen u vor t, wo $\psi_2(u)$ denselben Wert annimmt, wie an der Stelle t.

Erstens kann die Anzahl der Stellen vor t, wo $\psi_2(t)$ einen Wert b annimmt, als primitiv-rekursive Funktion durch

$$\omega(0, b) = 0$$
$$\omega(t+1, b) = \begin{cases} \omega(t, b), & \text{falls } \psi_2(t) \neq b \\ \omega(t, b) + 1, & \text{„} \quad \psi_2(t) = b \end{cases}$$

definiert werden; es gibt ja vor $t = 0$ keine Stellen, und bis das erste Argument zu $t+1$ anwächst, fordert die Definition so vielmal das Addieren von 1, wie oft an vorangehenden Stellen der Wert b von ψ_2 angenommen wurde.

Also gibt

$$\psi_1(t) = \omega(t, \psi_2(t))$$

die Anzahl jener Stellen vor t an, wo die Funktion ψ_2 den Wert $\psi_2(t)$, das heisst, denselben Wert wie an der Stelle t annimmt. Da ferner $\psi_0(w, a)$ die $w+1$-te solche Stelle bedeutet, wo $\psi_2(t)$ denselben Wert annimmt, so ist tatsächlich

$$\psi_1(\psi_0(w, a)) = w.$$

Also kann man zu jeder beliebigen „umfangsreichen“ primitiv-rekursiven Funktion $\psi_2(t)$ eine solche primitiv-rekursive Funktion $\psi_1(t)$ konstruieren, dass es zu allen w und a ein t (nämlich $t = \psi_0(w, a)$) gibt, für welches

$$\psi_1(t) = w \qquad \text{und} \qquad \psi_2(t) = a$$

gilt.

9. Jetzt kann man bereits leicht beweisen, dass die Bedingung des Satzes von MARKOV auch hinreichend ist. Sei nämlich $\psi_2(t)$ eine beliebige „umfangsreiche" primitiv-rekursive Funktion; dann kann jede beliebige r-stellige allgemein-rekursive Funktion φ in der Form

$$\varphi(a_1, \ldots, a_r) = \psi_2(\mu_m[\tau_2(a_1, \ldots, a_r, m) = 0])$$

geschrieben werden, wo τ_2 eine die Forderung (F) erfüllende primitiv-rekursive Funktion ist.

Denn nach Nr. **10** des § **17** kann jede beliebige allgemein-rekursive Funktion φ mit einem bestimmten n in der Form

$$\varphi(a_1, \ldots, a_r) = \psi(\mu_w[\tau(n, a_1, \ldots, a_r, w) = 0]) = \\ = \psi(\mu_w[\tau_1(a_1, \ldots, a_r, w) = 0])$$

geschrieben werden, wo ψ und τ primitiv-rekursiv sind, τ die Forderung (F) erfüllt; und sobald w eine solche Zahl ist, für welches

$$\tau_1(a_1, \ldots, a_r, w) = 0$$

ist, auch die Beziehung

$$\psi(w) = \varphi(a_1, \ldots, a_r)$$

gilt.

Also gibt es zu jedem r-tupel $a_1, \ldots, a_r$ solche w und a, dass die primitiv-rekursive Beziehung

$$\tau_1(a_1, \ldots, a_r, w) = 0 \ \& \ \psi(w) = a$$

besteht; und daher gibt es nach der vorigen Nummer auch ein t, so dass $\psi_2(t)$ für w, und die dazu konstruierte Funktion $\psi_1(t)$ für a eingesetzt, die primitiv-rekursive Beziehung

$$\tau_1(a_1, \ldots, a_r, \psi_1(t)) = 0 \ \& \ \psi(\psi_1(t)) = \psi_2(t)$$

erfüllt wird. Sei $\tau_2(a_1, \ldots, a_r, t)$ eine derartige primitiv-rekursive Funktion, die dann und nur dann gleich 0 wird, wenn diese letzte Beziehung besteht; dann gibt es nach den Vorangehenden zu jedem r-tupel $a_1, \ldots, a_r$ ein t, für welches

$$\tau_2(a_1, \ldots, a_r, t) = 0$$

ist (das heisst, τ_2 erfüllt die Forderung (F)). Die betrachtete Beziehung besteht auch für das kleinste derartige t; wenn sie aber besteht, so folgt daraus erstens, dass

$$\tau_1(a_1, \ldots, a_r, \psi_1(t)) = 0,$$

also nach der Voraussetzung auch

$$\psi(\psi_1(t)) = \varphi(a_1, \ldots, a_r),$$

zweitens, dass

$$\psi(\psi_1(t)) = \psi_2(t)$$

gilt; diese beiden Gleichungen ergeben aber

$$\varphi(a_1, \ldots, a_r) = \psi_2(t).$$

Wird dies für das kleinste t, für welches

$$\tau_2(a_1, \ldots, a_r, t) = 0$$

ist, angewandt, so erhält man tatsächlich

$$\varphi(a_1, \ldots, a_r) = \psi_2(\mu_t[\tau_2(a_1, \ldots, a_r, t) = 0]).$$

§ 19. BEISPIEL EINER NICHT-ALLGEMEIN-REKURSIVEN FUNKTION

1. Für einstellige Funktionen formuliert lautet das zum Schluss des § 17 Ausgesagte: Es gibt eine zweistellige partiell-rekursive Funktion $\psi'(m, n)$ (nämlich $\psi'(m, n) = \psi(\mu_w[\tau(m, n, w) = 0])$ mit primitiv-rekursiven ψ und τ), so dass zu einer beliebigen einstelligen allgemein-rekursiven Funktion $\varphi(n)$ eine Zahl m angegeben werden kann, sodass $\psi'(m, n)$ für alle n definiert ist, und für alle n

$$\varphi(n) = \psi'(m, n)$$

gilt. Hieraus gewinnt man durch das Diagonalverfahren leicht *ein Beispiel für eine nicht-allgemein-rekursive Funktion*[48]); *und zugleich für eine partiell-rekursive Funktion, welche sich nicht zu einer allgemein-rekursiven Funktion erweitern lässt.* Genauer gesagt: es gibt zu der partiell-rekursiven Diagonalfunktion $\xi(n)$, welche durch

$$\xi(n) \simeq \psi'(n, n) + 1$$

definiert wird, keine allgemein-rekursive Funktion $\varphi(n)$, welche überall, wo

[48]) Das erste derartige Beispiel siehe bei KLEENE [1] § 2, Satz XIV.

$\xi(n)$ definiert ist, mit $\xi(n)$ übereinstimmt. Denn gäbe es ein solches $\varphi(n)$, so wäre $\psi'(m, n)$ bei einem geeigneten m für alle n definiert, und es würde für alle n

$$\varphi(n) = \psi'(m, n)$$

bestehen, also wäre $\psi(m, m)$ auch für $n = m$ definiert und

$$\varphi(m) = \psi'(m, m).$$

Dann wäre aber auch $\xi(m) = \psi'(m, m) + 1$ definiert, und müsste mit $\varphi(m)$ übereinstimmen; woraus sich der Widerspruch

$$\psi'(m, m) + 1 = \psi'(m, m)$$

ergeben würde.

An diesem Gedankengang ändert sich nichts, wenn man statt von der universellen expliziten Form für partiell-rekursive Funktionen, von der universellen expliziten Form für allgemein-rekursive Funktionen

$$\psi'(m, n) = \psi(\mu_w[\tau(m, n, w) = 0])$$

ausgeht, wobei $\mu_w[\tau(m, n, w) = 0]$ überall definiert ist, und zwar als das kleinste w mit $\tau(m, n, w) = 0$, falls es ein solches w gibt, und als 0, falls kein solches w existiert. Man schliesst genau wie vorhin darauf, dass die Funktion

$$\xi(n) = \psi'(n, n) + 1$$

nicht allgemein-rekursiv sein kann.

Demnach haben wir in diesem Fall, wenn $\varrho(n, w)$ für $\tau(n, n, w)$ gesetzt wird, in

$$\vartheta(n) = \mu_w[\varrho(n, w) = 0]$$

ein Beispiel für eine überall definierte und nicht-allgemein-rekursive Funktion, denn mit $\vartheta(n)$ wäre auch

$$\psi'(n, n) + 1 = \psi(\vartheta(n)) + 1$$

allgemein-rekursiv. Dabei ist $\varrho(n, w)$ primitiv-rekursiv.

2. Als das Diagonalverfahren auf die primitiv-rekursiven Funktionen angewandt wurde, hat man eine solche nicht-primitiv-rekursive „Diagonalfunktion" erhalten, welche dennoch durch eine Art Rekursion, nämlich durch eine zweifache Rekursion definiert werden kann. Das auf die k-rekursiven Funktionen angewandte Diagonalverfahren hat auf eine $k+1$-rekursive Funktion geführt. Nun könnte man glauben, dass sich die „Diagonalfunktion" der allgemein-rekursiven Funktionen durch eine noch allgemeinere Rekursion definieren lässt.

Die allgemeine Rekursion wurde aber eben darum „allgemein“ genannt, weil wir uns keine allgemeinere Rekursionsart vorstellen können. Es wurde ja bei der Definition einer allgemein-rekursiven Funktion nur soviel verlangt, dass sich der Wert der definierten Funktion an jeder Stelle eindeutig aus den Definitionsgleichungen berechnen lässt. Also können die Werte einer nicht-allgemein-rekursiven Funktion von gar keinem Definitionsgleichungssystem lückenlos geliefert werden; eine solche Funktion kann in gar keinem Sinn „rekursiv“ sein.

Es wurde sogar von vielen Seiten als plausibel hingestellt, dass sich die Werte einer nicht-allgemein-rekursiven Funktion nicht nur aus keinem Gleichungssystem, sondern auf keinem Weg an allen Stellen in endlich vielen Schritten berechnen lassen.

Eine wichtige Bemerkung von KALMÁR[49]) wirft auf diese Frage ein neues Licht.

Die Definition der vorher gewonnenen nicht-allgemein-rekursiven Funktion lautet:

$$\vartheta(n) = \begin{cases} \text{das kleinste } w \text{ mit } \varrho(n,w)=0, \text{ falls es ein solches } w \text{ gibt,} \\ 0, \text{ wenn kein } w \text{ mit } \varrho(n,w)=0 \text{ existiert.} \end{cases}$$

Falls es zu einem n ein w mit $\varrho(n,w)=0$ gibt, so findet man, wenn man für w der Reihe nach $0, 1, 2, \ldots$ einsetzt, nach endlich vielen Schritten das kleinste derartige w, also den Wert von $\vartheta(n)$. Wenn es zu n kein w mit $\varrho(n,w)=0$ gibt, so kann man sich davon durch endlich viele Einsetzungen nicht überzeugen; doch auch in diesem Fall ist der Wert von $\vartheta(n)$ in endlich vielen Schritten berechenbar (und zwar als 0), falls man einen Beweis dafür besitzt, dass es zu dem betrachteten n kein w mit $\varrho(n,w)=0$ gibt (Ein Beweis besteht selbstverständlich aus endlich vielen Schritten.) Wenn also für ein beliebiges n entweder ein w mit $\varrho(n,w)=0$ vorhanden ist, oder ein Beweis dafür, dass kein solches w existiert, dann haben wir in $\vartheta(n)$ ein Beispiel für eine nicht-allgemein-rekursive Funktion, deren Werte dennoch an jeder Stelle berechenbar sind. Ist das nicht der Fall, so muss es ein n geben, zu welchem es kein w mit $\varrho(n,w)=0$ gibt, jedoch diese Tatsache auf keinem Wege bewiesen werden kann.

Wenn man also annimmt, dass alle Funktionen, deren Werte überall in endlich vielen Schritten berechnet werden können, allgemein-rekursiv sind, so muss man sich auch mit der wenig plausiblen Tatsache abfinden, dass es eine einfache Aussage gibt (nämlich, dass eine zweistellige primitiv-rekursive Funktion für ein gewisses n nirgends verschwindet), welche wahr und trotz-

---

[49]) KALMÁR [6].

dem absolut unbeweisbar ist (vorausgesetzt selbstverständlich, dass man nicht durch Verwerfung des Satzes vom ausgeschlossenen Dritten einen Ausweg finden will).

§ 20. BERECHENBARE FUNKTIONEN

1. Nun möchte ich einige der Argumente anführen, durch die man die Identifizierung der „berechenbaren Funktionen" mit den allgemein-rekursiven Funktionen plausibel zu machen suchte.

Man kann nur dann behaupten, dass die Werte einer Funktion an jeder Stelle in endlich vielen Schritten berechenbar sind, wenn diese Berechnung nicht von irgendeiner individuellen Willkür abhängt, sondern ein solches Verfahren ist, das sich zu jeder Zeit wiederholen und auch Anderen anvertrauen lässt. Daher muss es ein mechanisches Verfahren sein; also kann man sich prinzipiell auch eine Maschine vorstellen, welche die Schritte der Berechnung ausführen kann.

Stellen wir uns eine solche Maschine vor. Man kann annehmen, dass sie eine schreibende Rechenmaschine ist, welche auf eine in Abschnitte geteilte Papierschleife, die nach beiden Richtungen beliebig verlängert werden kann, Zeichen schreibt (in einen Abschnitt immer nur ein Zeichen); es ist ja wirklich keine Einschränkung der Allgemeinheit, dass auf diese Art die ganze Berechnung in einer Zeile und nicht in mehreren Zeilen untereinander vor sicht geht. Es kommen endlich viele Zeichen im Vorrat der Maschine vor, aber auch das ist keine Einschränkung der Allgemeinheit, denn es können auch beliebig viele Glieder unendlicher Folgen mit endlich vielen Zeichen aufgeschrieben werden (z. B. beliebig grosse Zahlen mit den Ziffern eines Zahlensystems). Es ist ferner keine Einschränkung, wenn unter die Zeichen der Maschine nur zwei Zahlen: 0 und 1 aufgenommen werden. Es können ja alle positiven Zahlen mit lauter 1 aufgeschrieben werden: die 2 in der Form 11, die 3 in der Form 111, usw.; mit einem Wort, die Maschine kann soviele 1 nacheinander setzen, wie gross die aufzuzeichnende Zahl ist. Freilich könnte man ebenso gut zum Beispiel a zur Bezeichnung von 0 wählen und $b, bb, bbb, \ldots$ zur Bezeichnung der übrigen Zahlen.

Die Bestandteile der Maschine können in verschiedene „Konfigurationen" geraten. Wir brauchen Konfigurationen, welche die Maschine zu den folgenden Tätigkeiten bewegen: dass sie in den eben eingestellten leeren Abschnitt der Schleife irgendein Zeichen ihres Vorrates schreibe; dass sie aus dem eingestellten Abschnitt ein dort stehendes Zeichen ausstreiche; dass sie ein eben eingestelltes Zeichen durch ein anderes Zeichen ihres Vorrates ersetze; dass sie jenen Abschnitt einstelle, der links oder rechts von dem eben eingestellten Abschnitt liegt. Der Mensch tut auch dasselbe bei der Berechnung der

Werte einer Funktion: er schreibt, verwischt, besichtigt oder vergegenwärtigt sich etwas („stellt etwas ein"), was er bereits früher abgeschrieben hat, und in Abhängigkeit davon rechnet er weiter („nach rechts" von den bisher Aufgeschriebenen gehend), oder modifiziert etwas an der bisherigen Berechnung. Wünscht man, dass das Berechnungsverfahren auch Anderen mitteilbar, automatisch sei, so muss es aus endlich vielen Anweisungen bestehen, die darüber verfügen, was in den einzelnen Stadien des Rechnens zu tun ist. Unsere Maschine kann auch nur in endlich viele „Konfigurationen" geraten; in einem gewissen Stadium entscheidet das eben eigenstellte Zeichen und die aktuelle Konfiguration, welche ihrer Fähigkeiten die Maschine in Tätigkeit setzen, und in welche neue Konfiguration sie nachher geraten wird.

Der Mensch kann natürlich nicht nur ein Zeichen, sondern auch eine Zeichenfolge ins Auge fassen („einstellen"); aber nicht beliebig viele Zeichen. Hat man z. B. die Zeichenfolgen 111111111 und 1111111111, oder Folgen von noch mehr 1 zu vergleichen, so wird man am besten einzeln je eine 1 in den beiden Folgen irgendwie bezeichnen (z. B. mit einem Strich versehen); kommt man ans Ende der einen Folge, so wird es sich herausstellen, welche Folge aus mehr 1 besteht. Es bedeutet keine Einschränkung, von der Maschine zu verlangen, dass sie die Berechnung in die elementarsten Einzelakte auflöse: die Schleife auf einmal nur um einen Abschnitt nach rechts oder links ziehe (als nächster Schritt kann ja das Weiterziehen um noch einen Abschnitt verlangt werden); dass sie ferner auf einmal nur eins der bisher auf die Schleife geschriebenen Zeichen einstelle, „sich vergegenwärtige" (der nächste Schritt kann ja die Einstellung des benachbarten Zeichens sein); endlich, dass sie auf einmal nur ein Zeichen schreibe oder streiche.

Auch das bedeutet nur das Einhalten einer gewissen Ordnung, aber keine Einschränkung, wenn man verlangt, dass die Maschine die Werte einer Funktion $\varphi(n)$, welche sie zu berechnen hat, so aufzeichne, dass auf der Schleife vor der ersten 0 soviele 1 vorhanden seien, wieviel $\varphi(0)$ beträgt, dann nach der ersten 0 (welche zum Trennen des nächsten Funktionswertes da ist) bis zur nächsten 0, soviele 1, wieviel $\varphi(1)$ beträgt, usw.; das heisst, dass der Funktionswert $\varphi(n)$ als die Anzahl der 1 erscheinen soll von der $n+1$-ten 0 rückwärts bis zur vorangehenden 0, oder wenn keine solche vorhanden ist, bis zum Anfang der aufgeschriebenen Zeichenfolge. Die einmal aufgezeichneten 0 und 1 sollen nie wieder ausgestrichen werden; in den Nebenrechnungen sollen die Zeichen 0 und 1 nicht auftreten (die dort benutzten Zahlen können ja auch mit Hilfe anderer Zeichen aufgeschrieben werden). Man kann verlangen, dass links von den bereits aufgezeichneten Zeichen 0 und 1 nie wieder 0 oder 1 aufgeschrieben werde — wenn es in der Nebenberechnung natürlich auch vorkommen kann, dass die Berechnung von $\varphi(n_2)$ der Berechnung von $\varphi(n_1)$ vorangeht, wo n_1 eine frühere Stelle als n_2 ist, *als Ergebnis* kann jedoch $\varphi(n_1)$ vor $\varphi(n_2)$ aufgezeichnet werden. Das kann z. B.

so eingerichtet werden, dass das eigentliche Berechnungsverfahren nur in jedem zweiten Abschnitt der Schleife verläuft, und die übrigen Abschnitte für das Ergebnis vorbehalten werden; und sobald sich der Wert von $\varphi(0)$ in der Berechnung (natürlich nicht mit den Zeichen 0 und 1 bezeichnet) ergibt, die Maschine in die vorbehaltenen Abschnitte soviele 1 schreibe, wieviel $\varphi(0)$ beträgt, und nachher eine 0; sobald dann die Berechnung den Wert von $\varphi(1)$ ergibt, die Maschine vom (von rechts) ersten leeren vorbehaltenen Abschnitt an sowiele 1 schreibe, wieviel $\varphi(1)$ beträgt, und nachher eine 0; usw.

Handelt es sich um die Berechnung einer mehrstelligen Funktion, so können die Stellen (wie z. B. die Zahlenpaare in Nr. **27** des § **1**) in eine Folge geordnet werden; und die Maschine hat der Reihe nach, durch je eine 0 getrennt, soviele 1 in die vorbehaltenen Abschnitte zu schreiben, wieviel der Funktionswert an der ersten, zweiten, dritten... Stelle beträgt.

Statt etwas durch die Maschine „ausstreichen" zu lassen, kann man auch sagen: „sie schreibt dafür das „vakante" Zeichen". So muss zum Vorrat der berechnenden Maschine auch das Zeichen „vakant" gehören; es wird kurz S_0 genannt. Dann kann man statt der Aussage: „die Maschine schreibt in den leeren Abschnitt das Zeichen S" auch sagen: „sie schreibt S für S_0".

2. Nun werden wir eine Funktion $\varphi(n)$ „mechanisch berechenbar" nennen, wenn sich prinzipiell eine Maschine (von der vorhin geschilderten Struktur) mit folgenden Eigenschaften konstruieren lässt:

1) Der Zeichenvorrat der Maschine besteht aus endlich vielen Zeichen:

$$S_0, S_1, S_2, S_3, S_4, \ldots,;$$

dabei vertritt S_0 das „vakante" Zeichen, und es ist $S_1 = 0$ und $S_2 = 1$.

2) Die Maschine kann in endlich viele Konfigurationen

$$q_1, q_2, q_3, \ldots$$

geraten; dabei ist q_1 die „Anfangskonfiguration".

3) Die Tätigkeit der Maschine besteht aus Einzelakten folgender Art: Steht S_i im eingestellten Abschnitt der Schleife, und ist die aktuelle Konfiguration der Maschine q_j, so schreibt die Maschine ein bestimmtes Zeichen $S_{i'}$ für S_i, dann stellt sie entweder denselben Abschnitt, oder einen benachbarten Abschnitt ein, und geht in eine bestimmte Konfiguration $q_{j'}$ über.

Da die Anzahl der S_i und q_j endlich ist, kann nur von endlich vielen verschiedenen Einzelakten dieser Art die Rede sein. Ein solcher Einzelakt kann, je nachdem ob die Maschine wieder den eben eingestellten Abschnitt oder den links oder rechts davon stehenden einstellt, kurz mit

$$q_j S_i | S_{i'} N q_{j'} \text{ bzw. } q_j S_i | S_{i'} L q_{j'} \text{ bzw. } q_j S_i | S_{i'} R q_{j'}$$

angedeutet werden. Ist $S_i = S_{i'}$, so bedeutet das, dass die Maschine in diesem Moment das eingestellte Zeichen S_i unverändert lässt.

Wird ein Abschnitt der leeren Schleife eingestellt, und die Maschine in die Konfiguration q_1 gebracht, so verrichtet die Maschine die Einzelakte ihrer Wirksamkeit automatisch nacheinander; und dadurch entsteht auf der Schleife eine Zeichenfolge, worin 0 über alle Grenzen wieder einmal vorkommt; vor dem ersten 0-Zeichen treten 1-Zeichen von der Anzahl $\varphi(0)$ auf, und die Anzahl der 1-Zeichen zwischen dem n-ten und $n+1$-ten 0-Zeichen ist $\varphi(n)$. Die n-te 0, die an der Schleife zu sehen ist, ist zugleich die n-te 0, welche von der Maschine niedergeschrieben wird; und die n-te 1 der Zeichenfolge an der Schleife ist eben die n-te von der Maschine aufgeschriebene 1.

3. Als erstes Beispiel soll hier die Beschreibung einer solchen Maschine angegeben werden, welche die einfache, konstante Funktion $\varphi(n) = 1$ berechnet.

Diese Maschine hat die Zeichenfolge

$$10101010\ldots$$

abzuschreiben. Dazu sind gar keine Nebenrechnungen nötig; daher ist der ganze Zeichenvorrat der Maschine

$$S_0 \text{ („vakant“)}, \quad S_1 = 0, \quad S_2 = 1.$$

In der Anfangskonfiguration wünschen wir, dass die Maschine das Zeichen 1 in den eingestellten leeren Abschnitt schreibe, dann den Nachbarabschnitt von rechts einstelle, und in eine solche neue Konfiguration übergehe, wo sie in den eingestellten leeren Abschnitt 0 schreibe, dann wieder den benachbarten Abschnitt von rechts einstelle, und in eine solche Konfiguration übergehe, worin sie dasselbe tue wie zum Beginn. Daher braucht die Maschine nur die beiden Konfigurationen

$$q_1 \text{(1-schreibende)}, \quad q_2 \text{(0-schreibende)}$$

annehmen zu können; und die Tätigkeit der Maschine besteht insgesamt aus den beiden Einzelakten:

$$q_1 S_0 | S_2 R q_2, \qquad q_2 S_0 | S_1 R q_1.$$

Auf Grund dieser Beschreibung funktioniert die Maschine folgendermassen:

Am Anfang ist die Schleife leer; es wird ein leerer Abschnitt (also ein Abschnitt mit dem Zeichen S_0) eingestellt, und die Maschine in die Konfiguration q_1 gebracht. Nach dem ersten Einzelakt ihrer Tätigkeit schreibt dann die Maschine S_2 das heisst 1 für S_0, stellt den (noch leeren) Nachbarabschnitt von rechts ein, und geht in die Konfiguration q_2 über. Nach dem zweiten Einzelakt ihrer Tätigkeit, wo jetzt die aktuelle Konfiguration q_2, und das eingestellte Zeichen S_0 („vakant") ist, schreibt die Maschine S_1 das heisst 0 für dieses S_0; stellt den (noch leeren) Nachbarabschnitt von rechts ein, und geht in die Konfiguration q_1 über. Da jetzt q_1 die aktuelle Konfiguration und S_0 („vakant") das eingestellte Zeichen ist, kommt wieder der erste Einzelakt an die Reihe; die Maschine schreibt nämlich 1, geht nach rechts (so werde ich kurz ausdrücken, dass sie „den Nachbarabschnitt von rechts einstellt") und geht in q_2 über. Usw. Diese Maschine schreibt also unaufhörlich die Folge

$$101010\ldots$$

auf die Schleife, so wie es verlangt wurde.

4. Zur Berechnung der Funktion $\varphi(n) = n + 1$, das heisst zur Aufzeichnung der Zahlenfolge

$$10110111011110\ldots$$

braucht man schon eine viel kompliziertere Maschine.

Diese Maschine hat nach jeder 0 soviele 1 zu schreiben, wieviele 1 in der vorigen Gruppe vorhanden sind, und dann noch eine 1. Also hat sie nach einer jeden 0 sozusagen die 1-Zeichen der vorigen Gruppe abzuschreiben (und dann noch eine 1 zu schreiben); sind in der abzuschreibenden Gruppe schon sehr viele 1-Zeichen vorhanden, so kann das auch ein Mensch ohne Unsicherheit nur so verrichten, dass er die bereits abgeschriebenen 1-Zeichen irgendwie, z. B. mit einem Strich bezeichnet. Bei dieser Maschine ist also auch ein „Strich"-Zeichen notwendig; und wenn auch nicht für eine ernste Nebenrechnung, aber für die Striche muss jeder zweite Abschnitt vorbehalten werden.

Die Zeichen der Maschine sind also:

$$S_0(\text{„vakant"}), \quad S_1 = 0, \quad S_2 = 1, \quad S_3(\checkmark).$$

Und hier braucht man eine ganze Schar von Konfigurationen. Die Beschreibung wird etwas kürzer, wenn ausnahmsweise zugelassen wird, dass die Maschine auf einmal um zwei Abschnitte nach rechts oder links gehen kann; eine solche Bewegung wird mit R_2 bzw. L_2 bezeichnet (das wäre natürlich nicht notwendig; ich möchte nur das Folgende etwas kürzer schildern).

Die Maschine muss Folgende können: 0 schreiben; die vorherige 0 — oder wenn kein 0-Zeichen links vorhanden ist, den leeren Abschnitt vor der auf die Schleife geschriebenen Zeichenfolge — suchen; die darauf folgenden 1-Zeichen mit einem Strich versehen; diese an das Ende der auf der Schleife stehenden Zeichenfolge aufschreiben; und wenn keine zu kopierende 1 mehr vorhanden ist, noch eine 1 dazuschreiben. Das Zurücktasten zur vorherigen 0 (oder zum leeren Abschnitt) bedeutet natürlich mehrere Schritte, nämlich das nach links Gehen um je zwei Abschnitte, solange man 1 findet. Auch das Abschreiben bedeutet mehrere Schritte; nämlich das nach rechts Gehen um je zwei Abschnitte, bis man einen leeren Abschnitt findet; hier das Abschreiben einer 1, das nach links Gehen um einen Abschnitt (in einen Abschnitt für Striche), und das Zurückgehen um je zwei Abschnitte nach links, bis man einen Strich findet. Das Hinzuschreiben einer 1 bedeutet ebenfalls mehrere Schritte, nämlich das Weitergehen nach rechts um je zwei Abschnitte bis zum ersten leeren Abschnitt, und dort das Schreiben einer 1. Ist der eingestellte Abschnitt leer (das ist zum Beginn der Fall), so schreibt die Maschine gleich eine 1.

Die Maschine muss daher zu folgenden Konfigurationen fähig sein:

q_1(hinzuschreibend), q_2(0-schreibend), q_3(suchend),
q_4(Strich-setzend), q_5(abschreibend), q_6(zurückgehend).

In hinzuschreibender Konfiguration geht die Maschine um je zwei Abschnitte nach rechts, bis sie einen leeren Abschnitt findet; findet sie einen leeren Abschnitt, so schreibt sie eine 1 hinein; geht dann um zwei Abschnitte nach rechts weiter, und geht in die 0-schreibende Konfiguration über.

In 0-schreibender Konfiguration schreibt die Maschine in den leeren Abschnitt 0, geht um zwei Abschnitte nach links, und geht in die suchende Konfiguration über.

In suchender Konfiguration geht die Maschine, wenn sie eine 1 findet, um zwei Abschnitte weiter nach links, um weiter zu suchen. Findet sie eine 0, oder einen leeren Abschnitt (vor der ganzen bisher geschriebenen Zeichenfolge), so geht sie um zwei Abschnitte nach rechts, und geht in die Strich-setzende Konfiguration über.

In Strich-setzender Konfiguration geht die Maschine, wenn sie eine 1 findet, um einen Abschnitt nach rechts, in einen Abschnitt für Striche. Hier schreibt sie auf die leere Stelle einen Strich, geht um einen Abschnitt nach rechts, und geht in die abschreibende Konfiguration über. Findet aber die von suchender Konfiguration in Strich-setzende Konfiguration übergehende Maschine bereits eine 0, so geht sie gleich in die hinzuschreibende Konfiguration über.

In abschreibender Konfiguration geht die Maschine, solange sie keinen leeren Abschnitt findet, um je zwei Abschnitte nach rechts; sobald sie aber einen leeren Abschnitt findet, schreibt sie 1 dorthin, geht nach links in einen Abschnitt für Striche, und geht in die zurückgehende Konfiguration über.

In zurückgehender Konfiguration geht die Maschine, solange sie in den Abschnitten für Striche nichts findet, um je zwei Abschnitte zurück; sobald sie aber einen Strich findet, geht sie um einen Abschnitt nach rechts, und geht in die Strich-setzende Konfiguration über: das heisst, sie sucht eine 1, um diese mit einem Strich zu versehen.

5. Nach den Vorangehenden besteht die Tätigkeit der Maschine, welche die Werte von $\varphi(n) = n + 1$ berechnet, aus den folgenden Einzelakten:

(1a) $q_1S_0\,\vert\,S_2R_2q_2$	(1b) $q_1S_1\,\vert\,S_1R_2q_1$	(1c) $q_1S_2\,\vert\,S_2R_2q_1$
	(2) $q_2S_0\,\vert\,S_1L_2q_3$	
(3a) $q_3S_2\,\vert\,S_2L_2q_3$	(3b) $q_3S_0\,\vert\,S_0R_2q_4$	(3c) $q_3S_1\,\vert\,S_1R_2q_4$
(4a) $q_4S_2\,\vert\,S_2R\,q_4$	(4b) $q_4S_0\,\vert\,S_3R\,q_5$	(4c) $q_4S_1\,\vert\,S_1N\,q_1$
(5a) $q_5S_1\,\vert\,S_1R_2q_5$	(5b) $q_5S_2\,\vert\,S_2R_2q_5$	(5c) $q_5S_0\,\vert\,S_2L\,q_6$
(6a) $q_6S_0\,\vert\,S_0L_2q_6$	(6b) $q_6S_3\,\vert\,S_3R\,q_4$.	

Man sieht klar, dass diese 15 Einzelakte ausreichen, wenn man die Tätigkeit der Maschine eine Weile verfolgt. Am Anfang wird natürlich ein leerer Abschnitt und die Konfiguration q_1 eingestellt. Dann schreibt die Maschine nach (1a) eine 1, und um zwei Abschnitte nach rechts gehend, geht sie in die Konfiguration q_2 über. Auf der Schleife steht dann (ich bezeichne die leeren Abschnitte, die bereits eine Rolle gespielt haben, mit Punkten; unterstreiche den eben eingestellten Abschnitt, und schreibe die neue Konfiguration darunter):

$$\begin{array}{ccc} 1 & . & \underline{.} \\ & & q_2 \end{array}$$

Das gestaltet sich folgendermassen weiter:

nach (2) ist $\begin{array}{ccc} 1 & \underline{.} & 0 \\ & q_3 & \end{array}$

nach (3a) $\begin{array}{cccccc} \underline{.} & . & 1 & . & . & 0 \\ q_3 & & & & & \end{array}$

nach (3b) $\begin{array}{ccccc} . & . & \underline{1} & . & 0 \\ & & q_4 & & \end{array}$

nach (4a) $\begin{array}{ccc} 1 & \underline{.} & 0 \\ & q_4 & \end{array}$

nach (4b) $\begin{array}{ccc} 1 & \surd & \underline{0} \\ & & q_5 \end{array}$

nach (5a) $\begin{array}{ccccc} 1 & \surd & 0 & \underline{.} & . \\ & & & q_5 & \end{array}$

nach (5c) $\begin{array}{ccccc} 1 & \surd & 0 & \underline{.} & 1 \\ & & & q_6 & \end{array}$

nach (6a) . . $1 \; \underset{\overline{q_6}}{\surd} \; 0 \; . \; 1$

nach (6b) . . $1 \; \surd \; \underset{\overline{q_4}}{0} \; . \; 1$

nach (4c) . . $1 \; \surd \; \underset{\overline{q_1}}{0} \; . \; 1$

nach (1b) . . $1 \; \surd \; 0 \; . \; \underset{\overline{q_1}}{1}$

nach (1c) . . $1 \; \surd \; 0 \; . \; 1 \; . \; \underset{\overline{q_1}}{.}$

nach (1a) . . $1 \; \surd \; 0 \; . \; 1 \; . \; 1 \; . \; \underset{\overline{q_2}}{.}$

nach (2) $1 \; \surd \; 0 \; . \; 1 \; . \; \underset{\overline{q_3}}{1} \; . \; 0$

nach (3a) . . $1 \; \surd \; 0 \; . \; \underset{\overline{q_3}}{1} \; . \; 1 \; . \; 0$

nach (3a) . . $1 \; \surd \; \underset{\overline{q_3}}{0} \; . \; 1 \; . \; 1 \; . \; 0$

nach (3c) . . $1 \; \surd \; 0 \; . \; \underset{\overline{q_4}}{1} \; . \; 1 \; . \; 0$

nach (4a) . $1 \; \surd \; 0 \; . \; 1 \; \underset{\overline{q_4}}{.} \; 1 \; . \; 0$

nach (4b) . . $1 \; \surd \; 0 \; . \; 1 \; \surd \; \underset{\overline{q_5}}{1} \; . \; 0$

nach (5b) . . $1 \; \surd \; 0 \; . \; 1 \; \surd \; 1 \; . \; \underset{\overline{q_5}}{0}$

nach (5a) . . $1 \; \surd \; 0 \; . \; 1 \; \surd \; 1 \; . \; 0 \; . \; \underset{\overline{q_5}}{.}$

nach (5c) . . $1 \; \surd \; 0 \; . \; 1 \; \surd \; 1 \; . \; 0 \; \underset{\overline{q_6}}{.} \; 1$

nach (6a) . . $1 \; \surd \; 0 \; . \; 1 \; \surd \; 1 \; \underset{\overline{q_6}}{.} \; 0 \; . \; 1$

nach (6a) . . $1 \; \surd \; 0 \; . \; 1 \; \underset{\overline{q_6}}{\surd} \; 1 \; . \; 0 \; . \; 1$

nach (6b) . . $1 \; \surd \; 0 \; . \; 1 \; \surd \; \underset{\overline{q_4}}{1} \; . \; 0 \; . \; 1$

nach (4a) . . $1 \surd 0 \,.\, 1 \surd 1 \underset{\overline{q_4}}{.} 0 \,.\, 1$

nach (4b) . . $1 \surd 0 \,.\, 1 \surd 1 \surd \underset{\overline{q_5}}{0} \,.\, 1$

nach (5a) . $1 \surd 0 \quad 1 \surd 1 \surd 0 \,.\, \underset{\overline{q_5}}{1}$

nach (5b) . . $1 \surd 0 \,.\, 1 \surd 1 \surd 0 \,.\, 1 \,.\, \underset{\overline{q_5}}{.}$

nach (5c) . . $1 \surd 0 \,.\, 1 \surd 1 \surd 0 \,.\, 1 \underset{\overline{q_6}}{.} 1$

nach (6a) . . $1 \surd 0 \,.\, 1 \surd 1 \surd 0 \underset{\overline{q_6}}{.} 1 \,.\, 1$

nach (6a) . . $1 \surd 0 \,.\, 1 \surd 1 \underset{\overline{q_6}}{\surd} 0 \,.\, 1 \,.\, 1$

nach (6b) . . $1 \surd 0 \,.\, 1 \surd 1 \surd \underset{\overline{q_4}}{0} \,.\, 1 \,.\, 1$

nach (4c) . . $1 \surd 0 \,.\, 1 \surd 1 \surd \underset{\overline{q_1}}{0} \,.\, 1 \quad 1$

nach (1b) . . $1 \surd 0 \,.\, 1 \surd 1 \surd 0 \,.\, \underset{\overline{q_1}}{1} \,.\, 1$

nach (1c) . $1 \surd 0 \,.\, 1 \surd 1 \surd 0 \,.\, 1 \,.\, \underset{\overline{q_1}}{1}$

nach (1c) . . $1 \surd 0 \,.\, 1 \surd 1 \surd 0 \,.\, 1 \quad 1 \,.\, \underset{\overline{q_1}}{.}$

nach (1a) . . $1 \surd 0 \,.\, 1 \surd 1 \surd 0 \,.\, 1 \,.\, 1 \quad 1 \,.\, \underset{\overline{q_2}}{.}$

nach (2) $1 \surd 0 \,.\, 1 \surd 1 \surd 0 \,.\, 1 \,.\, 1 \,.\, \underset{\overline{q_3}}{1} \,.\, 0$

und nun beginnt wieder das Suchen der vorherigen 0, von hier an das Bezeichnen und Abschreiben der 1-Zeichen, das Hinzuschreiben von noch einer 1, dann das Schreiben einer 0, usw., unaufhörlich ins Unendliche.

6. Dies erscheint als eine ausserordentlich verlangsamte Filmaufnahme vom dem Berechnungsverfahren des Menschen. Wird diese Mechanisierung der Berechnung an einigen Funktionen ausprobiert, so lebt man sich hinein, dass man genau so zu rechnen pflegt, nur schneller. Und tatsächlich können zu einer ganzen Schar von zahlentheoretischen Funktionen solche Maschinen prinzipiell konstruiert werden, welche ihre Werte berechnen; man kann sogar beweisen, dass es zu jeder allgemein-rekursiven Funktion eine solche „Turing-Maschine" gibt.[50])

Der Begriff der mechanischen Berechenbarkeit lässt sich leicht auch auf reelle Zahlen übertragen; eine reelle Zahl kann mechanisch berechenbar genannt werden, wenn man prinzipiell eine „Turing-Maschine" konstruieren kann, welche in die Anfangskonfiguration gebracht, auf die leere Schleife eine solche Zeichenfolge schreibt, worin die Teilfolge der 0- und 1-Zeichen die dyadische Entwicklung des nicht ganzen Teils der betreffenden reellen Zahl ist. TURING behauptet,[51]) dass alle algebraischen Zahlen, ferner π und e in diesem Sinn berechenbar sind.

All das erweckt den Eindruck, dass hier ein sehr allgemeiner Begriff der Berechenbarkeit erfasst wurde.

7. Man kann nun beweisen, dass jede, durch eine „Turing-Maschine" berechenbare Funktion allgemein-rekursiv ist.[52])

Der Beweis soll hier für einstelligen Funktionen ausgeführt werden.

Sei also $\varphi(n)$ eine mechanisch berechenbare Funktion. Die dazu gehörige Turing-Maschine soll die Zeichen

$$S_0(\text{„vakant"}),\ S_1(=0),\ S_2(=1),\ S_3, \ldots, S_{M-1}$$

der Anzahl M enthalten, und die Maschine sei zur Annahme der Konfigurationen

$$q_1(\text{Anfangskonfiguration}), q_2, \ldots, q_R$$

von der Anzahl R fähig. Eine endliche Anzahl von Anweisungen der Form

$$(1)\ q_t S_s | S_{s'} L q_{t'} \quad \text{bzw.} \quad (2)\ q_t S_s | S_{s'} N q_{t'} \quad \text{bzw.} \quad (3)\ q_t S_s | S_{s'} R q_{t'}$$

soll die Einzelakte der Tätigkeit der Maschine angeben. Da es nur endlich viele Möglichkeiten zu solchen Anweisungen gibt, sind die Funktionen $\delta_1(s, t)$, $\delta_2(s, t)$ und $\delta_3(s, t)$, welche den Wert 0 oder 1 annehmen, je nachdem ob sich der zum eingestellten Zeichen S_s und zur aktuellen Konfiguration q_t gehörige Einzelakt in der Form (1), (2) bzw. (3) beschreiben lässt oder nicht, primitiv-rekursiv; ferner sind s' und t' in allen drei Fällen dieselben primitiv-rekursiven Funktionen $\sigma(s,t)$ bzw. $\tau(s,t)$ von s und t. Das sieht man am einfachsten an einem Beispiel. Zum Beispiel sind im Fall der in Nr. **3** dieses

---

[50]) Der hier behandelte Begriff der mechanischen Berechenbarkeit wurde von TURING [1] eingeführt. TURING [2] beweist, dass jede der von CHURCH [1] eingeführten „λ-definierbaren Funktionen" mechanisch berechenbar ist; nach KLEENE [2] sind aber die λ-definierbaren Funktionen mit den allgemein-rekursiven Funktionen identisch.

[51]) TURING [1] § 10.

[52]) TURING [2] Nr. 5.

Kapitels angegebenen einfachen Maschine, welche die Folge

$$101010\ldots$$

erzeugt hat, insgesamt zweierlei Einzelakte

$$q_1 S_0 | S_2 R q_2 \quad \text{und} \quad q_2 S_0 | S_1 R q_1$$

aufgetreten. Hier sieht man, dass als s und t nur 0, 1 oder 0, 2 in Frage kommen; und im ersten Fall ist sowohl s' als auch t' gleich 2, im zweiten Fall ist sowohl s' als auch t' gleich 1. Also ist

$$\delta_1(s, t) = 1,$$
$$\delta_2(s, t) = 1$$

(in keinem der beiden Einzelakte kommt L oder N vor), und

$$\delta_3(s, t) = \begin{cases} 0, & \text{falls} \quad s = 0, t = 1 \quad \text{oder} \quad s = 0, t = 2 \\ 1 & \text{sonst;} \end{cases}$$

ferner

$$\sigma(s, t) = \begin{cases} 2, & \text{falls} \quad s = 0, t = 1 \\ 1, & \text{„} \quad s = 0, t = 2 \\ \text{und, sagen wir, 3 sonst,} \end{cases}$$

und

$$\tau(s, t) = \begin{cases} 2, & \text{falls} \quad s = 0, t = 1 \\ 1, & \text{„} \quad s = 0, t = 2 \\ 3 & \text{sonst.} \end{cases}$$

Bei einer komplizierten Maschine hätte man mehr Fälle bei den Definitionen dieser Funktionen zu unterscheiden, aber jedenfalls nur endlich viele Fälle; und die so „zusammengeflickten" Funktionen sind tatsächlich immer primitiv-rekursiv.

8. Der Zustand der Maschine kann in jedem Stadium durch 4 Daten charakterisiert werden, nämlich durch das eingestellte Zeichen, durch die beiden Zeichenfolgen vor und nach diesem Zeichen an der Schleife, und durch die aktuelle Konfiguration der Maschine. Diesen Daten können Zahlen zugeordnet werden. Ist das eingestellte Zeichen S_s und die aktuelle Konfiguration q_t, so kann man diesen natürlich die Indizes s, t zuordnen. Nehmen wir an, dass in dem betrachteten Stadium die Zeichenfolge

$$S_{s_1}, S_{s_2}, \ldots, S_{s_k}, \ldots, S_{s_{k+l}}$$

auf der Schleife steht, wobei S_{s_k} das eben eingestellte Zeichen ist, ferner vor S_{s_1} und nach $S_{s_{k+l}}$ nur leere Abschnitte sind (es kann natürlich vorkommen, dass $k=1$ oder $l=0$ ist; aber für $k \neq 1$ ist $S_{s_1} \neq S_0$, und für $l \neq 0$ ist $S_{s_{k+l}} \neq S_0$). Dann können die Indizes der Zeichenfolgen vor und nach S_{s_k} als die Ziffern einer im Zahlensystem mit der Basis M aufgeschriebenen Zahl betrachtet werden (sie sind ja alle kleiner als M), und man kann diesen Zeichenfolgen die Zahlen

$$w = \begin{cases} s_{k-1} + M \cdot s_{k-2} + \cdots + M^{k-2} \cdot s_1, & \text{falls } k > 1 \\ 0 \text{ sonst} \end{cases}$$

bzw.

$$v = \begin{cases} s_{k+1} + M \cdot s_{k+2} + \cdots + M^{l-1} \cdot s_{k+l}, & \text{falls } l > 0 \\ 0 \text{ sonst} \end{cases}$$

zuordnen. Somit ist s_{k-1} für $k > 1$ bzw. s_{k+l} für $l > 0$ der Rest von w bzw. von v bei der Teilung durch M; das heisst, es ist

$$s_{k-1} = \text{res}(w, M) \quad \text{für} \quad k > 1 \quad \text{und} \quad s_{k+1} = \text{res}(v, M) \quad \text{für} \quad l > 0.$$

Den vier Zahlen, welche den Zustand der Maschine charakterisieren, kann auf die übliche Weise eine einzige Zahl

$$u = p_1^w p_2^{s_k} p_3^t p_4^v$$

zugeordnet werden. Man gewinnt daraus die vier Exponenten auf die bekannte Weise zurück:

$$w = \exp_1(u), \quad s_k = \exp_2(u), \quad t = \exp_3(u) \quad \text{und} \quad v = \exp_4(u).$$

9. Der Einzelakt der Tätigkeit der Maschine, welcher zum eingestellten Zeichen S_{s_k} und zur aktuellen Konfiguration q_t gehört, ist nach Nr. **7** dieses Kapitels

$$(1) \qquad q_t S_{s_k} | S_{\sigma(s_k, t)} L q_{\tau(s_k, t)}, \quad \text{falls} \quad \delta_1(s_k, t) = 0,$$

$$(2) \qquad q_t S_{s_k} | S_{\sigma(s_k, t)} N q_{\tau(s_k, t)}, \quad \text{„} \quad \delta_2(s_k, t) = 0,$$

$$(3) \qquad q_t S_{s_k} | S_{\sigma(s_k, t)} R q_{\tau(s_k, t)}, \quad \text{„} \quad \delta_3(s_k, t) = 0.$$

Der Fall (2) ist der einfachste. Hier kommt $\sigma(s_k, t)$ an die Stelle von s_k, und $\tau(s_k, t)$ an die Stelle von t; aber der eingestellte Abschnitt bleibt derselbe. Demnach ist der Index des neu eingestellten Zeichens $\sigma(s_k, t)$, und die Zeichenfolge vor und nach dem eingestellten Zeichen ändert sich nicht. Daher ist die charakterisierende Zahl des neuen Stadiums:

$$u' = p_1^w p_2^{\sigma(s_k, t)} p_3^{\tau(s_k, t)} p_4^v = p_1^{\exp_1(u)} p_2^{\sigma(\exp_2(u), \exp_3(u))} p_3^{\tau(\exp_2(u), \exp_3(u))} p_4^{\exp_4(u)} = \nu_2(u)$$

eine primitiv-rekursive Funktion von u.

Im Fall (1) geht die Maschine um einen Abschnitt nach links. Dann wird $S_{s_{k-1}}$ zum neu eingestellten Zeichen, falls $k > 1$ ist, und das „vakante" Zeichen S_0, falls $k = 1$ ist. Wir wissen, dass für $k > 1$

$$s_{k-1} = \text{res}(w, M) = \text{res}(\exp_1(u), M)$$

und für $k = 1$

$$w = 0 \quad \text{das heisst} \quad \exp_1(u) = 0$$

und daher

$$\text{res}(\exp_1(u), M) = 0$$

ist. Daher gehört zum zweiten charakterisierenden Datum des neuen Stadiums in jedem Fall

$$s_{k'} = \text{res}(\exp_1(u), M).$$

Die Zahl w', die der Zeichenfolge links vom neu eingestellten Abschnitt zugeordnet wird, ist für $k > 2$

$$w' = s_{k-2} + M s_{k-3} + \cdots + M^{k-3} s_1 = \left[\frac{w}{M}\right] = \left[\frac{\exp_1(u)}{M}\right];$$

und für $k = 1$ und 2 ist $w' = 0$. Wir haben aber bereits für $k = 1$ durchdacht, dass daraus $\exp_1(u) = 0$ folgt; und für $k = 2$ gilt nach der Definition von w

$$w = s_1 < M, \quad \text{das heisst} \quad \exp_1(u) < M,$$

also

$$\left[\frac{\exp_1(u)}{M}\right] = 0.$$

Demnach wird dem ersten charakterisierenden Datum des neuen Stadiums in jedem Fall die Zahl

$$w' = \left[\frac{\exp_1(u)}{M}\right]$$

zugeordnet.

Wir wissen bereits, dass die zum dritten charakterisierenden Datum gehörige Zahl

$$t' = \tau(s_k, t) = \tau(\exp_2(u), \exp_3(u))$$

ist.

Endlich ist die Zahl, die der Zeichenfolge rechts vom neu eingestellten Abschnitt (die um eine Stelle links von der früheren liegt) zugeordnet wird (da $\sigma(s_k, t)$ an die Stelle von s_k gekommen ist):

$$v' = \begin{cases} \sigma(s_k, t) + M s_{k+1} + \cdots + M^l s_{k+l}, & \text{falls } l \neq 0 \\ \sigma(s_k, t), & \text{falls } l = 0 \end{cases}$$

und also ist jedenfalls

$$v' = \sigma(s_k, t) + M r = \sigma(\exp_2(u), \exp_3(u)) + M \cdot \exp_4(u)\,.$$

Demnach ist endlich die einzige Zahl, welche dem neuen Stadium zugeordnet wurde, als primitiv-rekursive Funktion von u:

$$u' = \nu_1(u) = p_1^{\left[\frac{\exp_1(u)}{M}\right]} p_2^{\operatorname{res}(\exp_1(u), M)} p_3^{\tau(\exp_2(u), \exp_3(u))} p_4^{\sigma(\exp_2(u), \exp_3(u)) + M \exp_4(u)}\,.$$

Ganz ähnlich ergibt sich im Fall (3) die zum neuen Stadium gehörige Zahl als

$$u' = \nu_3(u) = p_1^{\sigma(\exp_2(u), \exp_3(u)) + M \exp_1(u)} p_2^{\operatorname{res}(\exp_4(u), M)} p_3^{\tau(\exp_2(u), \exp_3(u))} p_4^{\left[\frac{\exp_4(u)}{M}\right]}\,.$$

10. Am Anfang ist die Schleife noch leer, auch der eingestellte Abschnitt, und die Maschine ist in der Konfiguration q_1. Also ist die Zahl, welche das Anfangsstadium charakterisiert:

$$u = p_1^0 p_2^0 p_3^1 p_4^0 = p_3^1 = 7\,.$$

Sagen wir, dies sei das 0-te Stadium; und die Maschine geht von ihm automatisch ins 1-te, 2-te,... Stadium über. Die Zahl, welche das n-te Stadium (eigentlich das $n+1$-te, da es auch ein 0-tes Stadium gibt) charakterisiert, kann nach den Vorherigen als eine primitiv-rekursive Funktion $\nu(n)$ definiert werden:

$$\nu(0) = 7$$

$$\nu(n+1) = \begin{cases} \nu_1(\nu(n)), & \text{falls } \delta_1(\exp_2(\nu(n)), \exp_3(\nu(n))) = 0 \\ \nu_2(\nu(n)), & \text{,,} \quad \delta_2(\exp_2(\nu(n)), \exp_3(\nu(n))) = 0 \\ \nu_3(\nu(n)), & \text{,,} \quad \delta_3(\exp_2(\nu(n)), \exp_3(\nu(n))) = 0 \\ 0 \text{ sonst (das ist belanglos).} \end{cases}$$

11. Uns interessieren nur jene Stadien, in welchen die Maschine 0 oder 1 schreibt, natürlich in einen leeren Abschnitt; das heisst in einen solchen, in welchen das eben eingestellte Zeichen S_0 ist, und dafür S_1 bzw. S_2 geschrieben wird. Im n-ten Stadium ist der Index des eingestellten Zeichens $\exp_2(\nu(n))$, und der Index der aktuellen Konfiguration $\exp_3(\nu(n))$. Der Index des neuen Zeichens, das an die Stelle des eingestellten Zeichens geschrieben wird, ist $\sigma(\exp_2(\nu(n)), \exp_3(\nu(n)))$. Sei

$$\iota(n) = \begin{cases} 0, \text{ falls } \exp_2(\nu(n)) = 0 & \text{und } \sigma(\exp_2(\nu(n)), \exp_3(\nu(n))) = 1 \\ 1, \quad \text{„} \quad \exp_2(\nu(n)) = 0 & \text{und } \sigma(\exp_2(\nu(n)), \exp_3(\nu(n))) = 2 \\ 2 \text{ sonst.} \end{cases}$$

Dann ist $\iota(n) = 0$, wenn die Maschine im Übergang vom n-ten zum $n+1$-ten Stadium 0 schreibt, und $\iota(n) = 1$, wenn sie dabei 1 schreibt; wenn sie dabei weder 0 noch 1 schreibt, so ist $\iota(n) = 2$.

Mit Hilfe der primitiv-rekursiven Funktion $\iota(n)$ kann man leicht die 1-Zeichen zählen, welche von der letzten 0 an, die vor dem n-ten Stadium niedergeschrieben wurde (oder, wenn keine solche 0 vorhanden ist, vom Anfang an) noch vor dem n-ten Stadium auf die Schleife geschrieben werden. Die primitiv-rekursive Funktion $\psi(n)$ zählt eben soviele 1 zusammen, wenn sie durch

$$\psi(0) = 0$$

$$\psi(n+1) = \begin{cases} 0, & \text{falls } \iota(n) = 0 \text{ (d. h. falls die Maschine im } n\text{-ten Stadium 0 schreibt)} \\ \psi(n), & \text{falls } \iota(n) = 2 \text{ (d. h. falls die Maschine im } n\text{-ten Stadium nicht 0 oder 1 schreibt)} \\ \psi(n)+1, & \text{falls } \iota(n) = 1 \text{ (d. h. falls die Maschine im } n\text{-ten Stadium 1 schreibt)} \end{cases}$$

definiert wird.

12. Der Wert der von der Maschine definierten Funktion $\varphi(n)$ an der Stelle n wird durch die Anzahl der 1-Zeichen angegeben, die bevor noch die $n+1$-te 0 auf die Schleife geschrieben wird, von der zuletzt geschriebenen 0 an (oder, falls noch keine 0 geschrieben wurde, vom Anfang an), niedergeschrieben wurden. Schreibt also die Maschine im $\xi(n)$-ten Stadium das $n+1$-te 0-Zeichen, so ist nach der vorigen Nummer

$$\varphi(n) = \psi(\xi(n)).$$

Hier ist ψ eine primitiv-rekursive Funktion; gelingt es also zu zeigen, dass $\xi(n)$ allgemein-rekursiv ist, so erweist sich $\varphi(n)$ auch als allgemein-rekursiv.

Die Maschine schreibt jedenfalls auch 0-Zeichen, also gibt es ein solches m, für welches $\iota(m) = 0$ ist, und da die Maschine im $\xi(0)$-ten Stadium die erste 0 schreibt, so ist

$$\xi(0) = \mu_m[\iota(m) = 0].$$

Wir wissen aber auch, dass die Maschine über alle Grenzen immer wieder 0 schreibt (die Folgen aus lauter 1, welche den Werten $\varphi(0), \varphi(1), \varphi(2), \ldots$

entsprechen, werden ja auf der Schleife durch 0-Zeichen getrennt); also gibt es für ein beliebig grosses w ein m, so dass

$$m > w \quad \text{und} \quad \iota(m) = 0$$

gilt. Daher ist auch

$$\mu(w) = \mu_m\,[m > w \mathbin{\&} \iota(m) = 0]$$

allgemein-rekursiv; und da das $\xi(n+1)$-te Stadium das erste nach dem $\xi(n)$-ten ist, in welchem die Maschine wieder 0 schreibt, so ist

$$\xi(n+1) = \mu_m\,[m > \xi(n) \mathbin{\&} \iota(m) = 0] = \mu(\xi(n)).$$

Werden daher zu den Gleichungen der primitiven Rekursion

$$\xi(0) = \mu_m\,[\iota(m) = 0]$$
$$\xi(n+1) = \mu(\xi(n))$$

die Definitionsgleichungen des Aufbaues der allgemein-rekursiven Funktionen $\mu_m\,[\iota(m) = 0]$ und $\mu(w)$ hinzugenommen, so erhält man ein solches Gleichungssystem, das die Funktion $\xi(n)$ tatsächlich als eine allgemein-rekursive Funktion definiert.

Somit hat es sich erwiesen, dass jede beliebige einstellige Funktion, deren Werte durch eine Turing-Maschine berechnet werden können, allgemein-rekursiv ist; und ähnlich könnte man auch die allgemein-rekursive Beschaffenheit der mehrstelligen mechanisch-berechenbaren Funktionen beweisen.

13. Wenn man annimmt, dass es gelungen ist, im Begriff der mit Hilfe einer Turing-Maschine berechenbaren Funktion den Begriff der allgemeinsten zahlentheoretischen Funktion, deren Werte überall berechenbar sind, zu erfassen, so haben sich im Vorherigen die allgemein-rekursiven Funktionen tatsächlich als die im allgemeinsten Sinn berechenbaren Funktionen erwiesen; und bei dieser Auffassung haben wir in der Funktion

$$\mu_w\,[\tau(n, n, w) = 0]$$

die sich im vorigen Kapitel als nicht-allgemein-rekursiv erwiesen hat, ein Beispiel für eine im allgemeinsten Sinn nicht berechenbare Funktion erfasst.

Jedoch wie plausibel es auch immer hingestellt werden kann, dass diese Auffassung ein treues Widerspiegeln der wirklichen mathematischen Tätigkeit bedeutet, dennoch handelt es sich hier um eine gewisse Abgrenzung des Berechenbarkeits-Begriffes, und die zukünftige mathematische Entwicklung kann auch heute noch nicht geahnte Berechnungsarten mit sich bringen.

§ 21. GESCHICHTE UND ANWENDUNGEN

1. Als Vorgänger der rekursiven Funktionen können gewisse „rekurrente Folgen" betrachtet werden (z. B. die Folge von FIBONACCI; EULER hat rekurrente Folgen zur annähernden Lösung algebraischer Gleichungen verwendet; aber bereits bei ARCHIMEDES wird die Zahl π als Grenzwert einer rekurrenten Folge berechnet). Im übrigen ist die Geschichte der rekursiven Funktionen mit der Geschichte der mathematischen Grundlagenforschung eng verflochten.

2. Das Auftauchen von Antinomien in der Mengenlehre hat der Tendenz, die harmloseren Gebiete der Mathematik (z. B. die Zahlentheorie) auf die Mengenlehre zu gründen, ein Ende gemacht. Die gerade entgegengesetzte Tendenz wurde aktuell: SKOLEM hat gezeigt,[53]) dass man die in der elementaren Zahlentheorie benutzten Begriffe und Folgerungen, auch ohne sich auf unendliche Gesamtheiten zu berufen, begründen kann. Hierbei hat die Rekursion eine wichtige Rolle erhalten, nämlich als eine solche Definition zahlentheoretischer Funktionen, welche die Berechnung der Funktionswerte in endlich vielen Schritten ermöglicht.

3. Die Antinomien der Mengenlehre konnten zwar durch die Einschränkung des „naiven" Mengenbegriffes ausgeschaltet werden; das gibt aber keine Sicherung gegen das Auftauchen neuer Widersprüche in einem derart abgegrenzten mengentheoretischen System, oder in anderen Gebieten der Mathematik.

Zur zuverlässigeren Begründung der Mathematik hat HILBERT das Programm aufgestellt,[54]) die einzelnen Zweige der Mathematik, und die Beweise in diesen, so zu formalisieren, dass diese Beweise ebenso zum Gegenstand der mathematischen Untersuchung werden können wie etwa die Zahlen und ihre Funktionen. (Der erste Schritt dazu ist die Axiomatisierung: es sollen die einen weiteren Beweis nicht erfordernden Grundsetze, die Axiome der betrachteten Theorie im voraus festgesetzt werden; und ebenso die einzelnen zugelassenen Schritte der Schlussweisen. Die Grundbegriffe, durch welche alle anderen Begriffe der Theorie definiert werden, werden durch die Axiome sozusagen implizit definiert; es dürfen nämlich nur solche Eigenschaften der Grundbegriffe benutzt werden, welche in den Axiomen ausgesagt sind.) Dann hat man mit rein mathematischen Methoden zu beweisen, dass man in dem betrachteten formalen System nicht zwei solche Formeln ableiten kann, die einander widersprechende Aussagen repräsentieren. Natürlich dürfen die Methoden, durch welche die Widerspruchsfreiheit eines formalen Systems

---

[53]) SKOLEM [1].

[54]) Siehe z. B. D. HILBERT: *Neubegründung der Mathematik.* Abhandlungen aus dem math. Seminar der Hamburgischen Universität 1 (1922) S. 157—177.

bewiesen wird, nicht schon selber bedenkliche Elemente enthalten. In diesen (die formalisierte Mathematik sozusagen von oben betrachtenden) „metamathematischen" Untersuchungen kann die rekursive Zahlentheorie, die sich nicht auf unendliche Gesamtheiten beruft, gut benutzt werden.

Übrigens wurde die Zahlentheorie schon viel früher von PEANO auf einige Axiomen zurückgeführt[55]) (allerdings ohne die zugelassenen Schlussweisen genau festzulegen). Dass Funktionen durch Rekursion definiert werden dürfen, hat PEANO nicht unter seine Axiome aufgenommen; er hielt es für selbstverständlich, dass dies im Axiom der vollständigen Induktion enthalten sei. DEDEKIND hat bemerkt, dass diese Tatsache eines Beweises bedarf; er[56]) und seither auch andere[57]) gaben verschiedene, immer elegantere Beweise dafür an.

4. HILBERT hat die Fruchtbarkeit seiner Beweistheorie damit rechtfertigen wollen, dass er das berühmte ungelöste Problem der Mengenlehre, das Kontinuumproblem, mit Hilfe der Methoden der Beweistheorie in Angriff genommen hat.[58]) Dieses Problem kann auch folgendermassen formuliert werden: Die Menge der reellen Zahlen ist bekanntlich nicht abzählbar; könnte sie aber vielleicht mit Hilfe der transfiniten Ordnungszahlen der zweiten Zahlklasse „abgezählt" werden? Nun sind die Menge der zahlentheoretischen Funktionen und die Menge der reellen Zahlen von gleicher Mächtigkeit; und HILBERT wollte das „Abzählen" der zahlentheoretischen Funktionen mit Hilfe der Zahlen der zweiten Zahlklasse so durchführen, dass er den immer grösseren transfiniten Zahlen Rekursionen immer „höherer Art" zuordnet, und dann beweist: die Annahme, dass die durch immer höhere Rekursionen definierten zahlentheoretischen Funktionen die Menge sämtlicher zahlentheoretischen Funktionen erschöpfen, kann zu keinem Widerspruch führen.

Dieses Programm wurde bis heute noch nicht ausgeführt (jedoch hat GÖDEL[59]) mit einem analogen Gedankengang bewiesen, dass die Annahme des Kontinuumsatzes keinen Widerspruch in die bekannten Axiomensysteme der Mengenlehre hineinbringen kann); es hat aber die gründliche Untersuchung der rekursiven Funktionen in Gang gesetzt. Denn will man die Menge der zahlentheoretischen Funktionen durch rekursive Funktionen immer höherer Art erschöpfen, so ist es ja dazu vor allem notwendig, dass durch eine Rekursion höherer Art neue Funktionen definiert werden (man könnte sich nämlich vorstellen, dass die Funktionen, die durch Rekursionen einer höheren

55) PEANO [1].
56) DEDEKIND [1].
57) KALMÁR, siehe LANDAU [1] „Vorwort für den Kenner" und § 2—3; LORENZEN [1]; KALMÁR [1].
58) HILBERT [1].
59) GÖDEL [3].

Art definiert werden, auch durch Rekursionen von niedrigeren Art definiert werden können, und dass daher die Einführung der neuen Rekursionsarten nur scheinbar ein weiterführender Schritt ist). Man hatte also klarzustellen, welche Rekursionsarten dieselbe Funktionenklasse definieren, und welche verschiedene Funktionenklassen.[60])

5. Das berühmte Ergebnis von GÖDEL[61]) hat für eine Weile den Schein erweckt, dass HILBERTS Programm für die widerspruchsfreie Begründung der Mathematik unausführbar sei. GÖDEL hat nämlich bewiesen, dass jedes genügend ausdrucksfähige Axiomensystem, wobei die Schlussweisen mit genügend scharf umgrenzten Methoden zugehn — wenn es (in einem verschärften Sinn) widerspruchslos ist — unentscheidbare Probleme enthält. Auch die Widerspruchsfreiheit des Systems selbst gehört unter die im System formulierbaren, aber unentscheidbaren Probleme: weder sie, noch ihre Negation kann mit Hilfe der im System erlaubten Schlussweisen bewiesen werden.

In der Beweisführung von GÖDEL spielen die primitiv-rekursiven Funktionen eine sehr wesentliche Rolle. Er hat nämlich ein Wörterbuch konstruiert, worin den Zeichen des Axiomensystems Zahlen zugeordnet werden, und hat damit die Beweise des Systems „gödelisiert" — wie dieses Verfahren in diesem Buche nach ihm genannt wurde. Die Formeln sind Zeichenfolgen; diesen wurde auf die bekannte Weise eine einzige Zahl zugeordnet. Und die Beweise sind formal betrachtet Folgen von Formeln (wobei jede Formel entweder ein Axiom ist, oder aus voranstehenden Formeln der Folge durch eine der erlaubten Schlussweisen entsteht; und die letzte Formel der bewiesene Satz ist). Werden den Formeln, die im Beweis vorkommen, der Reihe nach die Zahlen

$$a_1, a_2, \ldots, a_r$$

zugeordnet, so kann dem Beweis selbst die Zahl

$$n = p_1^{a_1} p_2^{a_2} \ldots p_r^{a_r}$$

zugeordnet werden (ganz ähnlich wurde in Nr. **2** des **§ 17** eine Zahl einer „Ableitung" aus einem Gleichungssystem, durch welches eine Funktion definiert wird, zugeordnet).

Auf diese Art entsprechen den Aussagen über Formeln und Beweisfiguren des Axiomensystems Aussagen über natürliche Zahlen; und benutzen die Schlussfolgerungen des Systems genügend scharf umgrenzte Methoden, so entsprechen einer ganzen Schar solcher Aussagen primitiv-rekursive Be-

[60]) ACKERMANN [1]; PÉTER [2], [3], [5]; siehe noch PÉTER [7], CSILLAG [1], ROBINSON [1], [2].

[61]) GÖDEL [1].

ziehungen; z. B. auch der folgenden Aussage: „Die Formel mit der Gödel-Nummer m ist die Endformel des Beweises mit der Gödel-Nummer n". Andererseits, wenn das System genügend ausdrucksfähig ist, so können die primitiv-rekursiven Beziehungen darin formalisiert werden. Das versieht gewisse Formeln des Systems, die bisher nur als Zeichenfolgen betrachtet wurden, gleichsam mit einem „Sinn". Zum Beispiel bedeutet die Tatsache, dass die Beziehung $m < n$ im System formalisierbar ist, dass das System eine Formel mit zwei freien Variablen enthält, woraus, wenn für die Variablen jene Ausdrücke eingesetzt werden, die im System den beliebigen Zahlen m und n entsprechen, eine beweisbare Formel wird, wenn $m < n$ ist, und sonst eine solche Formel, deren Negation beweisbar ist. Demnach kann man sagen, diese Formel des Systems „bedeutet", „sagt aus", dass ihr erstes Argument kleiner als das zweite ist.

Werden nun die Aussagen über Beweise des Systems mit Hilfe des Wörterbuchs in primitiv-rekursive Beziehungen übersetzt, dann die Formeln des Systems gesucht, welche diesen primitiv-rekursiven Beziehungen entsprechen, so kann man auch auf Formeln stossen, deren „Sinn" paradox ist; z. B. zeigt GÖDEL, dass sich eine Formel durch eine effektive Konstruktion angeben lässt, welche „aussagt", dass sie selber nicht im System beweisbar ist. Dann ist es aber leicht exakt zu beweisen, dass die Entscheidbarkeit einer solchen Formel auf einen Widerspruch führen würde. Da aber aus der Widerspruchsfreiheit des Systems folgt, dass die betrachtete Formel wahr ist (sie ist ja tatsächlich nicht im System beweisbar), so kann auch die Widerspruchsfreiheit des Systems nicht im System beweisbar sein.

Dieses Ergebnis schien darum verhängnisvoll für die Beweistheorie zu sein, weil man ja die Widerspruchsfreiheit eines Axiomensystems mit weniger bedenklichen Mitteln als den Methoden des betrachteten Systems beweisen wollte; nach dem Satz von GÖDEL genügen aber nicht einmal die Methoden des betrachteten Systems zum Beweis der Widerspruchsfreiheit.

6. Nun suchte man einen Ausweg aus dieser Situation; zunächst für die sog. „gesamte" Zahlentheorie.[62]) In der gesamten Zahlentheorie werden auch Aussagen und Definitionen, die sich auf unendliche Gesamtheiten berufen, zugelassen; zum Beispiel darf man hier etwas über die kleinste solche natürliche Zahl n aussagen, für welche eine rekursive Funktion $\alpha(n)$ verschwindet, ohne eine Schranke für solche Zahlen n anzugeben. Demnach ist die Widerspruchsfreiheit der gesamten Zahlentheorie problematisch. Um sie zu beweisen, hatte man nach Methoden zu forschen, die sich im betrachteten Axiomensystem der Zahlentheorie nicht formalisieren lassen, und dennoch mit allgemeiner Beruhigung angenommen werden können.

---

[62]) Zur Axiomatisierung der Zahlentheorie siehe HILBERT—BERNAYS [1] I. Band S. 371.

Als eine solche Methode wurde von ACKERMANN[63]) die transfinite Rekursion verwendet. Hierbei durchläuft die Rekursionsvariable die natürlichen Zahlen in einer gewissen Wohlordnung vom Typus der ersten „ε-Zahl":

$$\varepsilon_0 \cdot^{\cdot^{\cdot^{\omega^{\omega^{\omega}}}}}$$

7. In vielen Gebieten der Mathematik spielen die vagen Begriffe der „Berechenbarkeit", „Konstruierbarkeit", „Effektivität" eine Rolle; es ist erwünscht, diese Begriffe mit einem exakten Sinn zu versehen. CHURCH hat vorgeschlagen[64]), dass die im allgemeinsten Sinn „berechenbaren" Funktionen mit den allgemein-rekursiven Funktionen identifiziert werden sollen.

Argumente dafür wurden bereits im vorigen Kapitel angeführt. Ein nicht von Willkür geleitetes, überall und zu jeder Zeit wiederholbares Berechnungsverfahren muss mechanisch sein; und es hat sich herausgestellt, dass die mechanisch berechenbaren Funktionen von TURING mit den allgemein-rekursiven Funktionen identisch sind.[65]) Man kann auch daran denken, dass jedes Berechnungsverfahren mit bestimmten Mitteln, also in einem geschlossenen System zugeht, und dieses System kann axiomatisiert werden. Zum Beispiel bedeutet die Berechenbarkeit von $\varphi(n)$ innerhalb eines Axiomensystems, worin die Gleichheit und die Zahlen formalisiert sind, dass es im System einen Ausdruck mit einer freien Variablen gibt, aus dem durch Einsetzung des Ausdrucks, der im System eine beliebige Zahl n repräsentiert, ein solcher Ausdruck wird, dessen Gleichheit mit dem die Zahl m repräsentierenden Ausdruck dann und nur dann im System ableitbar ist, wenn m der Wert von φ an der Stelle n ist. Man kann nun beweisen, dass auch die Funktionen, die in beliebigen, genügend ausdrucksfähigen, mit scharf umgrenzten Schlussweisen operierenden, widerspruchsfreien Axiomensystemen berechenbar sind, mit den allgemein-rekursiven Funktionen identisch sind[66]). MARKOV[67]) hat neuerdings den Begriff des allgemeinen Algorithmus präzisiert; und D'ETLOVS[68]) hat bewiesen, dass auch die durch solche Algorithmen berechenbaren Funktionen mit den allgemein-rekursiven Funktionen übereinstimmen.

---

[63]) ACKERMANN [2]; siehe noch G. GENTZEN: *Die Widerspruchsfreiheit der reinen Zahlentheorie.* Math. Ann. 112 (1936) S. 493—565. und *Neue Fassung des Widerspruchsfreiheitsbeweises für die reine Zahlentheorie.* Forschungen zur Logik und zur Grundlegung der exakten Wissenschaften, Neue Folge 4 (1938) S. 19—44. GENTZEN hat als erster die Widerspruchsfreiheit der gesamten Zahlentheorie bewiesen; er hat dabei keine Rekursion, sondern eine transfinite Induktion vom Typus ε_0 verwendet.

[64]) CHURCH [2] Nr. 7.

[65]) TURING [2].

[66]) HILBERT—BERNAYS [1] Band II. Supplement II.

[67]) MARKOV [6] und [7].

[68]) D'ETLOVS [1].

8. Der Begriff der allgemeinen Rekursion bedeutet eine sehr weitgehende Verallgemeinerung der speziellen Rekursionsbegriffe, da in ihm gar keine Beschränkung für die Form der Definitionsgleichungen enthalten ist. Jedoch die Schritte, durch welche die Werte der definierten Funktion aus den Gleichungen zu berechnen sind, sind eng begrenzt (Einsetzung von Zahlen für Variablen, und Ersetzen eines Ausdrucks durch einem gleichen). Dafür, dass dies keine Beschränkung der Allgemeinheit mit sich bringt, wäre es beruhigend, wenn man zeigen könnte, dass der Begriff der allgemein-rekursiven Funktion nicht erweitert wird, wenn man, statt sich auf die genannten Berechnungsschritte zu beschränken, zulässt, eine Funktion durch ein Funktionalgleichungssystem D zu definieren, so oft das Funktionalgleichungssystem D die Werte der Funktion $\varphi(n_1, \ldots, n_k)$ in dem Sinne bestimmt, dass es zu jedem k-tupel $n_1, \ldots, n_k$ eine Zahl m gibt, so dass $\varphi(n_1, \ldots, n_k) = m$ in allgemeinstem Sinne eine Folge von D ist. Dies bedeutet, dass sobald eine für φ gewählte zahlentheoretische Funktion (mit geeigneten Einsetzungen für die anderen Funktionsvariablen von D) sämtlichen Gleichungen von D genügt, diese Funktion an der Stelle $(n_1, \ldots, n_k)$ den Wert m annimmt. Offenbar ist in diesem Fall die D genügende Funktion $\varphi(n_1, \ldots, n_k)$ eindeutig bestimmt. Daher stellte SCHRÖTER die Frage: *Angenommen, dass ein Funktionalgleichungssystem D lösbar ist, und in einer beliebigen Lösung für die in D vorkommende Funktionsvariable $\varphi(n_1, \ldots, n_k)$ stets nur dieselbe arithmetische Funktion stehen kann: ist dann die damit definierte Funktion $\varphi(n_1, \ldots, n_k)$ allgemein-rekursiv?*

Nun, diese Beruhigung für die genügende Allgemeinheit des Begriffes der allgemein-rekursiven Funktion kann nicht gewährt werden: KALMÁR[60]) hat das SCHRÖTERsche Problem mit einem Gegenbeispiel *in negativem Sinne* entschieden.

Das Gegenbeispiel ergibt sich mit Verwendung der nicht-allgemeinrekursiven Funktion $\vartheta(n)$, welche in Nr. 1 des § 19 durch

$$\vartheta(n) \begin{cases} \text{das kleinste } w \text{ mit } \varrho(n, w) = 0, \text{ falls es ein solches } w \text{ gibt,} \\ 0 \text{ sonst,} \end{cases}$$

kurz durch

$$\vartheta(n) = \mu_w[\varrho(n, w) = 0]$$

definiert wurde. Man erhält folgendermassen ein Gleichungssystem zur Definition von $\vartheta(n)$:

1. Für beliebiges n und m muss wenigstens eine der folgenden drei Möglichkeiten bestehen:

---

60) KALMÁR [6] und [7].

a) m ist das kleinste w mit $\varrho(n, w) = 0$. Dann ist

$$\vartheta(n) = m,$$

und dies kann auch durch

$$|\vartheta(n) - m| = 0$$

ausgedrückt werden.

b)

$$\varrho(n, m) \neq 0,$$

was mit

$$\overline{\mathrm{sg}}\,(\varrho(n, m)) = 0$$

gleichbedeutend ist.

c) Es gibt ein $i < m$ mit $\varrho(n, i) = 0$, das heisst

$$\prod_{i=0}^{m \dot{-} 1} \varrho(n, i) = 0.$$

Daher ist das Produkt der gewonnenen drei Ausdrücke jedenfalls gleich 0:

$$|\vartheta(n) - m| \cdot \overline{\mathrm{sg}}\,(\varrho(n, m)) \cdot \prod_{i=0}^{m \dot{-} 1} \varrho(n, i) = 0. \qquad (*)$$

2. Auch eine der folgenden drei Möglichkeiten muss für alle n und m bestehen:

a) Es gibt kein w mit $\varrho(n, w) = 0$, es ist also der Definition nach

$$\vartheta(n) = 0.$$

b) Das kleinste w mit $\varrho(n, w) = 0$ ist nicht kleiner als m, das heisst

$$m \dot{-} \vartheta(n) = 0.$$

c) Es gibt ein $i < m$ mit $\varrho(n, i) = 0$, das heisst

$$\prod_{i=0}^{m \dot{-} 1} \varrho(n, i) = 0.$$

Daher ist auch das Produkt dieser drei Ausdrücke gleich 0:

$$\vartheta(n) \cdot (m \dot{-} \vartheta(n)) \cdot \prod_{i=0}^{m \dot{-} 1} \varrho(n, i) = 0. \qquad (**)$$

Wenn in den Definitionsgleichungen, die beim primitiv-rekursiven Aufbau von

$$|n - m|, \qquad \overline{\mathrm{sg}}\,(\varrho(n, m)), \qquad \prod_{i=0}^{m \dot{-} 1} \varrho(n, i), \qquad m \dot{-} n \quad \text{und} \quad n \cdot m \cdot r$$

verwendet werden, die verwendeten Hilfsfunktionen mit $\sigma_1, \sigma_2, \ldots, \sigma_k$ bezeichnet werden, dann können jene fünf Funktionen der Reihe nach mit

$$\sigma_{k+1}(n, m), \quad \sigma_{k+2}(n, m), \quad \sigma_{k+3}(n, m), \quad \sigma_{k+4}(n, m) \quad \text{und} \quad \sigma_{k+5}(n, m, r)$$

bezeichnet werden, und demnach lassen sich (*) und (**) mit $\sigma_{k+6}(n) = \vartheta(n)$ in der Form

$$\sigma_{k+5}(\sigma_{k+1}(\sigma_{k+6}(n), m), \sigma_{k+2}(n, m), \sigma_{k+3}(n, m)) = 0$$

und

$$\sigma_{k+5}(\sigma_{k+6}(n), \sigma_{k+4}(\sigma_{k+6}(n), m), \sigma_{k+3}(n, m)) = 0$$

aufschreiben.

Werden zu diesen beiden Gleichungen noch die Definitionsgleichungen für $\sigma_{k+1}(n, m)$, $\sigma_{k+2}(n, m)$, $\sigma_{k+3}(n, m)$, $\sigma_{k+4}(n, m)$ und $\sigma_{k+5}(n, m, r)$ hinzugenommen, welche diese primitiv-rekursiven Funktionen eindeutig bestimmen, so erhält man ein Gleichungssystem, welches nur eine einzige Lösung besitzt. Es genügt dazu einzusehen, dass die Gleichungen (*) und (**) die Funktion $\vartheta(n)$ eindeutig bestimmen (in der ursprünglichen Form überblickt man das leichter).

Sei also $\vartheta(n)$ eine beliebige Funktion, die den Gleichungen (*) und (**) genügt, und es soll ein beliebiges n gewählt werden. Es sind zwei Fälle zu unterscheiden, je nachdem ob es zu diesem n ein w mit $\varrho(n, w) = 0$ gibt oder nicht.

Im ersten Fall sei m die kleinste Zahl, für die $\varrho(n, m) = 0$ gilt. Dann sind für dieses m die beiden letzten Faktoren auf der linken Seite von (*) von 0 verschieden, daher kann die Gleichung (*) nur dann richtig sein, wenn der erste Faktor, $|\vartheta(n) - m|$ verschwindet, das heisst, wenn

$$\vartheta(n) = m$$

ist.

Im zweiten Fall, wenn also $\varrho(n, w)$ für kein w verschwindet, soll ein $m > \vartheta(n)$ gewählt werden. Dann sind die beiden letzten Faktoren der linken Seite von (**) von 0 verschieden, daher kann die Gleichung (**) nur dann richtig sein, wenn der erste Faktor, $\vartheta(n)$ verschwindet:

$$\vartheta(n) = 0.$$

Eine Funktion $\vartheta(n)$, welche unserem Gleichungssystem genügt, kann also keine andere Funktion sein, als

$$\vartheta(n) = \mu_w[\varrho(n, w) = 0].$$

Von dieser Funktion $\vartheta(n)$ wissen wir aber, dass sie nicht allgemein-rekursiv ist. Damit haben wir tatsächlich ein Beispiel für ein Funktionalgleichungssystem, welches eine einzige Lösung besitzt, wobei jedoch die darin auftretende Funktion $\vartheta(n)$ nicht allgemein-rekursiv ist.

Dieses Ergebnis ist neu; sie, und besonders die in Nr. **2** des § **19** geschilderte Bemerkung von KALMÁR werden mit der Zeit vielleicht mehr Bedenken gegenüber der vollkommenen Allgemeinheit des Begriffes der allgemein-rekursiven Funktion erwecken.

Nimmt man provisorisch an, dass der Begriff der allgemeinsten „berechenbaren" Funktion mit dem Begriff der allgemein-rekursiven Funktion identifiziert werden darf, so eröffnet sich ein weites Gebiet der Anwendungsmöglichkeiten.

9. So wird z. B. in der Begründung der *Wahrscheinlichkeitsrechnung* von MISES[70]) die Forderung gestellt, dass sich die relative Häufigkeit des Eintreffens eines Ergebnisses nicht ändern soll, wenn nicht jeder Versuch in Betracht gezogen wird, sondern nur eine „durch irgendeine mathematische Anweisung" ausgewählte Folge von Versuchen, wobei die Auswahl nur von den Ergebnissen der früheren Versuche abhängt. Die Forderung bedeutet, dass es nicht möglich sein soll, ein „Spielsystem" zu konstruieren, welches die relative Häufigkeit verändern würde. Der Begriff des Spielsystems kann durch Gödelisierung präzisiert werden. Werden den Ergebnissen der Versuche Zahlen zugeordnet (handelt es sich z. B. um ein „Kreuz und Kopf"-Spiel, wobei immer wieder eine Münze geworfen, und beobachtet wird, mit welcher Seite nach oben sie herunterfällt, also kann z. B. dem Ergebnis „Kreuz" die Zahl 2, dem Ergebnis „Kopf" die Zahl 3, und so z. B. der Folge:

„Kreuz, Kopf, Kreuz, Kreuz"

die Zahl

$$p_1^2 p_2^3 p_3^2 p_4^2$$

zugeordnet werden), so kann ein Spielsystem mit Hilfe der folgendermassen definierten Funktion charakterisiert werden:

$$\varphi(m) = \begin{cases} 1, & \text{falls } m \text{ die Gödel-Nummer einer solchen Versuchsfolge ist, wobei der nächste Versuch in Betracht gezogen wird} \\ 0, & \text{falls } m \text{ die Gödel-Nummer einer solchen Versuchsfolge ist, wobei der nächste Versuch nicht in Betracht gezogen wird} \\ 2, & \text{falls } m \text{ nicht die Gödel-Nummer einer Versuchsfolge ist.} \end{cases}$$

Mit Hilfe von $\varphi(m)$ kann eine Teilfolge aus der Versuchsfolge ausgewählt werden, indem der n-te Versuch zur Teilfolge hinzugenommen oder nicht

---

70) Siehe z. B. R. MISES: *Wahrscheinlichkeit, Statistik und Wahrheit.* 2. Auflage, Wien (1936).

hinzugenommen wird, je nachdem ob für die Gödel-Nummer m der Folge der vorangehenden Versuche 1 oder 0 der Wert von $\varphi(m)$ ist.

Verdient es nun das Spielsystem wirklich „System" genannt zu werden, das heisst, handelt es sich nicht um ein von der Willkür des Augenblickes abhängiges, sondern um ein auch Anderen mitteilbares, wiederholbares System, so muss $\varphi(m)$ eine mechanisch berechenbare, also allgemein-rekursive Funktion sein.

Die Forderung von Mises kann also folgendermassen präzisiert werden: Die relative Häufigkeit des Eintreffens des betrachteten Ereignisses soll sicht nicht ändern, wenn statt der ganzen Versuchsfolge nur eine durch eine beliebige allgemein-rekursive „charakteristische Funktion" ausgewählte Teilfolge in Betracht gezogen wird. [71])

10. Der Begriff der „Konstruierbarkeit" spielt in dem, nach Vermeidung aller Widersprüche trachtenden Brouwerschen Aufbau der Mathematik, der *Intuitionismus* genannt wird,[72]) eine besonders wichtige Rolle. Die Intuitionisten betrachten ja eine Existenzaussage nur dann als richtig, wenn der Gegenstand, dessen Existenz behauptet wird, auch effektiv konstruiert werden kann. (Ganz unabhängig von dieser, durch recht fragliche philosophische Argumente begründeten Auffassung ist es sowohl für die mathematische Theorie als auch für die Anwendungen von grosser Wichtigkeit, zu den Existenzsätzen auch möglichst die Konstruktionen aufzusuchen.)

So ist z. B. die Behauptung: „zu jedem x gibt es ein y, für welches $\alpha(x, y) = 0$ gilt", wo $\alpha(x, y)$ eine bestimmte zahlentheoretische Funktion ist, in der intuitionistischen Auffassung nur dann wahr, wenn ein effektives Verfahren angegeben wird, welches zu jeder gegebenen Zahl m eine Zahl n konstruiert, für welche $\alpha(m, n) = 0$ gilt.

Es ist nun möglich,[73]) den im intuitionistischen Sinne wahren zahlentheoretischen Aussagen Zahlen zuzuordnen (man sagt, dass diese Zahlen die betreffenden Aussagen „realisieren"). Bei einer solchen Zuordnung wird z. B. der Aussage

$$(x)(Ey)[\alpha(x, y) = 0]$$

nur dann eine Zahl entsprechen, wenn es ein effektives Verfahren gibt, welches zu jedem gegebenen m eine solche Zahl n konstruiert, dass auch der Aussage

$$\alpha(m, n) = 0$$

[71]) Church [5].

[72]) Siehe z. B. A. Heyting: *Mathematische Grundlagenforschung.* Ergebnisse der Math. 3. (1934) S. 375—449. Siehe noch A. N. Kolmogorov: *Zur Deutung der intuitionistischen Logik.* Math. Zeitschrift 35 (1932) S. 58—65.

[73]) Kleene [7] und [8], Nelson [1].

eine Zahl zugeordnet wurde. Dass „effektive Verfahren" wird dabei so präzisiert, dass es eine allgemein-rekursive Funktion $\varphi(m)$ gibt, welche für ein beliebiges m einen solchen Wert $\varphi(m)=n$ annimmt, dass auch der Aussage $\alpha(m, n)=0$ eine Zahl zugeordnet wurde.

Demnach wird hier die Richtigkeit einer zahlentheoretischen Aussage im intuitionistischen Sinne dahin präzisiert, dass die Aussage realisierbar ist (das heisst, dass ihr eine Zahl zugeordnet wurde; wenn auch nicht eindeutig).

HEYTING hat für die intuitionistische Logik einen formalen Kalkül aufgestellt,[74] KLEENE und NELSON haben ein darauf gegründetes Axiomensystem (S) der Zahlentheorie untersucht. Es hat sich herausgestellt, dass in diesem System eine Formel der Form

$$(x_1)(x_2)\ldots(x_k)(Ey)\,F(x_1,\ldots,x_k,y)$$

nur dann abgeleitet werden kann, wenn es eine solche allgemein-rekursive Funktion $\psi(x_1,\ldots,x_k)$ gibt, dass sobald $n_1,\ldots,n_k$ und m solche nicht-negative ganze Zahlen sind, für welche

$$\psi(n_1,\ldots,n_k)=m$$

gilt, $F(n_1,\ldots,n_k,m)$ immer eine realisierbare Formel ist. In diesem Sinn kann in der intuitionistischen Zahlentheorie nur die Existenz allgemein-rekursiver Funktionen bewiesen werden.

Die Formeln, die in (S) ableitbar sind, haben sich alle als realisierbar erwiesen. Daher sind die zahlentheoretischen Formeln, die durch Substitution aus den Formeln des intuitionistischen Logikkalkuls entstehen, alle realisierbar; daraus und aus der Nicht-Realisierbarkeit von zahlentheoretischen Formeln einer gewissen Form folgt, dass gewisse (im klassischen Sinne wahre) Formeln in intuitionistischem Sinn unbeweisbar sind.

Also kann die Verwendung der allgemein-rekursiven Funktionen gewisse Probleme des Intuitionismus klarstellen.

11. Dass die intuitionistische Vorsicht nicht nur eine Haarspalterei ist, kann auch durch ein Beispiel aus dem Gebiete der primitiv-rekursiven Funktionen erhellt werden.

Wir wissen, dass für ein positives, rationales τ die Funktion $[\tau n]$ primitiv-rekursiv ist, und in Nr. **1** des **§ 11** habe ich bewiesen, dass für positives, irrationales τ eine notwendige und hinreichende Bedingung der primitiven Rekursivität von

$$[\tau n]$$

die primitive Rekursivität des Koeffizienten a_n (als Funktion von n) in der

[74]) A. HEYTING: *Die formalen Regeln der intuitionistischen Logik.* Sitzungsberichte der Preussischen Akademie der Wissenschaften, Phys.-Math. Kl. (1930) S. 42—56.

Faktoriellenentwicklung

$$\tau = a_0 + \frac{a_1}{1!} + \frac{a_2}{2!} + \cdots + \frac{a_n}{n!} + \cdots \qquad (a_n \leqq n-1 \text{ für } 1, 2, 3, \ldots)$$

ist.

Hier mussten die irrationalen τ getrennt untersucht werden, denn wir konnten nur für irrationales τ mit Sicherheit behaupten, dass in seiner Fakultätenentwicklung über alle Grenzen

$$a_n < n-1$$

vorkommt; und das war entscheidend beim Beweis. Die Behauptung: „Über alle Grenzen gibt es ein n, für welches $a_n < n-1$ gilt" — ist eine solche Existenzaussage, welche von den Intuitionisten, ohne die Angabe eines effektiven Verfahrens zur Bestimmung dieses n, nicht als sinnvoll betrachtet wird. Untersuchen wir ein Beispiel, bei dem die intuitionistische Forderung wichtig werden kann.

Die Zahlentheorie hat zahlreiche bis heute unentschiedene Probleme. Betrachten wir ein solches, z. B. das Problem der ungeraden vollkommenen Zahlen, ob es nämlich eine ungerade Zahl gibt, welche gleich der Summe ihrer „echten" Teiler ist (die Zahl selbst wird nicht zu ihren echten Teilern gerechnet).

Es soll die Summe sämtlicher Teiler von n mit $\sigma(n)$ bezeichnet werden (nach Nr. **11** des § **1** ist diese Funktion primitiv-rekursiv); ist n die Summe der echten Teiler von n, so ergibt sich, die volkommene Zahl n selbst auch zu den Teilern hinzugenommen,

$$\sigma(n) = 2n.$$

Die bisher bekannten vollkommenen Zahlen sind alle gerade; es ist z. B.

$$\sigma(6) = 1 + 2 + 3 + 6 = 12 = 2 \cdot 6.$$

Nun soll diese Beziehung auf eine ungerade Zahl $2n+1$ angewandt in der folgenden Definition von a_n verwendet werden:

$$a_n = \begin{cases} 0, \text{ falls } \sigma(2n+1) = 2(2n+1) \\ n \dot{-} 1 \text{ sonst.} \end{cases}$$

Es ist klar, dass a_n eine primitiv-rekursive Funktion von n ist, und dass für $n = 1, 2, 3, \ldots$

$$a_n \leqq n-1$$

gilt; da wir aber bis heute nicht wissen, ob es ungerade vollkommene Zahlen gibt, können wir nicht wissen, ob es auch nur ein einziges n gibt, für welches

$$a_n < n-1$$

wäre.

Die Reihe

$$a_0 + \frac{a_1}{1!} + \frac{a_2}{2!} + \cdots + \frac{a_n}{n!} + \cdots,$$

welche mit der jetzt definierten primitiv-rekursiven Koeffizientenfolge gebildet wird, konvergiert nach einer nicht-negativen reellen Zahl ξ. Ist diese Zahl rational, so ist $[\xi n]$ primitiv-rekursiv. Ist ξ irrational, so ist $[\xi n]$ ebenfalls primitiv-rekursiv. Wir haben aber nicht viel davon, wenn wir nun behaupten: also ist $[\xi n]$ jedenfalls primitiv-rekursiv. Denn mit unserem heutigen Wissen können wir nicht entscheiden, ob ξ rational oder irrational ist; und daher können wir den Wert von $[\xi n]$ nicht einmal an der Stelle $n = 1$ berechnen. Gibt es nämlich keine ungerade vollkommene Zahl, so ist

$$\xi = 0 + \frac{1-1}{1!} + \frac{2-1}{2!} + \cdots = 1 - \frac{1}{1!} + \frac{1}{1!} - \frac{1}{2!} + \cdots = 1,$$

also

$$[\xi \cdot 1] = 1;$$

wenn es aber auch ungerade vollkommene Zahlen gibt, so muss hier wenigstens für ein — positives — Glied 0 gesetzt werden, daher ist

$$\xi < 1 \quad \text{und so} \quad [\xi \cdot 1] = 0.$$

Und wir können nicht wissen, ob das Problem der ungeraden vollkommenen Zahlen je entschieden wird, also ob der Wert von $[\xi \cdot 1]$ je berechnet werden kann. (Um $[\xi n]$ an jeder Stelle berechnen zu können, müsste man sogar wissen, ob es über alle Grenzen ungerade vollkommene Zahlen gibt, oder man müsste eine Schranke für solche Zahlen kennen.)

Es können natürlich auch andere unentschiedene zahlentheoretische Probleme zur Konstruktion ähnlicher Beispiele verwendet werden; und vermutlich werden zu jeder Zeit unentschiedene Probleme vorhanden sein.

Deshalb betrachten die Intuitionisten das Anwenden des „tertium non datur", wie in der Behauptung „entweder nimmt a_n über alle Grenzen kleinere Werte als $n-1$ an, oder nicht" — nicht als sinnvoll. Ohne ein Entscheidungsverfahren taugt eine solche Aussage nicht viel.

Jedoch spielen die von den Intuitionisten nicht anerkannten Methoden eine wichtige Rolle beim Aufbau der grossen, umfassenden mathematischen Theorien.

12. In der *Mengenlehre* ist es ein alter Wunsch, dass die vagen Begriffe präzisiert werden.

Beschränkt man sich auf Mengen von natürlichen Zahlen, so kann der „naive" Mengenbegriff folgendermassen präzisiert werden. Eine Menge von natürlichen Zahlen wird dann als gegeben betrachtet, wenn man von jeder natürlichen Zahl entscheiden kann, ob sie zu der Menge gehört oder nicht. Wir sagen, dass dies „effektiv" entscheidbar ist, wenn man eine allgemein-rekursive Funktion $\varphi(n)$ angeben kann, welche für solche und nur solche n verschwindet, die zur Menge gehören. (Manchmal kann man besser die äquivalente Formulierung benutzen, dass die charakteristische Funktion $\varphi(n)$ der Menge, welche an einer beliebigen Stelle n den Wert 1 oder 0 annimmt, je nachdem ob n zur Menge gehört oder nicht, allgemein-rekursiv sein soll.)

Der Begriff der Abzählung kann ähnlich präzisiert werden. Darunter, dass eine Teilmenge der natürlichen Zahlen „effektiv abzählbar" ist, werden wir verstehen, dass es ein „effektives Verfahren" gibt, welches die Elemente der betreffenden Teilmenge in irgendeiner Reihenfolge der Reihe nach angibt. Das „effektive Verfahren" kann dabei so präzisiert werden, dass es eine allgemein-rekursive Funktion $\varphi(n)$ gibt, welche für $n = 0, 1, 2, 3, \ldots$ lauter verschiedene Werte annimmt, wobei diese Werte eben die Elemente der betreffenden Menge sind.

Man kann beweisen,[75]) dass es eine Menge von natürlichen Zahlen gibt, welche im vorhin präzisierten Sinn nicht effektiv angebbar, jedoch effektiv abzählbar ist (die abzählende allgemein-rekursive Funktion $\varphi(n)$ siebt für $n = 0, 1, 2, 3, \ldots$ die Elemente der betreffenden Menge natürlich nicht der Grösse nach aus der Reihe der natürlichen Zahlen aus); und dass eine Teilmenge der natürlichen Zahlen dann und nur dann effektiv angebbar ist, wenn sowohl sie als auch ihre Komplementärmenge effektiv abzählbar sind.

13. Auch der vage Begriff der effektiv darstellbaren *transfiniten Zahl* kann unter Verwendung des Begriffes der rekursiven Funktion präzisiert werden.[76])

Zu diesem Zweck hatte KLEENE ursprünglich den Begriff der *partiell-rekursiven Funktion* eingeführt.

Zur effektiven Darstellung der Ordnungszahlen der ersten und zweiten Zahlklasse hat man effektiv zu entscheiden, ob eine gegebene Ordnungszahl gleich 0 ist oder der Nachfolger einer Ordnungszahl oder aber der Grenzwert einer wachsenden Folge von Ordnungszahlen. Im zweiten Fall hat man die vorangehende Ordnungszahl zu charakterisieren; im dritten Fall eine wachsende Folge von Ordnungszahlen vom Typus ω, welche die betreffende Ordnungszahl zum Grenzwert hat. Da die zur Darstellung dienenden Ausdrücke als

---

75) KLEENE [1] § 2.; siehe noch POST [2].

76) CHURCH and KLEENE [1], CHURCH [4], KLEENE [4]. siehe noch KLEENE [6].

Zeichenfolgen durch ihre Gödel-Nummern ersetzt werden können, kann die Charakterisierung der Ordnungszahlen so geschehen, dass den Ordnungszahlen natürliche Zahlen zugeordnet werden, wobei man die folgenden Forderungen vor Augen hält:

(1) Keine Zahl soll verschiedenen Ordnungszahlen zugeordnet werden (aber einer Ordnungszahl kann man auch mehrere natürliche Zahlen zuordnen).

(2) Die Funktion $\varkappa(x)$, welche den Wert 0, 1 oder 2 annimmt, je nachdem ob x der Ordnungszahl 0 zugeordnet ist oder dem Nachfolger einer Ordnungszahl oder aber dem Grenzwert einer wachsenden Folge von Ordnungszahlen, soll partiell-rekursiv sein.

(3) Es soll eine partiell-rekursive Funktion $\nu(x)$, geben, die an jeder Stelle x, welche dem Nachfolger X einer Ordnungszahl Y zugeordnet ist, einen der Ordnungszahl Y zugeordneten Wert annimmt.

(4) Es soll eine partiell-rekursive Funktion $\mu(x, n)$ geben, so dass falls x dem Grenzwert X einer wachsenden Folge von Ordnungszahlen zugeordnet ist, es eine Folge von Ordnungszahlen $Y_1, Y_2, \ldots$ vom Typus ω gibt, wobei $\mu(x, n)$ für jedes n eine der Ordnungszahl Y_n zugeordnete Zahl ist.

Man beschränkt sich hierbei auf partielle Definitionen, weil an Stellen, die bei der Gödelschen Numerierung solchen Zeichenfolgen entsprechen, die keine Ordnungszahl repräsentieren, der Wert von $\varkappa(x), \nu(x)$ und $\mu(x, n)$ in (2), (3) und (4) keine Rolle spielt, und es also eine unnötige Einschränkung wäre zu fordern, dass diese Funktionen auch an solchen Stellen irgendwie rekursiv definiert seien.

Es gibt zu jeder Zuordnung, welche die Forderungen (1), (2), (3) und (4) erfüllt, eine Ordnungszahl ξ, welcher keine natürliche Zahl zugeordnet wird, und auch den grösseren Ordnungszahlen nicht, während aber allen kleineren Ordnungszahlen als ξ natürliche Zahlen zugeordnet werden.

Es kann eine den Forderungen genügende Zuordnung angegeben werden, für welche dieses ξ am grössten ist. Dieses grösste ξ ist eine effektiv nicht darstellbare Ordnungszahl der zweiten Zahlklasse.

14. Eine der wichtigsten Anwendungen der Präzisierung des Effektivitätsbegriffes ist der Beweis der *effektiven Unentscheidbarkeit gewisser Probleme.*[77])

Hierbei handelt es sich um Probleme von solcher Struktur, wie z. B. das grosse Fermatsche Problem in folgender Formulierung: Es wird ein effektives Verfahren gesucht, um zu entscheiden, zu welchen Exponenten n

[77]) Den ersten derartigen Beweis hat Church [2] angegeben, und zwar für eine direkt zu diesem Zweck konstruierte, ziemlich komplizierte Problemenschaar.

es solche positive ganze Zahlen x, y und z gibt, dass

$$x^n + y^n = z^n$$

gilt. Das „effektive Verfahren" kann hier als die effektive Angabe der Menge der n mit der gewünschten Eigenschaft präzisiert werden, das heisst als Angabe einer allgemein-rekursiven Funktion $\varphi(n)$, welche für jene und nur für jene positiven n verschwindet, zu welchen es die Forderung erfüllende Zahlen x, y und z gibt. Falls die FERMATsche Vermutung, dass es kein $n \geqq 2$ der gewünschten Eigenschaft gibt, richtig ist, so entspricht der Forderung zum Beispiel die (sogar primitiv-rekursive) Funktion $\varphi(n) = n \dot{-} 2$. Wäre es also bewiesen, dass es kein „effektives Verfahren" im obigen Sinn zur Entscheidung des gestellten Problems gibt, so wäre damit die FERMATsche Vermutung widerlegt.

Es hat sich von verschiedenen Problemen dieser Art herausgestellt, dass sie effektiv unentscheidbar sind. Zu diesen gehört auch das „Entscheidungsproblem" des engeren logischen Funktionenkalkuls[78]); und ebenfalls das „Wortproblem" gewisser associativer Systeme. Das letztere kann folgendermassen formuliert werden:

Eine Menge (H) der Elemente $a, b, c, \ldots$ wird ein associatives System genannt, wenn sie die folgenden beiden Forderungen erfüllt:

1. Zu beliebigen Elementen a und b von (H) gibt es in (H) ein bestimmtes Element, das ihr Produkt genannt und mit ab bezeichnet wird.

2. Die Multiplikation ist associativ:

$$(ab)c = a(bc).$$

Hierbei handelt es sich um solche associativen Systeme, welche aus endlich vielen „Generatoren" $x_1, \ldots, x_n$ so aufgebaut werden können, dass jedes Element von (H) entweder 1 ist (darunter ein solches Element verstanden, dass für alle Elemente a von (H) $1a = a1 = a$ gelte), oder das Produkt gewisser Elemente $a_1, \ldots, a_t$, wobei jedes a_i eines der x_j ist; ausserdem sind gewisse Gleichheiten von endlicher Anzahl zwischen gewissen Paaren von Generatorprodukten gegeben.

Das „Wortproblem" lautet: kann ein effektives Verfahren angegeben werden, um zu entscheiden, ob zwei beliebig gegebene Generatorprodukte gleich sind?

---

[78] CHURCH [3]. CHURCH hat das durch einen Umweg über seinen ersten Unentscheidbarkeitssatz bewiesen; vor kurzem hat KALMÁR [8] und [9] einen unmittelbaren Beweis dafür angegeben. Es entstand eine ausgedehnte Literatur auch über die Frage der effektiven Entscheidbarkeit gewisser mathematischer Axiomensysteme, besonders von solchen gewisser algebraischer Strukturen.

Auf Grund des mit dem Begriff der allgemein-rekursiven Funktion präzisierten Effektivitätsbegriffes, hat POST[79]) und zur selben Zeit unabhängig auch MARKOV[80]) associative Systeme mit effektiv unentscheidbarem „Wortproblem" konstruiert. Der Letztere hat auch die effektive Unentscheidbarkeit anderer Probleme dieses Gebietes bewiesen. (Unlängst hat KALMÁR in seinem Antrittsvortrag an der Ungarischen Akademie der Wissenschaften einen einfacheren Beweis der MARKOVschen Ergebnisse angegeben.[81]) Später hat NOVIKOV[82]) eine aus endlich vielen Elementen durch endlich viele gegebene Gleichheiten erzeugte Gruppe konstruiert, deren „Wortproblem" effektiv unentscheidbar ist.

Dass es überhaupt im hier präzisierten Sinn effektiv unentscheidbare Probleme gibt, kann auch aus dem Satz von GÖDEL[83]) abgeleitet werden, dass es in Axiomensystemen von einer gewissen Struktur unentscheidbare Probleme gibt.[84]) Es lässt sich sogar eine primitiv-rekursive (sogar elementare) Funktion $\varphi(m, n)$ konstruieren, so dass sich direkt als ein Spezialfall des Gödelschen Satzes die effektive Unentscheidbarkeit des folgenden einfachen Problems beweisen lässt:[85]) „Für welche natürlichen Zahlen n gilt $\varphi(m, n) = 0$ bei beliebigem m?"

Es wurde üblich, die effektiv unentscheidbaren Probleme, wobei die Effektivität mit dem Begriff der Allgemein-Rekursivität präzisiert wird, „absolut-unentscheidbar" zu nennen; im Gegensatz zu den in gewissen Axiomensystemen unentscheidbaren Problemen von GÖDEL. Es kann aber ein Satz keineswegs von grösserer Tragweite sein als jener Satz, dessen Spezialfall er ist. Demnach bedeutet nach den Vorangehenden die Existenz effektiv-unentscheidbarer Probleme nicht etwa, dass es in der Mathematik „absolut" unentscheidbare Probleme gibt, sondern nur, dass in der präzisen Formulierung des Effektivitätsbegriffes, wenn dies auch sehr weit gefasst wurde, dennoch eine Abgrenzung geschehen ist (in HILBERT—BERNAYS [1] 2. Band, Supplement II. wurde ein festes formales System angegeben, worin jede allgemein-rekursive Funktion formalisiert werden kann); und die mathematische Wirklichkeit ist viel zu lebendig und entwicklungsfähig, um in starre Schranken gesperrt werden zu können.

POST hat sogar den Begriff der „effektiven Unentscheidbarkeit von niedrigerem oder höherem Grad" eingeführt; bisher hat es sich noch nicht herausgestellt, ob es effektiv unentscheidbare Probleme von verschiedenem Grad in diesem Sinne gibt.[86])

---

79) POST [5]; siehe noch HALL JR. [1].

80) MARKOV [1] und [2].

81) Seitdem wurde dies auch publiziert: siehe KALMÁR [5].

82) NOVIKOV [1].

83) GÖDEL [1].

84) Siehe PÉTER: *Besprechung von Skolem* [4]. The Journ. of Symb. Log. 9 (1944) S. 21.

85) KALMÁR [3].

86) POST [2].

Es ist jedoch interessant, die Probleme zu untersuchen, welche sich bei unserem sehr weit gefassten Effektivitätsbegriff als effektiv unentscheidbar erweisen.

Im Folgenden werde ich mich mit solchen Unentscheidbarkeitsfragen ausführlich befassen, welche gewisse Fragen über rekursive Funktionen erhellen.

§ 22. EFFEKTIVE UNENTSCHEIDBARKEIT DER FRAGE, WELCHE GLEICHUNGSSYSTEME ALLGEMEIN-REKURSIVE FUNKTIONEN DEFINIEREN[87])

1. Das in Nr. **11** des **§ 17** ausgesagte Ergebnis lautet für den einstelligen Fall: es gibt zwei universelle primitiv-rekursive Funktionen ψ und τ, sodass jede beliebige einstellige allgemein-rekursive Funktion $\varphi(m)$ in der Form

$$\varphi(m) = \psi(\mu_w[\tau(n, m, w) = 0])$$

geschrieben werden kann, wobei n die Gödel-Nummer (nach einem ein für allemal konstruierten Wörterbuch) eines Gleichungssystems ist, welches die Funktion $\varphi(m)$ definiert, und τ so beschaffen ist, dass es zu jedem m ein w gibt, für welches

$$\tau(n, m, w) = 0$$

gilt. Zu einem anderen Gleichungssystem gehört eine andere Gödel-Nummer n; man kann sagen, dass $\varphi(m)$ durch die Gödel-Nummer n „definiert" wird.

Exakter gefasst: Man sagt, dass die Zahl n eine einstellige allgemein-rekursive Funktion definiert, wenn es für dieses n zu einem beliebigen m ein w gibt, so dass

$$\tau(n, m, w) = 0$$

gilt: in diesem Fall ist nach Nr. **1** des **§ 17** $\mu_w[\tau(n, m, w) = 0]$ eine allgemein-rekursive Funktion von m; und wir sagen, dass die Zahl n die Funktion

$$\psi(\mu_w[\tau(n, m, w) = 0])$$

definiert.

Zu jedem Gleichungssystem, das eine allgemein-rekursive Funktion $\varphi(m)$ definiert, kann nach den Vorherigen eine $\varphi(m)$ definierende Zahl n konstruiert werden, nämlich die Gödel-Nummer des Gleichungssystems. Und umgekehrt lässt sich auch zu jeder Zahl n, welche eine einstellige allgemein-

[87]) Kleene [1] § 2.

rekursive Funktion definiert, ein Gleichungssystem konstruieren, durch welches diese Funktion definiert werden kann; man erhält ein solches Gleichungssystem, wenn man zu den Definitionsgleichungen, die beim Aufbau von ψ und τ und der sich in diesem Fall als allgemein-rekursiv erweisenden Funktion

$$\mu(m) = \mu_w[\tau(n, m, w) = 0]$$

vorkommen, noch die Gleichung

$$\varphi(m) = \psi(\mu(m))$$

hinzunimmt (natürlich ist die Gödel-Nummer dieses Gleichungssystems im allgemeinen von n verschieden).

Man kann daher statt der Gleichungssysteme, die einstellige allgemein-rekursive Funktionen definieren, die Zahlen betrachten, durch welche einstellige allgemein-rekursive Funktionen definiert werden.[1]

Auf diese Art hätte man einen klaren Überblick über die einstelligen allgemein-rekursiven Funktionen, wenn man entscheiden könnte, welche Zahlen solche Funktionen definieren, das heisst, zu welchen Zahlen n es zu jedem m ein w gibt, für welches

$$\tau(n, m, w) = 0$$

gilt.

Das lässt sich aber nicht effektiv entscheiden.

2. Zunächst werde ich zeigen, dass die Zahlen der gewünschten Art nicht effektiv abzählbar sind, in dem Sinne, dass es keine allgemein-rekursive Funktion $\vartheta(n)$ gibt, deren für $n = 0, 1, 2, \ldots$ angenommene sämtliche Werte $\vartheta(0), \vartheta(1), \vartheta(2), \ldots$ Zahlen dieser Art sind, und von welcher jede solche Zahl irgendwo angenommen wird (wobei nicht einmal verlangt wird, dass $\vartheta(n)$ jeden Wert nur an einer Stelle annehmen soll).

Denn nehmen wir an, es wäre $\vartheta(n)$ eine solche allgemein-rekursive Funktion, deren sämtliche Werte Zahlen der gewünschten Art sind; das heisst, dass es zu jedem n und zu jedem m ein w gibt, für welches

$$\tau(\vartheta(n), m, w) = 0$$

gilt. Werden speziell immer gleiche m und n gewählt, so muss es zu jedem m auch ein solches w geben, für welches

$$\tau(\vartheta(m), m, w) = 0$$

ist.

Nun kann man aber zeigen, dass, falls ϑ eine beliebige solche allgemein-rekursive Funktion ist, dass es zu jedem m ein w mit

$$\tau(\vartheta(m), m, w) = 0$$

gibt, es eine Zahl f von gewünschter Art geben muss, die von $\vartheta(m)$ nicht angenommen werden kann.

Das sieht man folgendermassen ein. Gilt bei beliebigem m mit geeignetem w

$$\tau(\vartheta(m), m, w) = 0,$$

so ist

$$\mu_w[\tau(\vartheta(m), m, w) = 0],$$

und damit auch die Funktion

$$\eta(m) = \psi(\mu_w[\tau(\vartheta(m), m, w) = 0]) + 1$$

allgemein-rekursiv. Wird $\eta(m)$ durch die Zahl f definiert, das heisst, ist

$$\eta(m) = \psi(\mu_w[\tau(f, m, w) = 0]),$$

so ist f eine Zahl von der gewünschten Art, und eben diese kann von $\vartheta(m)$ nicht angenommen werden. Denn wäre an einer gewissen Stelle q

$$\vartheta(q) = f,$$

so würde sich aus der letzten Gleichung durch Einsetzen von $\vartheta(q)$ für f

$$\eta(m) = \psi(\mu_w[\tau(\vartheta(q), m, w) = 0]),$$

und für

$$\eta(q) = \psi(\mu_w[\tau(\vartheta(q), q, w) = 0])$$

ergeben. Aus der zuerst aufgeschriebenen Form von $\eta(m)$ ergibt sich aber für $m = q$ im Widerspruch damit

$$\eta(q) = \psi(\mu_w[\tau(\vartheta(q), q, w) = 0]) + 1.$$

Also können die Zahlen, welche einstellige allgemein-rekursive Funktionen definieren (und die Definitionsgleichungssysteme repräsentieren) nicht effektiv abzählbar sein.

3. Aus den Tatsachen, die in der vorigen Nummer klargestellt wurden, kann man ferner ableiten, dass *es sich nicht effektiv entscheiden lässt, welche Zahlen einstellige allgemein-rekursive Funktionen definieren.* Das heisst, es gibt keine solche allgemein-rekursive Funktion $\varphi(n)$, die an solchen und nur solchen Stellen n verschwindet, welche einstellige allgemein-rekursive Funktionen definierende Zahlen sind.

Denn nehmen wir an, dass $\varphi(n)$ eine solche allgemein-rekursive Funktion ist, dass jedes n, für welches $\varphi(n) = 0$ gilt, eine Zahl der gewünschten

Art ist. Dann kann man eine Zahl f der gewünschten Art angeben, für welche

$$\varphi(f) \neq 0$$

gilt. Das sieht man folgendermassen ein:

Es gibt natürlich beliebig viele Zahlen, die einstellige allgemein-rekursive Funktionen definieren; wählen wir aus diesen eine bestimmte Zahl k aus. Sei

$$\vartheta(n) = \begin{cases} n, & \text{falls } \varphi(n) = 0 \\ k, & \text{,,} \quad \varphi(n) \neq 0. \end{cases}$$

Dann sind sämtliche Werte von $\vartheta(n)$ Zahlen der gewünschten Art (k wurde so gewählt, und für $\varphi(n) = 0$ ist n eine solche Zahl); das heisst, es gibt zu jedem n und zu jedem m ein w, für welches

$$\tau(\vartheta(n), m, w) = 0$$

gilt; werden speziell immer gleiche n und m gewählt, so ergibt sich für beliebiges m bei geeignetem w

$$\tau(\vartheta(m), m, w) = 0.$$

In der vorigen Nummer hat es sich herausgestellt, dass es zu einer beliebigen allgemein-rekursiven Funktion $\vartheta(m)$, welche sich derart verhält, eine Zahl f der gewünschten Art gibt, welche nicht zu ihren Werten gehören kann. Es gehört aber jedes n, für welches $\varphi(n) = 0$ gilt, zu den Werten von ϑ; daher muss

$$\varphi(f) \neq 0$$

sein. Damit ist die Behauptung bewiesen.

All dass kann ohne Schwierigkeiten auch auf mehrstellige Funktionen übertragen werden.

§ 23. DIE FRAGE DER ALLGEMEINEN ENTSCHEIDBARKEIT DER ARITHMETISCHEN PROBLEME

1. Es werden unter „arithmetischen" Aussagen solche Aussagen verstanden, die sich auf Identitäten zwischen Polynomen der Zahlentheorie beziehen. Formal betrachtet handelt es sich hierbei um Aussagen, die mit Hilfe der mathematischen Zeichen „+", „·", „=" und mit den logischen Zeichen aufgeschrieben werden können; wobei die Anwendung des Allzeichens (x) und des Seinzeichens (Ex) auch dann zugelassen wird, wenn keine Schranke für die betreffenden x gegeben ist.

Man kann auch von berühmten, bis heute nicht entschiedenen Problemen zeigen, dass sie in diesem Sinn arithmetische Probleme sind. Z. B. lässt sich die GOLDBACHsche Vermutung, dass jede von 2 verschiedene gerade Zahl die Summe zweier Primzahlen ist, folgendermassen als arithmetisches Problem formulieren. Jede gerade Zahl kann in der Form $x+x$ geschrieben werden. Dass $y>1$ eine Primzahl ist, ist gleichbedeutend damit, dass, wenn die Zahl y in der Form $u \cdot v$ geschrieben werden kann, sie immer entweder gleich u oder gleich v sein muss. Also kann die Behauptung, dass jede Zahl der Form $x+x$ einer Summe $y+z$ gleich ist, wobei sowohl y als z Primzahlen sind, mit den Zeichen $+, \cdot, =$ und mit den logischen Zeichen in der Form

$$(x)(Ey)(Ez)[x+x=y+z \mathbin{\&} (u)(v)[y=u \cdot v \rightarrow (y=u \vee y=v)] \mathbin{\&} \\ \mathbin{\&} (u)(v)[z=u \cdot v \rightarrow (z=u \vee z=v)]]$$

aufgezeichnet werden (auch für $x=0$ und $x=1$ gilt die Behauptung, dass es solche Zahlen y und z gibt: im ersten Fall kann 0, im zweiten 1 als Wert von y und z gewählt werden).

Dem Fermat-Problem ist schon nicht mehr so unmittelbar anzusehen, dass es arithmetisch ist; bei seiner Formulierung kommen auch Potenzen mit variablen Exponenten vor, und es ist nicht leicht sich vorzustellen, dass diese unter ausschliesslicher Benutzung von Additionen und Multiplikationen ausgedrückt werden können. GÖDEL hat aber bewiesen, dass sich alle primitivrekursiven Beziehungen auch durch arithmetische Aussagen formulieren lassen.[88])

2. Ich werde die Methode von GÖDEL gerade auf die primitiv-rekursive Beziehung

$$y=a^x$$

anwenden.

Die rekursive Definition von a^n lautet:

$$a^0=1$$
$$a^{n+1}=a \cdot a^n.$$

Also ist die Identität $y=a^x$ gleichbedeutend damit, dass es zu jedem x eine $x+1$-gliedrige Zahlenfolge gibt, bei der das erste (zu $n=0$ gehörige) Glied gleich 1 ist, ferner für beliebiges $n+1<x$ das $n+2$-te Glied a-mal soviel als das vorherige ist, endlich das letzte, $x+1$-te Glied mit y übereinstimmt.

---

88) GÖDEL [1] § 3.

Man kann nun beweisen, dass *es zu einer beliebigen endlichen Zahlenfolge*

$$a_1, a_2, \ldots, a_k$$

— also auch zu der vorliegenden — *eine solche Zahl* m *und eine solche* k*-gliedrige arithmetische Progression:*

$$1+d, 1+2d, \ldots, 1+kd$$

gibt, dass die Glieder der ursprünglichen Folge der Reihe nach mit den Resten der Teilung von m *durch die entsprechenden Glieder der Progression übereinstimmen:* das heisst, dass für $i=1, 2, \ldots, k$

$$a_i = \text{res}\,(m, 1+id)$$

gilt.

Es ist nämlich aus der Zahlentheorie bekannt,[89]) dass wenn die Zahlen

$$b_1, b_2, \ldots, b_k$$

paarweise teilerfremd sind, sich zu den Gliedern

$$a_1, a_2, \ldots, a_k$$

einer beliebigen Folge ein solches m finden lässt, das mit geeigneten q_i für $i=1, 2, \ldots, k$ in der Form

$$m = q_i b_i + a_i$$

geschrieben werden kann. Gilt dabei noch für $i=1, 2, \ldots, k$

$$a_i < b_i,$$

so sind dabei die Zahlen a_i eben die Reste der Teilungen von m durch die entsprechenden b_i.

Man hat daher nur ein solches d zu suchen, dass

$$1+d, 1+2d, \ldots, 1+kd$$

der Reihe nach grösser als $a_1, a_2, \ldots, a_k$, und paarweise teilerfremd ausfallen sollen.

Das gelingt, wenn für

$$l = \max\,(a_1, \ldots, a_k, k)$$
$$d = l!$$

---

[89]) Siehe z. B. P. Bachmann: *Die Elemente der Zahlentheorie.* Berlin (1921) S. 66—69.

gesetzt wird. Es ist ja klar, dass in diesem Fall für $i=1, 2, \ldots, k$

$$a_i < 1+i\cdot \max(a_1, \ldots, a_k, k) \leqq 1+id$$

gilt. Und die für $i=1, 2, \ldots, k$ angenommenen Werte von $1+id=1+il!$ sind paarweise teilerfremd. Denn hätten z. B.

$$1+i_1 l! \quad \text{und} \quad 1+i_2 l!$$

für $i_1 \leqq k, i_2 \leqq k$ und $i_1 > i_2$ den gemeinsamen Primfaktor p, so wäre auch ihre Differenz

$$(i_1-i_2)\cdot l!$$

durch p teilbar; da aber

$$i_1-i_2 < k \leqq l$$

ist, und also i_1-i_2 unter den Faktoren von $l!$ vorkommt, wäre damit auch $l!$ teilbar durch p. Aber ein Teiler von $l!$ kann nicht zugleich Teiler von $1+i_1 l!$ sein.

Die Wahl

$$d=l!$$

erfüllt daher die Forderungen; und demnach gibt es in der Tat solche Zahlen m und d zu jeder beliebigen endlichen Folge $a_1, \ldots, a_k$, dass für $i=1, 2, \ldots, k$

$$a_i = \text{res}\,(m, 1+id)$$

gilt. Auch zu unserer $x+1$-gliedrigen Exponentialfolge gibt es derartige Zahlen m und d.

3. Sehen wir noch einmal nach, wie die Folge am Anfang der vorigen Nummer definiert wurde. Aus dieser Definition und aus dem Ergebnis der vorigen Nummer liest man unmittelbar heraus, dass die Identität

$$y=a^x$$

mit der folgenden Aussage geichbedeutend ist:

$$(Em)(Ed)[\text{res}\,(m, 1+d)=1\,\&(n)[n+1 < x \rightarrow \text{res}\,(m, 1+(n+2)d= \\ = a\cdot \text{res}\,(m, 1+(n+1)d)]\,\&\,\text{res}\,(m, 1+(x+1)d)=y].$$

Diese Formel kann in eine rein arithmetische Form gebracht werden.

Erstens kann die darin auftretende Teilaussage

$$\text{res}\,(m, 1+(n+2)d)=a\cdot \text{res}(m, 1+(n+1)d)$$

auch so ausgedrückt werden, dass es einen Wert t gibt, welcher mit beiden Seiten übereinstimmt:

$$(Et)[\mathrm{res}(m, 1+(n+2)d)=t \,\&\, a\cdot \mathrm{res}(m, 1+(n+1)d)=t].$$

Wird der betrachtete Teilausdruck damit ersetzt, so ergibt sich eine Formel, welche durch Multiplikation und logische Operationen aus Ausdrücken der Form

$$v<u$$

und

$$\mathrm{res}(m, u)=v$$

aufgebaut wird. Und diese können leicht in eine arithmetische Form gebracht werden.

$v<u$ ist gleichbedeutend damit, dass es ein w gibt (w kann auch 0 sein), für welches $u=v+w+1$ gilt; und das kann in der Form

$$(Ew)[u=v+w+1]$$

geschrieben werden.

Und $\mathrm{res}(m, u)=v$ ist damit gleichbedeutend, das es ein q gibt, für welches

$$m=q\cdot u+v \quad \text{und} \quad v<u$$

gilt; das lässt sich aber, unter Verwendung der vorhin erhaltenen arithmetischen Formel für $v<u$, in der Form

$$(Eq)[m=q\cdot u+v \,\&\, (Ew)[u=v+w+1]]$$

aufschreiben.

Daher kann man die Identität

$$y=a^x$$

in der Tat in eine arithmetische Form bringen.

4. Das Beweisverfahren, welches sich auf gewisse Eigenschaften ganz beliebiger endlicher Zahlenfolgen gestützt hat, lässt sich auch auf andere, durch primitive Rekursionen definierte Funktionen übertragen.

Auf diese Weise kann man leicht beweisen, dass, falls die Funktion φ durch die primitive Rekursion

$$\varphi(0, a_1, \ldots, a_r)=\alpha(a_1, \ldots, a_r)$$
$$\varphi(n+1, a_1, \ldots, a_r)=\beta(n, a_1, \ldots, a_r, \varphi(n, a_1, \ldots, a_r))$$

definiert wird, wobei sich die Beziehungen

$$y = \alpha(x_1, \ldots, x_r) \quad \text{und} \quad y = \beta(x_0, x_1, \ldots, x_r, x_{r+1})$$

in eine arithmetische Form bringen lassen, dann auch die Beziehung

$$y = \varphi(x_0, x_1, \ldots, x_r)$$

in eine arithmetische Form gebracht werden kann.

Man sieht ferner leicht ein, dass diese Eigenschaft bei einer Substitution nicht verloren geht; das heisst, dass sich mit den Beziehungen

$$y = \alpha_1(x_1, \ldots, x_r), \quad y = \alpha_2(x_1, \ldots, x_r), \ldots, \quad y = \alpha_s(x_1, \ldots, x_r)$$

und

$$y = \beta(x_1, \ldots, x_s)$$

auch

$$y = \beta(\alpha_1(x_1, \ldots, x_r), \ldots, \alpha_s(x_1, \ldots, x_r))$$

in eine arithmetische Form bringen lässt. Die letzte Beziehung kann nämlich auch so ausgedrückt werden, dass es solche Zahlen $u_1, \ldots, u_s$ gibt, für welche

$$u_1 = \alpha_1(x_1, \ldots, x_r), \ldots, \quad u_s = \alpha_s(x_1, \ldots, x_r)$$

und

$$y = \beta(u_1, \ldots, u_s)$$

gilt; kurz, dass

$$(Eu_1) \ldots (Eu_s)[u_1 = \alpha_1(x_1, \ldots, x_r) \,\&\, \ldots \,\&\, u_s = \alpha_s(x_1, \ldots, x_r) \,\&\, \\ \&\, y = \beta(u_1, \ldots, u_s)]$$

besteht.

Da aber jede primitiv-rekursive Funktion durch primitive Rekursionen und Substitutionen aus den Ausgangsfunktionen 0 und $n+1$ aufgebaut wird, zu welchen die arithmetischen Beziehungen

$$y = 0 \quad \text{bzw.} \quad y = x + 1$$

gehören, so kann jede Identität

$$y = \varphi(x_1, \ldots, x_r),$$

wo φ eine primitiv-rekursive Funktion ist, in eine arithmetische Form gebracht werden.

Nun wird aber eine Beziehung zwischen den Variablen $x_1, \ldots, x_r$ dann primitiv-rekursiv genannt, wenn es eine primitiv-rekursive Funktion $\varphi(x_1, \ldots, x_r)$ gibt, welche an einer Stelle dann und nur dann verschwindet, wenn dort zwischen $x_1, \ldots, x_r$ die betreffende Beziehung besteht. Das kann aber auch in der Form

$$(Ey)[y = \varphi(x_1, \ldots, x_r) \,\&\, y = 0]$$

aufgeschrieben werden; daher ist jede primitiv-rekursive Beziehung arithmetisch.

5. SKOLEM hat sogar bewiesen, dass *jede allgemein-rekursive Beziehung arithmetisch ist.*[90]) Wenn man den Begriff der „Berechenbarkeit" mit dem Begriff der Allgemein-Rekursivität identifiziert, so bedeutet das, dass sämtliche Aussagen über berechenbare zahlentheoretische Funktionen auch als Aussagen über Identitäten zwischen Polynomen der Zahlentheorie formuliert werden können.

Diese überraschende Tatsache folgt einfach daraus, dass sich jede allgemein-rekursive Funktion auf die bekannte explizite Form bringen lässt.

Eine allgemein-rekursive Beziehnug zwischen $x_1, \ldots, x_r$ bedeutet eine für solche und nur solche Werte der Variablen bestehende Beziehung, für welche eine bestimmte allgemein-rekursive Funktion $\varphi(x_1, \ldots, x_r)$ gleich 0 wird. Dass aber die mit primitiv-rekursivem ψ und τ in der expliziten Form

$$\varphi(x_1, \ldots, x_r) = \psi(\mu_m[\tau(x_1, \ldots, x_r, m) = 0])$$

geschriebene Funktion φ an einer Stelle $x_1, \ldots, x_r$ gleich 0 wird, ist gleichbedeutend damit, dass es eine Stelle m gibt, wo $\psi(m) = 0$ ist, und dieses m eine solche Zahl ist, für welche $\tau(x_1, \ldots, x_r, m) = 0$ gilt, und zwar ist m die kleinste solche Zahl: jedes beliebige z, für welches $\tau(x_1, \ldots, x_r, z) = 0$ ist, ist grösser als m oder ebenso gross. Das kann aber in der Form:

$$(Em)[\psi(m) = 0 \,\&\, \tau(x_1, \ldots, x_r, m) = 0 \,\&\, (z)[\tau(x_1, \ldots, x_r, z) = 0 \rightarrow z \geqq m]]$$

geschrieben werden. Da es sich schon herausgestellt hat, das jede primitiv-rekursive Beziehung arithmetisch ist, und die Beziehungen

$$\psi(m) = 0, \quad \tau(x_1, \ldots, x_r, m) = 0, \quad \tau(x_1, \ldots, x_r, z) = 0, \quad z \geqq m$$

sämtlich primitiv-rekursiv sind, so ist unsere Formel in der Tat arithmetisch.

6. Hierbei wurden die Aussagen der Zahlentheorie auf solche Formeln reduziert, in welchen nur zwei einfache Funktionen (Summe und Produkt) und eine einfache mathematische Beziehung (Gleichheit) verwendet werden;

---

[90]) SKOLEM [4].

das ist aber auf Kosten der schrankenlosen Zulassung der sogenannten logischen Quantoren (x) und (Ex) geschehen. Es gibt auch Reduktionsmöglichkeiten von umgekehrter Tendenz. KLEENE hat bewiesen[91]), dass alle Aussagen mit einer freien Variablen (ähnliches gilt auch für mehrere Variablen) über allgemein-rekursive Funktionen entweder auf die quantorenlose Form

$$\varphi(a) = 0,$$

oder auf eine der folgenden in Paaren geordnete „Normalformen"

$$(Ex)[\varphi(a, x) = 0], \quad (x)(Ey)[\varphi(a, x, y) = 0], \quad (Ex)(y)(Ez)[\varphi(a, x, y, z) = 0], \ldots$$
$$(x)[\varphi(a, x) = 0], \quad (Ex)(y)[\varphi(a, x, y) = 0], \quad (x)(Ey)(z)[\varphi(a, x, y, z) = 0], \ldots$$

reduziert werden können, wo φ eine allgemein-rekursive Funktion ist; und dass hier keine weitere Reduktion möglich ist; d. h. es gibt zu jedem Glied der Normalformenfolge eine Aussage über allgemein-rekursive Funktionen, welche sich auf die betreffende Form bringen lässt, aber weder in der „Dualform" noch in einer Form mit weniger Quantoren ausgedrückt werden kann.

7. Im Vorangehenden konnte man sehen, welcher reichhaltige Kreis von Problemen durch die arithmetischen Beziehungen erfasst wird. Es wäre eine sehr grosse Sache, wenn man ein allgemeines Verfahren zur Entscheidung sämtlicher arithmetischer Probleme angeben könnte. Es ist nicht überraschend, dass sich ein solches Verfahren nicht effektiv angeben lässt, wenn die „Effektivität" durch den Begriff der allgemein-rekursiven Funktion präzisiert wird; aber es ist doch schön, dass diese Tatsache bewiesen werden kann.[92])

Es soll hier der Beweis, auf Formeln mit einer freien Variablen beschränkt, geschildert werden.

Um den zu beweisenden Satz exakt formulieren zu können, werden den arithmetischen Formeln Zahlen zugeordnet. Das kann mit der bekannten GÖDELschen Wörterbuch-Konstruktion geschehen, da die arithmetischen Aussagen aus den Zahlen, aus einer Folge $x_1, x_2, \ldots$ von Variablen, und aus anderen Zeichen von endlicher Anzahl ($+, \cdot, =$, Komma, Klammern, logische Zeichen) aufgebaut werden. Jetzt beschränken wir uns auf Formeln, die von genau einer (freien) Variablen abhängen; eine solche Formel mit der Gödel-Nummer x soll kurz $C_x(y)$ genannt werden.

Gäbe es nun ein effektives Verfahren um zu entscheiden, für welche x und y die Aussage $C_x(y)$ wahr ist, so gäbe es nach der schon mehrfach verwendeten Annahme eine allgemein-rekursive charakteristische Funktion $\varphi(x, y)$, welche an einer beliebigen Stelle (x, y) den Wert 1 oder 0 annimmt, je nachdem x die Gödel-Nummer einer solchen einstelligen arithmetischen Formel ist,

[91]) KLEENE [5] I. Nr. 5.
[92]) SKOLEM [4].

welche an der Stelle y wahr ist (das heisst, falls $C_x(y)$ wahr ist), oder nicht. Dann wäre aber mit $\varphi(x, y)$ auch $\varphi(x, x)$ allgemein-rekursiv, und also wäre nach Nr. 5 dieses Kapitels die Beziehung mit einer freien Variablen

$$\varphi(x, x) = 0$$

arithmetisch. Wäre die Gödel-Nummer ihrer arithmetischen Form k, das heisst wäre eben $C_k(x)$ diese arithmetische Formel, so würde sich daraus für $x = k$ ergeben, dass $\varphi(k, k)$ dann und nur dann gleich 0 ist, wenn $C_k(k)$ wahr ist. $\varphi(x, y)$ wurde aber nach Annahme folgendermassen definiert:

$$\varphi(x, y) = \begin{cases} 1, \text{ falls } x \text{ die Gödel-Nummer einer einstelligen arithmetischen Formel, und } C_x(y) \text{ wahr ist,} \\ 0 \text{ sonst.} \end{cases}$$

Und daraus ergibt sich für $x = y = k$, da k die Gödel-Nummer einer einstelligen arithmetischen Formel ist,

$$\varphi(k, k) = \begin{cases} 1, \text{ falls } C_k(k) \text{ wahr ist} \\ 0, \quad \text{„} \quad C_k(k) \text{ nicht wahr ist,} \end{cases}$$

also, dass $\varphi(k, k)$ eben dann und nur dann gleich 0 ist, wenn $C_k(k)$ nicht wahr ist.

Also hat sich ein Widerspruch ergeben; daher kann tatsächlich kein allgemeines effektives Verfahren zur Entscheidung der arithmetischen Probleme mit einer freien Variablen angegeben werden.

§ 24. AUSDEHNUNG DES BEGRIFFES DER REKURSIVITÄT. ANWENDUNGEN AUF DIE ANALYSIS

1. Als eine Anwendung des präzisierten Effektivitätsbegriffes bietet es sich dar, zu untersuchen, ob die mit natürlichen Zahlen formulierbaren Aussagen der Analysis eine effektive Geltung haben. Dazu muss aber der Begriff der Rekursivität erweitert werden.

In der Analysis wird z. B. oft behauptet: „Es gibt zu einer positiven „Fehlerschranke" ε eine solche „Schwellenzahl" N, dass ein gewisser von n abhängiger Wert für $n \geqq N$ kleiner als ε ist". Hierbei handelt es sich um die Angabe von N als Funktion von ε. Statt eines beliebigen positiven reellen ε kann $\frac{1}{m}$ oder $\frac{1}{2^m}$ mit beliebigem positivem ganzem m genommen werden; und dann lautet die effektive Formulierung des mit Anführungszeichen bezeichneten

Satzes:[93]) „Es gibt eine allgemein-rekursive Funktion $\nu(m)$, so dass der betreffende Wert für $n \geqq \nu(m)$ kleiner als $\frac{1}{m}$ $\left(\text{oder } \frac{1}{2^m}\right)$ ist". (Man spricht von primitiv-rekursiver Formulierung, wenn hier die Existenz einer primitiv-rekursiven Funktion $\nu(m)$ verlangt wird.)

Aussagen dieser Art beziehen sich z. B. auf die Konvergenz von Folgen von Rationalzahlen. In einer Folge

$$a_0, a_1, a_2, \ldots, a_n, \ldots$$

von Rationalzahlen ist das n-te Glied a_n eine Funktion des Index, welcher nur nicht-negative ganze Zahlen annimmt; die Werte dieser Funktion sind aber Rationalzahlen. Eine beliebige (positive oder negative) ganze Zahl kann als $a-b$; und also eine beliebige positive oder negative Rationalzahl als

$$\frac{a-b}{c}$$

geschrieben werden, wobei a, b und c nicht-negative ganze Zahlen sind, und wobei $c \geqq 1$ ist. Es liegt auf der Hand den Begriff der Rekursivität so auszudehnen, dass eine Folge von Rationalzahlen

$$a_0, a_1, a_2, \ldots, a_n, \ldots$$

(primitiv- oder allgemein-)rekursiv genannt wird, wenn es solche (primitiv- oder allgemein-)rekursive Funktionen $\alpha(n), \beta(n)$ und $\gamma(n)$ gibt, für welche

$$\gamma(n) \geqq 1 \quad \text{und} \quad a_n = \frac{\alpha(n)-\beta(n)}{\gamma(n)}$$

gilt.

Und eine reelle Zahl r soll (primitiv- oder allgemein-)rekursiv heissen, wenn es eine entsprechend rekursive Folge von Rationalzahlen gibt, welche entsprechend rekursiv gegen sie konvergiert. Das heisst, genauer gefasst, wenn es eine solche entsprechend rekursive gegen r konvergierende Folge a_n von Rationalzahlen und eine solche entsprechend rekursive Funktion $\nu(m)$ gibt, dass für $m > 0$ und $n, n^* \geqq \nu(m)$

$$|a_n - a_{n^*}| < \frac{1}{m}$$

gilt. Die Form $\frac{1}{m}$ der Fehlerschranke ist natürlich unwesentlich; sind die Bedingungen erfüllt, so ist z. B. auch $\nu(2^m)$ entsprechend rekursiv, und für

93) SPECKER [1] Definitionen.

$n, n^* \geqq \nu(2^m)$ gilt

$$|a_n - a_{n^*}| < \frac{1}{2^m}.$$

2. Man kann nun beweisen,[94]) dass es eine monotone, beschränkte, primitiv-rekursive Folge von Rationalzahlen gibt, welche nicht effektiv konvergent ist: genauer, bei welcher die zur Fehlergrenze $\frac{1}{2^m}$ gehörige Schwellenzahl nicht als eine allgemein-rekursive Funktion von m angegeben werden kann.

In Nr. 1 des § 19 haben wir ein Beispiel für eine solche primitiv-rekursive Funktion $\varrho(m, n)$ kennengelernt (in anderer Bezeichnung der Variablen war $\tau(m, m, n)$ eine solche Funktion), für welche

$$\mu_x[\varrho(m, x) = 0]$$

nicht allgemein-rekursiv ist. Sei

$$\psi(m, n) = \begin{cases} 0, \text{ falls } (x)[x \leqq n \rightarrow \varrho(m, x) \neq 0] \\ 1 \text{ sonst.} \end{cases}$$

Diese Funktion ψ ist primitiv-rekursiv. Man sieht auch ihre Monotonität in n, das heisst

$$\psi(m, n+1) \geqq \psi(m, n)$$

leicht ein. Denn ist $\psi(m, n) = 0$, so kann $\psi(m+1, n)$ nicht kleiner sein; und ist $\psi(m, n) = 1$, das heisst, gibt es ein $x \leqq n$, für welches $\varrho(m, x) = 0$ gilt, so ist dieses x natürlich auch nicht grösser als $n+1$, daher gibt es ein $x \leqq n+1$, für welches $\varrho(m, x) = 0$ gilt, und demnach muss auch $\psi(m, n+1)$ den Wert 1 haben.

Mit Benutzung dieser Funktion ψ soll die primitiv-rekursive Folge von Rationalzahlen

$$a_n = \sum_{k=0}^{n} \frac{\psi(k, n)}{2^k}$$

definiert werden. Die Glieder der Summe sind nicht-negativ, also ist die Folge der a_n eine nie abnehmende Folge. Und sie ist auch beschränkt; denn ψ nimmt nur die Werte 0 und 1 an, also ist

$$a_n \leqq \sum_{k=0}^{n} \frac{1}{2^k} = \frac{1 - \frac{1}{2^{n+1}}}{1 - \frac{1}{2}} < \frac{1}{1 - \frac{1}{2}} = 2.$$

---

94) Specker [1] Satz 1.

Man kann nun beweisen, dass diese monoton nicht-abnehmende, nach oben beschränkte Folge nicht effektiv konvergiert.

3. Denn nehmen wir an, dass die Folge a_n effektiv konvergent wäre; das heisst, dass es eine allgemein-rekursive Funktion $\nu(m)$ gäbe, so dass für $n, n^* \geqq \nu(m)$

$$|a_n - a_{n^*}| < \frac{1}{2^m}$$

gilt. Es kann angenommen werden, dass hierbei

$$\nu(m) \geqq m$$

ist (denn ist eine allgemein-rekursive Funktion so beschaffen, dass für $n, n^* \geqq \nu'(m)$

$$|a_n - a_{n^*}| < \frac{1}{2^m}$$

gilt, so ist auch $\nu(m) = \nu'(m) + m$ allgemein-rekursiv und $\nu(m) \geqq m$; ferner gilt wegen $\nu(m) \geqq \nu'(m)$ auch für $n, n^* \geqq \nu(m)$

$$|a_n - a_{n^*}| < \frac{1}{2^m}).$$

Für n^* kann auch $\nu(m)$ gewählt werden. Also gilt nach der Annahme für $n \geqq \nu(m)$

$$|a_n - a_{\nu(m)}| = \sum_{k=0}^{n} \frac{\psi(k, n)}{2^k} - \sum_{k=0}^{\nu(m)} \frac{\psi(k, \nu(m))}{2^k} < \frac{1}{2^m}.$$

Die Ungleichheit besteht um so mehr, wenn die linke Seite dadurch vermindert wird, dass man die Summation auch im Minuenden nur bis $\nu(m)$ führt:

$$\sum_{k=0}^{\nu(m)} \frac{\psi(k, n) - \psi(k, \nu(m))}{2^k} < \frac{1}{2^m}.$$

Da $\psi(m, n)$ eine monoton nicht-abnehmende Funktion von n, und $n \geqq \nu(m)$ ist, sind alle Glieder der Summe nicht-negativ. Da $\nu(m) > m$ ist, tritt unter ihnen auch

$$\frac{\psi(m, n) - \psi(m, \nu(m))}{2^m}$$

auf. Hierbei ist der Zähler nicht-negativ; daher kann die Summe nur dann kleiner als $\frac{1}{2^m}$ sein, wenn dieser Zähler 0, das heisst

$$\psi(m, n) = \psi(m, \nu(m))$$

ist. Das muss also für jedes $n \geqq \nu(m)$ stimmen, wenn a_n eine effektiv-konvergente Folge ist.

Also hat es sich herausgestellt, dass falls a_n effektiv konvergiert, zu einem beliebig gegebenen m eine solche wohlbestimmte Zahl n gehört (nämlich $n = \nu(m)$), dass von hier an die Werte von $\psi(m, n)$ für alle n übereinstimmen. Also, wie immer auch m gewählt wird, es genügt das dazu gehörige kleinste n, für welches $\psi(m, n) = 1$ gilt, unter den Zahlen bis $\nu(m)$ zu suchen. Aber nach der (in der vorigen Nummer angegebenen) Definition von ψ wird der Wert $\psi(m, n)$ bei beliebigem m für jenes n zuerst gleich 0, für welches der Wert von $\varrho(m, n)$ zuerst gleich 0 wird. Also genügt es auch das kleinste x, für welches $\varrho(m, x) = 0$ gilt, unter den Zahlen x bis $\nu(m)$ zu suchen:

$$\mu_x[\varrho(m, x) = 0] = \mu_x[x \leqq \nu(m) \,\&\, \varrho(m, x) = 0].$$

Die Funktion auf der rechten Seite ist aber eine allgemein-rekursive Funktion $\varphi(m)$ von m; man erhält ja ein Gleichungssystem, welches ihre Werte eindeutig liefert, wenn man zu den Definitionsgleichungen, die beim Aufbau der allgemein-rekursiven Funktion $\nu(m)$ und der primitiv-rekursiven Funktion

$$\mu(m, a) = \mu_x[x \leqq a \,\&\, \varrho(m, x) = 0]$$

verwendet werden, die Gleichung

$$\varphi(m) = \mu(m, \nu(m))$$

hinzunimmt.

Daher hat sich

$$\mu_x[\varrho(m, x) = 0]$$

als identisch mit der allgemein-rekursiven Funktion $\varphi(m)$ erwiesen; obwohl wir von einer solchen Funktion $\varrho(m, n)$ ausgegangen sind, für welche $\mu_x[\varrho(m, x) = 0]$ nicht allgemein-rekursiv ist.

Daher führt die Annahme, dass die primitiv-rekursive, monotone, beschränkte Folge a_n effektiv konvergiert, zu einem Widerspruch.

Man kann sogar beweisen,[95]) dass es eine primitiv-rekursive, monotone, beschränkte Folge von Rationalzahlen a_n gibt, gegen deren (jedenfalls existierenden) Grenzwert nicht nur die Folge a_n selber nicht effektiv konvergiert, sondern gar keine allgemein-rekursive Folge von Rationalzahlen; so dass der Grenzwert der betreffenden Folge a_n keine allgemein-rekursive reelle Zahl sein kann.

4. Befassen wir uns noch ein wenig mit dem Begriff der primitiv-rekursiven reellen Zahl (im Folgenden wird kein anderer Rekursionsbegriff

[95]) Specker [1] Satz IV.

als die primitive Rekursivität vorkommen; deshalb werde ich statt „primitiv-rekursiv" kurz nur „rekursiv" sagen.)

Man kann daraus, dass eine reelle Zahl r rekursiv ist, das heisst, dass es eine rekursive Folge von Rationalzahlen gibt, welche rekursiv gegen sie konvergiert, nicht einmal darauf schliessen, dass sie sich in einen rekursiven Dezimalbruch entwickeln lässt, das heisst, dass es eine rekursive Funktion $\psi(n)$ mit $\psi(n) \leqq 9$ und

$$r = \sum_{k=0}^{\infty} \frac{\psi(k)}{10^k}$$

gibt. Es ist auch ein Gegenbeispiel dafür bekannt.[96])

Aber daraus, dass eine gewisse spezielle rekursive Folge von Rationalzahlen rekursiv gegen r konvergiert, folgt die Rekursivität einer ganzen Schar von Entwicklungen der Zahl r; so z. B. auch der Entwicklung von r in einem beliebigen Zahlensystem.[97]) Diese spezielle Folge ist die im Folgenden zu behandelnde Fakultätenentwicklung von r.

Beschränken wir uns im Folgenden auf positive, irrationale r unter 1 (jede andere Irrationalzahl ist die Summe einer solchen und einer ganzen Zahl). Ich habe bereits in Nr. **1** und **2** des § **11** benutzt, dass jedes derartige r in eine Reihe der Form

$$r = \frac{a_1}{1!} + \frac{a_2}{2!} + \cdots + \frac{a_n}{n!} + \cdots$$

entwickelt werden kann, wobei die Koeffizienten nicht-negative ganze Zahlen sind, für alle n

$$a_n \leqq n-1,$$

und für gewisse n über alle Grenzen

$$a_n < n-1$$

gilt. Diese Reihe konvergiert immer rekursiv gegen r, denn die Restsumme nach der Teilsumme

$$S_n = \frac{a_1}{1!} + \cdots + \frac{a_n}{n!}$$

---

[96]) Specker [1] Satz II. (Wenn aber unter „rekursiv" nicht „primitiv-rekursiv", sondern „allgemein-rekursiv" verstanden wird, so kann nach einer Bemerkung von R. M. Robinson (in seiner Rezension über die erste Auflage dieses Buches) jede rekursive reelle Zahl in einen rekursiven Dezimalbruch entwickelt werden; in diesem Fall ist die Rekursivität einer reellen Zahl gleichbedeutend damit, dass diese Zahl einen „rekursiven Schnitt" bestimmt, in einem im Folgenden präzisierten Sinn.)

[97]) Péter [10] Nr. 2.

ist (wie es sich auch in Nr. **2** des § **11** ergeben hat), kleiner als $\frac{1}{n!}$, und also ist bei der Wahl $\nu(m) = m$ der Schwellenzahl, für $n, n^* \geqq m (> 0)$

$$|S_n - S_{n^*}| < \frac{1}{(\min(n, n^*))!} \leqq \frac{1}{m}.$$

Ist nun der Koeffizient a_n eine rekursive Funktion von n — in diesem Fall sage ich, dass r eine rekursive Faktoriellenentwicklung besitzt —, so bestimmt r einen rekursiven Schnitt[98]) in dem Sinne, dass die Beziehung, dass eine Rationalzahl rechts von r liegt, das heisst, dass

$$\frac{m}{n+1} > r$$

ist, eine rekursive Beziehung zwischen m und n ist.

$$\frac{m}{n+1} > r, \quad \text{das heisst} \quad m > (n+1)\,r$$

ist nämlich gleichbedeutend damit, dass m wenigstens um 1 grösser ist als die in $(n+1)\,r$ enthaltene grösste ganze Zahl:

$$m \geqq [(n+1)\,r] + 1.$$

Aus der Rekursivität der Faktoriellenentwicklung von r folgt aber nach Nr. **2** des § **11**, dass $[rn]$ eine rekursive Funktion ist; und demnach ist diese Beziehung tatsächlich rekursiv.

5. Nun folgt aber daraus, dass r einen rekursiven Schnitt bestimmt, die Rekursivität der verschiedensten Entwicklungen von r.

Sei

$$b_1, b_2, \ldots, b_n, \ldots$$

eine beliebige solche Folge von positiven ganzen Zahlen, wobei

$$b_n \geqq 2 \quad \text{für} \quad n > 1$$

und b_n eine rekursive Funktion von n ist. Dann kann unser r in eine Reihe der Form

$$r = \frac{a_1}{b_1} + \frac{a_2}{b_1 b_2} + \cdots + \frac{a_n}{b_1 b_2 \ldots b_n} + \cdots$$

entwickelt werden, wo a_n rekursiv, und für alle n

$$a_n \leqq b_n - 1$$

ist.

---

98) Dieser Begriff stammt von Specker [1].

Denn erstens gibt es unterhalb b_1 sicher ein x, für welches

$$\frac{x+1}{b_1} > r$$

gilt, da für $x = b_1 - 1$ gilt:

$$\frac{x+1}{b_1} = \frac{b_1}{b_1} = 1 > r.$$

Sei

(1) $$a_1 = \mu_x\left[x < b_1 \dot{-} 1 \;\&\; \frac{x+1}{b_1} > r\right].$$

Nun nehmen wir an, dass wir uns für $i = 1, 2, \ldots, n+1$ bereits davon überzeugt haben, dass es unterhalb b_i ein x gibt, für welches

$$\frac{a_1}{b_1} + \frac{a_2}{b_1 b_2} + \cdots + \frac{a_{i-1}}{b_1 b_2 \ldots b_{i-1}} + \frac{x+1}{b_1 b_2 \ldots b_i} > r$$

gilt, wobei die Koeffizienten a_i immer durch

$$a_i = \mu_x\left[x \leqq b_i \dot{-} 1 \;\&\; \frac{a_1}{b_1} + \frac{a_2}{b_1 b_2} + \cdots + \frac{a_{i-1}}{b_1 b_2 \ldots b_{i-1}} + \frac{x+1}{b_1 b_2 \ldots b_i} > r\right]$$

bestimmt wurden, und a_i auch noch für $i = n+1$ so bestimmt wird. Dann gibt es unterhalb b_{n+2} ein solches x, dass

$$\frac{a_1}{b_1} + \frac{a_2}{b_1 b_2} + \cdots + \frac{a_{n+1}}{b_1 b_2 \ldots b_{n+1}} + \frac{x+1}{b_1 b_2 \ldots b_{n+2}} > r$$

gilt; denn wäre auch noch für $x = b_{n+2} - 1$

$$\frac{a_1}{b_1} + \frac{a_2}{b_1 b_2} + \cdots + \frac{a_{n+1}}{b_1 b_2 \ldots b_{n+1}} + \frac{b_{n+2}}{b_1 b_2 \ldots b_{n+2}} \leqq r,$$

so wäre wegen

$$\frac{b_{n+2}}{b_1 b_2 \ldots b_{n+2}} = \frac{1}{b_1 b_2 \ldots b_{n+1}}$$

auch

$$\frac{a_1}{b_1} + \frac{a_2}{b_1 b_2} + \cdots + \frac{a_{n+1}+1}{b_1 b_2 \ldots b_{n+1}}$$

nicht grösser als r; das widerspricht aber der Definition von a_{n+1}. Sei nun

$$(2) \quad a_{n+2} = \mu_x \left[x \leqq b_{n+2} \dot{-} 1 \ \& \ \frac{a_1}{b_1} + \frac{a_2}{b_1 b_2} + \cdots + \frac{a_{n+1}}{b_1 b_2 \ldots b_{n+1}} + \right. \left. + \frac{x+1}{b_1 b_2 \ldots b_{n+2}} > r \right].$$

Da

$$\frac{a_1}{b_1} + \cdots + \frac{a_{n+1}}{b_1 \ldots b_{n+1}} + \frac{x+1}{b_1 \ldots b_{n+2}} = \frac{a_1 b_2 \ldots b_{n+2} + \cdots + a_{n+1} b_{n+2} + x + 1}{(b_1 \ldots b_{n+2} \dot{-} 1) + 1},$$

und $\frac{u}{v+1} > r$ nach Annahme für alle u und v eine primitiv-rekursive Beziehung zwischen u und v ist, so haben wir in (1) und (2) eine solche Wertverlaufsrekursion erhalten, welche a_{n+1} als eine primitiv-rekursive Funktion definiert, für welche $a_{n+1} \leqq b_{n+1} - 1$ gilt.

Wird mit den für $n = 0, 1, 2, \ldots$ angenommenen Werten $a_1, a_2, a_3, \ldots$ dieser Funktion die Reihe

$$\frac{a_1}{b_1} + \frac{a_2}{b_1 b_2} + \frac{a_3}{b_1 b_2 b_3} + \cdots$$

gebildet, so ergeben die Teilsummen s_n dieser Reihe eine Solche rekursive Folge von Rationalzahlen, welche rekursiv konvergiert. Denn ist zum Beispiel $n^* > n$, so ist

$$\begin{aligned} s_{n^*} - s_n &= \frac{a_{n+1}}{b_1 \ldots b_{n+1}} + \frac{a_{n+2}}{b_1 \ldots b_{n+2}} + \frac{a_{n+3}}{b_1 \ldots b_{n+3}} + \cdots + \frac{a_{n^*}}{b_1 \ldots b_{n^*}} \leqq \\ &\leqq \frac{b_{n+1} - 1}{b_1 \ldots b_{n+1}} + \frac{b_{n+2} - 1}{b_1 \ldots b_{n+2}} + \frac{b_{n+3} - 1}{b_1 \ldots b_{n+3}} + \cdots + \frac{b_{n^*} - 1}{b_1 \ldots b_{n^*}} = \\ &= \frac{1}{b_1 \ldots b_n} - \frac{1}{b_1 \ldots b_{n+1}} + \frac{1}{b_1 \ldots b_{n+1}} - \frac{1}{b_1 \ldots b_{n+2}} + \frac{1}{b_1 \ldots b_{n+2}} - \\ &- \frac{1}{b_1 \ldots b_{n+3}} + \cdots + \frac{1}{b_1 \ldots b_{n^*-1}} - \frac{1}{b_1 \ldots b_{n^*}} = \frac{1}{b_1 \ldots b_n} - \frac{1}{b_1 \ldots b_{n^*}} < \\ &< \frac{1}{b_1 \ldots b_n}, \end{aligned}$$

wird daher als rekursive Schwelle $\nu(m) = m + 2$ gewählt, so ist, da $b_n \geqq 2$ für $n > 1$ ist, für $n, n^* \geqq m + 2$

$$|s_n - s_{n^*}| < \frac{1}{b_1 \ldots b_{\min(n, n^*)}} \leqq \frac{1}{b_1 \ldots b_{m+2}} \leqq \frac{1}{2^{m+1}} < \frac{1}{2^m}.$$

Ferner ist aus der Definition der Koeffizienten a_n klar, dass für alle n

$$\frac{a_1}{b_1}+\cdots+\frac{a_{n+1}}{b_1\ldots b_{n+1}}+\frac{a_{n+2}}{b_1\ldots b_{n+2}}\leqq r<\frac{a_1}{b_1}+\cdots+\frac{a_{n+1}}{b_1\ldots b_{n+1}}+\frac{a_{n+2}+1}{b_1\ldots b_{n+2}}$$

gilt, und daher konvergiert diese Reihe wegen

$$\frac{1}{b_1\ldots b_{n+2}}\to 0$$

gegen r.

6. Unter diese Entwicklung gehören auch die Entwicklungen von r in einem beliebigen Zahlensystem. Gilt z. B. für alle $n>0$

$$b_n=10 \quad \text{und also} \quad a_n\leqq 9,$$

so handelt es sich um die Dezimalbruchentwicklung von r.

Aber auch die Faktoriellenentwicklung ist ein Spezialfall der erhaltenen allgemeinen Entwicklung: nämlich jener Fall, wobei für alle $n>0$

$$b_n=n \quad \text{und also} \quad a_n\leqq n-1$$

ist. Also folgt daraus, dass die Zahl r einen rekursiven Schnitt bestimmt, die Existenz einer rekursiven Faktoriellenentwicklung von r.

Demnach hat es sich herausgestellt, dass die positive, irrationale Zahl r dann und nur dann einen rekursiven Schnitt bestimmt, wenn in der Faktoriellenentwicklung von r der Koeffizient a_n eine rekursive Funktion von n ist; das ist aber nach Nr. **2** des § **11** mit der Rekursivität von

$$[rn]$$

gleichbedeutend. (Die Hinzunahme einer ganzen Zahl zu r ändert weder an der Rekursivität von $[rn]$, noch an der Bestimmung eines rekursiven Schnittes durch r etwas; deshalb konnte das Ergebnis ohne die Beschränkung $r<1$ ausgesagt werden.)

Da für positives rationales r die Funktion $[rn]$ immer rekursiv ist, und nach Nr. **4** dieses Kapitels die Behauptung, dass r einen rekursiven Schnitt bestimmt, mit der Rekursivität der Beziehung

$$m\geqq[(n+1)r]+1$$

gleichbedeutend ist, so bestimmt jedes positive rationale r einen rekursiven Schnitt (also gilt auch für jedes positive rationale r, dass es dann und nur dann einen rekursiven Schnitt bestimmt, wenn $[nr]$ rekursiv ist).

7. Im Vorangehenden wurden die Fälle eines rationalen und eines irrationalen r getrennt behandelt; wir sahen ja in Nr. **11** des § **21**, dass hier eine derartige Vorsicht am Platz ist. Dass hier die Entscheidbarkeit der Irrationalität von r eine wichtige Rolle spielt, ergibt sich auch aus Folgendem.

Sei r eine rekursive positive reelle Zahl, das heisst es soll eine rekursive Folge von positiven Rationalzahlen a_n rekursiv gegen r konvergieren; genauer sei $\nu_1(m)$ eine solche rekursive Funktion, dass für $m > 0$ und $n, n^* \geqq \nu_1(m)$

$$|a_n - a_{n^*}| < \frac{1}{m}$$

gilt.

Dieses r ist dann und nur dann irrational, wenn es zu jedem positiven Bruch $\frac{p}{q}$ ein $k > 0$ und ein N gibt, so dass für $n \geqq N$ die Entfernung jedes a_n von $\frac{p}{q}$ grösser als k ist. Wenn dies nun in einem solchen effektiven Sinn gilt, dass es solche rekursive Funktionen $\varkappa(p, q) > 0$ und $\nu_2(p, q)$ gibt, dass für alle positiven ganzen p und q aus $n \geqq \nu_2(p, q)$

$$\left| a_n - \frac{p}{q} \right| > \frac{1}{\varkappa(p, q)}$$

folgt, wenn also die rekursiv-reelle Zahl r eine in diesem Sinne „rekursiv-irrationale“ Zahl ist, dann werde ich zeigen, dass

$$[rm]$$

eine rekursive Funktion ist, und daher r einen rekursiven Schnitt bestimmt[99]) (und also ihre üblichen Entwicklungen rekursiv sind).

Nehmen wir an, dass die Bedingungen erfüllt sind; und es sei $m > 0$, ferner

$$[m \cdot a_{\nu_1(2m)}] = \gamma_m.$$

γ_m ist natürlich eine rekursive Funktion von m. Trennen wir die beiden Fälle, wobei

$$(1) \qquad 0 \leqq m \cdot a_{\nu_1(2m)} - \gamma_m \leqq \frac{1}{2}$$

und wobei

$$(2) \qquad m a_{\nu_1(2m)} - \gamma_m > \frac{1}{2} \quad \text{dass heisst} \quad 0 < \gamma_m + 1 - m \cdot a_{\nu_1(2m)} < \frac{1}{2}$$

gilt.

---

99) Péter [10] Nr. 5—6—7.

Im Fall (1) ergibt sich nach der Annahme, wenn $\nu_1(2m)$ für n^* gewählt wird, für $n \geqq \nu_1(2m)$

$$\left|a_n - a_{\nu_1(2m)}\right| < \frac{1}{2m}, \quad \text{also} \quad \left|ma_n - ma_{\nu_1(2m)}\right| < \frac{1}{2}.$$

Das ergibt zusammen mit (1), dass

$$|ma_n - \gamma_m| < 1$$

ist. Andererseits gilt nach der Annahme für $n \geqq \nu_2(\gamma_m, m)$

$$\left|a_n - \frac{\gamma_m}{m}\right| > \frac{1}{\varkappa(\gamma_m, m)}, \quad \text{also} \quad \left|ma_n - \gamma_m\right| > \frac{m}{\varkappa(\gamma_m, m)},$$

und das kann wegen der vorigen Ungleichung nur dann gelten, falls

$$k_m = \frac{m}{\varkappa(\gamma_m, m)} < 1$$

ist. Ist daher

$$n \geqq \max(\nu_1(2m), \nu_2(\gamma_m, m)),$$

so gilt

$$k_m < |ma_n - \gamma_m| < 1,$$

und demnach fällt $m \cdot a_n$ für derartige n in eines der offenen Intervalle

$$(\gamma_m - 1, \gamma_m - k_m), \qquad (\gamma_m + k_m, \gamma_m + 1)$$

(ins erste, wenn $ma_n < \gamma_m$, ins zweite, wenn $ma_n > \gamma_n$ ist). Die Entfernung des Endpunktes $\gamma_m - k_m$ des ersten Intervalls vom Anfangspunkt $\gamma_m + k_m$ des zweiten Intervalls beträgt $2k_m$. Für genügend grosses n unterscheiden sich die Glieder der Folge ma_n um weniger; ist nämlich $n, n^* \geqq \nu_1(\varkappa(\gamma_m, m))$, so ist

$$|a_n - a_{n^*}| < \frac{1}{\varkappa(\gamma_m, m)}, \quad \text{also} \quad |ma_n - ma_{n^*}| < \frac{m}{\varkappa(\gamma_m, m)} = k_m.$$

Für derart grosse Indizes können daher die Glieder der Folge $m \cdot a_n$ nur in eines der vorhin angegebenen Intervalle fallen: Ist

$$\nu_0(m) = \max(\nu_1(2m), \nu_2(\gamma_m, m), \nu_1(\varkappa(\gamma_m, m))),$$

so gilt entweder für alle $n \geqq \nu_0(m)$

$$\gamma_m + k_m < m \cdot a_n < \gamma_m + 1,$$

woraus

$$\gamma_m < m a_n < \gamma_m + 1, \quad \text{also} \quad [m a_n] = \gamma_m$$

folgt; oder es gilt für alle $n \geqq \nu_0(m)$

$$\gamma_m - 1 < m \cdot a_n < \gamma_m - k_m,$$

und folglich

$$\gamma_m - 1 < m a_n < \gamma_m, \quad \text{also} \quad [m a_n] = \gamma_m - 1.$$

Daher ist für $n \geqq \nu_0(m)$ der Wert von $[m a_n]$ jedenfalls unabhängig von n, das heisst stets derselbe, wie der zum Index $n = \nu_0(m)$ gehörige Wert; d. h. für $n \geqq \nu_0(m)$ ist

$$[m a_n] = [m a_{\nu_0(m)}].$$

Diese Folgerungen können genau so auch im Fall (2) durchgeführt werden, wenn nur für γ_m überall $\gamma_m + 1$ gesetzt wird; und das führt zu dem Ergebnis, dass mit einer bestimmten rekursiven Funktion $\nu_0'(m)$, für $n \geqq \nu_0'(m)$

$$[m a_n] = [m a_{\nu_0'(m)}]$$

gilt. Wird daher

$$\nu(m) = \max(\nu_0(m), \nu_0'(m))$$

gesetzt, so ist der Wert von $[m a_n]$ für $n \geqq \nu(m)$ in beiden Fällen unabhängig von n, und also gilt für $n \geqq \nu(m)$

$$[m a_n] = [m a_{\nu(m)}].$$

Daraus folgt aber, dass auch

$$[m r] = [m a_{\nu(m)}]$$

gilt. Es konvergiert nämlich $m a_n$ gegen $m r$, und nach unserem Ergebnis ist für $n \geqq \nu(m)$

$$m a_n = [m a_n] + r_{mn} = [m a_{\nu(m)}] + r_{mn},$$

wobei

$$0 \leqq r_{mn} < 1$$

ist. Also fällt der Grenzwert $m r$ der Folge $m a_n$ zwischen folgende Schranken:

$$[m a_{\nu(m)}] \leqq m r \leqq [m a_{\nu(m)}] + 1;$$

eine Gleichheit kann hier aber nicht bestehen, da das irrationale $m r$ keiner ganzen Zahl gleich sein kann. Also ist in der Tat

$$[mr] = [ma_{r(m)}],$$

und da $[ma_{r(m)}]$ rekursiv ist, so ist tatsächlich auch $[mr]$ rekursiv.

8. Das in der vorigen Nummer angewandte Beweisverfahren ist eine Modifizierung eines Beweisverfahrens von GOODSTEIN, durch das eine gewisse „strenge" Konvergenz der Entwicklungen in Zahlensystemen der Exponentialreihe

$$e^x = \sum_{n=0}^{\infty} \frac{x^n}{n!}$$

für rationale x bewiesen wurde.[100]) Mit der hier angewandten Modifikation des Beweises kann auch die strenge Konvergenz im Sinn von GOODSTEIN jener allgemeinen Entwicklung von e^x gezeigt werden, die in Nr. **5** dieses Kapitels behandelt wurde.

SPECKER hat — teils von gewissen Untersuchungen von GOODSTEIN[101]) angeregt — auch die Begriffe der „rekursiven reellen Funktion" und der „rekursiven Intervallenschachtelung" eingeführt, und die rekursive Erfassbarkeit der mit diesen Begriffen zusammenhängenden Sätze der Analysis untersucht.[102]) Auf diesem Gebiete sind aber die Untersuchungen erst vor kurzem in Gang gekommen: es gibt hier noch vieles zu erforschen.

---

100) GOODSTEIN [3].

101) GOODSTEIN [2].

102) SPECKER [1] Satz V. und VI.

LITERATUR

W. Ackermann [1] *Zum Hilbertschen Aufbau der reellen Zahlen.* Math. Annalen 99 (1928) S. 118—133.

[2] *Zur Wiederspruchsfreiheit der Zahlentheorie.* Math. Annalen 117 (1940) S. 162—194.

[3] *Konstruktiver Aufbau eines Abschnitts der zweiten Cantorschen Zahlenklasse.* Math. Zeitschr. 53 (1951) S. 403—413.

I. Bereczki [1] *Nem-elemi rekurziv függvény létezése.* (Die Existenz einer nicht-rekursiven Funktion.) Comptes Rendus du Premier Congrès des Mathématiciens Hongrois 1950. S. 409—417.

[2] *Lösung eines Markovschen Problems betreffs einer Ausdehnung des Begriffes der elementaren Funktion.* Acta Math. Acad. Sci. Hungaricae 3 (1952) S. 197—218.

P. Bernays [1] *Quelques points essentiels de la métamathématique.* L'Enseignement Mathématique 34 (1935) S. 70—95.

[2] *Über das Induktionschema in der rekursiven Zahlentheorie.* Kontrolliertes Denken, Untersuchungen zum Logikkalkül und zur Logik der Einzelnwissenschaften. Kommissions-Verlag K. Alber, München, (1951) S. 10—17.

W. W. Boone [1] *An extension of a result of Post.* Thirteenth meeting ot the Association for Symb. Log. Auszug im The Journ. of Symb. Log. 16 (1951) S. 137—138.

A. Church [1] *A set of postulates for the foundation of logic.* Annals of Mathematics 33 (1932) S. 346—366.

[2] *An unsolvable problem of elementary number theory.* American Journal of Math. 58 (1936) S. 345—363.

[3] *A note on the Entscheidungsproblem.* The Journ. of Symb. Log. 1 (1936) S. 40—41. *Correction* S. 101.

[4] *The constructive second number class.* Bulletin of the Am. Math. Soc. 44 (1938) S. 224—232.

[5] *On the concept of a random sequence.* Bulletin of the Am. Math. Soc. 46 (1940) S. 130—135.

A. Church and S. C. Kleene [1] *Formal definitions in the theory of ordinal numbers.* Fundamenta Mathematicae 28 (1936) S. 11—21.

P. Csillag † [1] *Eine Bemerkung zur Auflösung der eingeschachtelten Rekursion.* Acta Scient. Math. Szeged 11 (1947) S. 169—173.

H. B. Curry [1] *A formalisation of recursive arithmetic.* American Journal of Math. 63 (1941) S. 263—282.

[2] *The paradox of Kleene and Rosser.* Transactions of the Am. Math. Soc. 50 (1941) S. 454—516.

M. Davis [1] *On the theory of recursive unsolvability.* Ph. D. thesis, Princeton University (1950).

[2] *Relatively recursive functions and the extended Kleene hierarchy.* Proceedings of the International Congress of Mathematiciens, Cambridge, Mass. U. S. A. Aug. 30— Sept. 6. 1950; (1952) Vol. 1, S. 723.

[3] *Arithmetical problems and recursively enumerable predicates.* Twelfth meeting of the Association for Symb. Log. Auszug im The Journ. of Symb. Log. 15 (1950) S. 77—78; 18 (1953) S. 33—41.

[4] *Note on a conjecture of Post.* Bull. Amer. Math. Soc. 59 (1953) S. 49.

R. Dedekind [1] *Was sind und was sollen die Zahlen?* Braunschweig 1888, 1893, 1911, 1930; auch in *Gesammelte Werke* 3 (Braunschweig 1932) S. 335—391.

I. C. E. Dekker [1] *The constructivity of maximal dual ideals in certain booleen algebras.* Pacific Journ. of Mathematics 3 (1953) S. 73—101.

[2] *Two notes on recursively enumerable sets.* Proc. Amer. Math. Soc. 4 (1953) 495—501.

[3] *A theorem on hypersimple sets.* Proc. Amer. Math. Soc. 5 (1954) S. 791—796.

A. Denjoy [1] *Récurrence et antirécurrence.* C. R. Acad. Sci. Paris 229 (1949) S. 637—640.

V. K. D'etlovs [1] Нормальные алгорифмы и рекурсивные функции. (Die Normalalgorithmen und die rekursiven Funktionen.) ДАН СССР 90 (1953) S. 723—725.

R. L. Goodstein [1] *On the restricted ordinal theorem.* The Journ. of Symb. Log. 9 (1944) S. 33—41.

[2] *Function theory in an axiom-free equation calculus.* Proceedings of the London Math. Soc. (2) 48 (1945) S. 401—434.

[3] *The strong convergence of the exponential function.* Journal of the London Math. Soc. 22 (1947) S. 200—205.

[4] *Transfinite ordinals in recursive number theory.* The Journ. of Symb. Log. 12 (1947) S. 123—129.

[5] *Mean value theorems in recursive functions theory. Part I. Differential mean value theorems.* Proceeding of the London Math. Soc. Ser. 2, Band 52 (1950) S. 81—86.

[6] *The Gauss test for relative convergence.* Amer. J. Math. 72 (1950) S. 217—228.

[7] *Constructive formalism. Essays on the foundations of mathematics.* University College, Leicester, England (1951).

[8] *The foundations of mathematics.* University College, Leicester, England (1951).

[9] *Constructive formalism.* University College, Leicester, England (1951).

[10] *Permutation in recursive arithmetic.* Math. Scand. 1 (1953) S. 222—226.

[11] *A problem in recursive function theory.* The Journ. of Symb. Log. 12 (1953) S. 225—232.

[12] *The relatively exponential, logarithmic and circular functions in recursive functions theory.* Acta Mathematica 92 (1954) S. 171—190.

[13] *The recursive irrationality of π.* The Journ. of Symb. Log. 19 (1954) S. 267—274.

[14] *Logic-free formalisation of recursive arithmetic.* Math. Scand. 2 (1954) S. 247—267.

K. Gödel [1] *Über formal unentscheidbare Sätze der Principia Mathematica und verwandter Systeme I.* Monatshefte für Math. und Phys. 38 (1931) S. 173—198.

[2] *On undecidable propositions of formal mathematical systems.* Notes of lectures at the Institute for Advanced Study, 1934.

[3] *The consistency of the axiom of choice and the generalized continuum-hypothesis with the axioms of set theory.* Annals of Mathematics Studies 3 (1940); 2-te Auflage Princeton University Press, Princeton (1952).

A. Grzegorczyk [1] *Some classes of recursive functions.* Rozprawy Matematyczene IV. Warszawa (1953) S. 44.

[2] *Elementarily definable analysis.* Fund. Math. 41. (1954) S. 311—338.

[3] *Computable functionals.* Fund. Math. 42 (1955) S. 168—202.

[4] *On the definition of computable functionals.* Fund. Math. 42 (1955) S. 232—239.

[5] *Some proofs of undecidability of Arithmetic.* Fund. Math. 43 (1956).

M. Hall Jr. [1] *The word problem for semigroups with two generators.* The Journ. of Symb. Log. 14 (1949) S. 115—118.

J. Herbrand † [1] *Sur la non-contradiction de l'arithmétique.* Journal für die reine und angewandte Math. 166 (1932) S. 1—8.

D. Hilbert [1] *Über das Unendliche.* Math. Annalen 95 (1926) S. 161—190.

D. Hilbert und P. Bernays [1] *Grundlagen der Mathematik.* Berlin 1934—39.

A. Janiczak [1] *A remark concerning decidability of complete theories.* The Journal of Symb. Log. 15 (1950) S. 277—279.

[2] *Undecidability of some simple formalised theories.* Fund. Math. 40 (1953) S. 131—139.

[3] *Some remarks on partially recursive functions.* Coll. Math. 3 (1954) S. 37—38.

[4] *On the reducibility of decision problems.* Coll. Math. 3 (1954) S. 33—36.

S. Jaskowski [1] *Example of a class systems of ordinary differential equations having no decision method for existence problems.* Bull. Akad. Polon. Sci., Cl. III., Band 2 (1954) S. 155—157.

I. Kalicki [1] *An undecidable problem in the algebra of truth-tables.* The Journ. of Symb. Log. 19 (1954) S. 172—176.

L. Kalmár [1] *On the possibility of definition by recursion.* Acta Scient. Math. Szeged 9 (1940) S. 227—232.

[2] *Egyszerü példa eldönthetetlen aritmetikai problémára* (ungarisch, mit deutschem Auszug: *Ein einfaches Beispiel für ein unentscheidbares arithmetisches Problem).* Matematikai és Fizikai Lapok 50 (1943) S. 1—23.

[3] *On unsolvable mathematical problems.* Proceedings of the tenth International Congress of Philosophy, Amsterdam 1948. I. Band S. 534—536.

[4] *Eine einfache Konstruktion unentscheidbarer Sätze in formalen Systemen.* Methodos 2 (1950) S. 220—226.

[5] *Another proof of The Markov-Post theorem.* Acta Math. Hung. 3 (1952) S. 1—27.

[6] *K. Schröter egy az általános rekurziv függvény fogalmának definiciójára vonatkozó problémájának megoldása.* (Lösung eines Problems von Schröter, betreffend die Definition des Begriffes der allgemein-rekursiven Funktion.) A M. T. A. III. Oszt. Közleményei 5 (1955) S. 103—127.

[7] *Über ein Problem, betreffend die Definition des Begriffes der allgemein-rekursiven Funktion.* Zeitschr. f. Math. Logik und Grundlagen d. Math. 1 (1955) S. 93—96.

[8] *Ein direkter Beweis für die allgemein-rekursive Unlösbarkeit des Entscheidungsproblems des Prädikatenkalküls der ersten Stufe mit Identität.* Zeitschr. f. Math. Logik und Grundlagen d. Math. 2 (1956) S. 1—14.

[9] *Közvetlen bizonyítás az eldöntésproblémának általános rekurziv algoritmussal való megoldhatatlanságára.* (Direkter Beweis für die Unlösbarkeit des Entscheidungsproblems durch einen allgemein-rekursiven Algorithmus.) Erscheint demnächst im A M. T. A. III. Oszt. Közleményei.

S. C. Kleene [1] *General recursive functions of natural numbers.* Math. Annalen 112 (1936) S. 727—742.

[2] *λ-definability and recursiveness.* Duke Math. Journal 2 (1936) S. 340—353.

[3] *A note on recursive functions.* Bulletin of the Am. Math. Soc. (1936) S. 544—546.

[4] *On notation for ordinal numbers.* The Journ. of Symb. Log. 3 (1938) S. 150—155.

[5] *Recursive predicates and quantifiers.* Transactions of the Am. Math. Soc. 53 (1943) S. 41—73.

[6] *On the forms of the predicates in the theory of constructive ordinals.* American Journal of Math. 66 (1944) S. 41—58.

[7] *On the interpretation of intuitionistic number theory.* The Journ. of Symb. Log. 10 (1945) S. 109—123.

[8] *On the intuitionistic logic.* Proceedings of the tenth International Congress of

Philosophy, Amsterdam 1948. I. Band S. 185—187. Im II. Band auf S. 741—743 wurde eine *demnächst erscheinende grössere Arbeit über dieses Thema* angekündigt.

[9] *A symmetric form of Gödel's theorem.* Koninklijke Nederlandse Akademie van Wetenschappen, Proceeding of the section of sciences, 53 (1950) S. 800--802; auch Indagationes Mathematicae 12 (1950) S. 244—246.

[10] *Introduction to Metamathematics.* North-Holland Publishing Co., Amsterdam — P. Noordhoff IV. V., Groningen — van Nostrand Co., New York 1952.

[11] *Recursive functions and intuitionistic mathematics.* Proceeding of the International Congress of Mathematicians, Cambridge, Massachusetts, U. S. A , August 30—September 6, 1950. Amer. Math. Soc. Providence. 1 (1952) S. 679—685.

[12] *Arithmetical predicates and function quantifiers.* Fifteenth meeting of the Association for Symb. Log. Auszug im The Journ. of Symb. Log. 18 (1953) S. 190.

S. C. Kleene and E. L. Post [1] *The upper semi-lattice of degrees of recursive unsolvability.* Annals of Math. 59 (1954) S. 379—407.

A. V. Kuzn'ecov [1] О примитивно рекурсивных функциях большого размаха. (Über „umfangsreiche" primitiv-rekursive Funktionen.) Доклады Академии Наук СССР 71 (1950) S. 233—236.

D. Lacombe [1] *Sur le semi-réseau constitué par les degrés d'indécidabilité récursive.* C. R. Acad. Sci. Paris 239 (1954) S. 1108—1109.

E. Landau [1] *Grundlagen der Analysis.* Leipzig (1930).

S. Linial and E. L. Post [1] *Recursive unsolvability of the deducibility, Tarski's completeness and independence of axioms problems of propositional calculus.* Bull. of the Amer. Math. Soc. 55 (1949) S. 50.

P. Lorenzen [1] *Die Definition durch vollständige Induktion.* Monatshefte für Math. und Phys. 47 (1938—39) S. 356—358.

A. Markov [1] Невозможность некоторых алгорифмов в теории ассоциативных систем (Die Unmöglichkeit gewisser Algorithmen in der Theorie assoziativer Systeme.) Доклады Академии Наук СССР 55 (1947) S. 587—590; II. Teil ebenda 58 (1947) S. 353—356.

[2] О некоторых неразрешимых проблемах касающихся матриц. (Über die Unlösbarkeit gewisser Probleme für Matrices.) Доклады Академии Наук СССР 57 (1947) S. 539—542.

[3] О представлении рекурсивных функций. (Über die Darstellung rekursiver Funktionen.) Доклады Академии Наук СССР 58 (1947) S. 1891—92.

[4] О представлении рекурсивных функций. (Über die Darstellung rekursiver Funktionen.) Известия Академии Наук СССР Серия Мат. 13 (1949) 417—424.

[5] Невазможность некоторых алгорифмов в теории ассоциативных систем. (Die Unmöglichkeit gewisser Algorithmen in der Theorie associativer Systeme.) ДАН СССР 55 (1947) S. 587—590; II. Teil ebenda 58 (1947) S. 353—356.

[6] О представлении рекурсивных функций. (Über die Darstellung rekursiver Funktionen.) Изв. АН СССР, Сер. Мат., 13 (1949) S. 417—424.

[7] Теория алгорифмов. (Theorie der Algorithmen.) Comptes Rendus du Premier Congrès des Mathématiciens Hongrois 1950. S. 191—203.

[8] Теория алгорифмов. (Theorie der Algorithmen.) Труды. мат. ин.-та им. Стеклова 38 (1951) S. 176—189.

[9] Невозможность алгорифмов распознавания некоторых свойств ассоциативных систем. (Die Unmöglichkeit eines Algorithmus zum Entscheiden gewisser Eigenschaften assoziativer Systeme.) ДАН СССР 77 (1951) S. 953—956.

[10] Невозможность некоторых алгорифмов в теории ассоциативных систем. (Die Unmöglichkeit gewisser Algorithmen in der Theorie associativer Systeme.) ДАН СССР 77 (1951) S. 4—20.

[11] О некоторых неразрешимых проблемах, касающихся матриц. (Über die Unlösbarkeit gewisser Probleme für Matrices.) ДАН СССР 78 (1951) S. 1080—1092.

[12] О неразрешимых алгорифмических проблемах. (Über unlösbare algorithmische Probleme.) Мат. CS. 31 (1952) S. 34—42.

[13] О непрерывности конструктивных функцияй. (Über die Stetigkeit der konstruktiven Funktionen.) Успехи мат. наук СССР 61 (1954) S. 226—230.

W. Markwald [1] *Zur Theorie der konstruktiven Wohlordnungen.* Math. Ann. 127 (1954) S. 143—159.

[2] *Zur Eigenschaft primitiv-rekursiver Funktionen, unendlich viele Werte anzunehmen.* Fund. Math. 42 (1955) S. 168—202.

A. Mostowski [1] *On definable sets of positiv integers.* Fund. Math. 34 (1946) S. 81—112.

[2] *On a set of integers not definable by means of one-quantifier predicates.* Annales de la Soc. Polonaise de Math. 21 (1948) S. 114—119.

[3] *Sur l'interprétation geométrique et topologique des notions logiques.* Proceedings of the tenth International Congress of Philosophy, Amsterdam 1948. I. Band. S. 102—104.

[4] *A classification of logical systems.* Studia Philosophica (1951) S. 237—274.

[5] *A lemma concerning recursive functions and its applications.* Bulletin Acad. Pol. Sci. Classe III. 1 (1953) S. 277—280.

[6] *On a system of axioms which has no recursively enumerable arithmetic model.* Fund. Math. 40 (1953) S. 56—61.

[7] *A formula without recursively enumerable model.* Fund. Math. 42 (1955) S. 125—140.

[8] *Development and applications of the „projective" classification of sets of integers.* Proceeding of the International Congress of Mathematicians, Amsterdam, 1 (1954).

[9] *Contributions to the theory of definable sets and functions.* Fund. Math. 42 (1953) S. 271—275.

[10] *Examples of sets definable by means of two and three quantifiers.* Fund. Math. S. 259—270.

A. Mostowski und A. Tarski [1] *Undecidability in the arithmetic of integers and in the theory of rings.* Ebenda S. 76.

A. Mostowski gemeinsam mit A. Grzegorczyk, S. Jaśkowski, J. Łoś, S. Mazur, H. Rasiowa und R. Sikorski [1] *Der gegenwärtige Stand der Grundlagenforschung in der Mathematik.* Die Hauptreferate des 8. Polnischen Mathematikerkongresses 6—12 September 1953 in Warschau. Autorisierte Übersetzung, Deutscher Verlag der Wissenschaften, Berlin (1954) S. 11—44; *auch* **Russisch:** Успехи Мат. Наук 9 (1954) S. 3—38; **Englisch:** Rozprawy Mathematyczene 9 (1955) S. 15—63; **Polnisch:** Prace Math. 1 (1955) S. 13—55.

J. R. Myhill [1] *A complete theory of natural, rational and real numbers.* The Journ. of Symb. Log. 15 (1950) S. 185—196.

[2] *A system which can define its own truth.* Fund. Math. 37 (1950) S. 190—192.

[3] *On concept of a random sequence.* Thirteenth meeting of the Association for Symb. Log. Auszug im The Journ. of Symb. Log. 16 (1951) S. 236.

[4] *Arithmetic with creative definitions by induction.* The Journ. of Symb. Log. 18 (1953) S. 115—118.

[5] *A stumblingblock in constructive mathematic.* Fifteenth meeting of the Association for Symb. Log. Auszug im The Journ. of Symb. Log. 18 (1953) S. 190—191.

[6] *Three contributions to recursive function theory.* Actes on the XI-ete Congrès International for Philosophie 14 (1953) S. 50—59.

[7] *Criteria of constructibility for real numbers.* The Journ. of Symb. Log. 18 (1953) S. 7—10.

[8] *Creative sets.* Zeitschr. f. Math. Logik und Grundlagen d. Math. 1 (1955) S. 93—96.

[9] *A fixed-point theorem in recursion theory.* Eighteenth meeting of the Association for Symb. Log. Auszug im The Journ. of Symb. Log. 20 (1955) S. 204.

N. M. NAGORNIJ [1] К усилению теоремы приведения теории алгорифмов. (Zur Verschärfung des Reduktionssatzes in der Theorie der Algorithmen.) ДАН СССР 90 (1953) S. 341—342.

D. NELSON [1] *Recursive functions and intuitionistic number theory.* Transactions of the Am. Math. Soc. 61 (1947) S. 307—368.

[2] *Constructible falsity.* The Journ. of Symb. Log. 14 (1949) S. 16—26.

P. S. NOVIKOV [1] Об алгорифмической неразрешимости тождества. (Über die algorithmische Unlösbarkeit des Wortproblems.) ДАН СССР 85 (1952) S. 709—712.

[2] Неразрешимость проблеми сопряжённосты і в теории групп. (Über die Unlösbarkeit des Problems der Konjugiertheit in der Gruppentheorie.) Изв. АН СССР 18 (1954) S. 485—524.

G. PEANO [1] *Sul concetto di numero.* Rivista di Matematica 1 (1891) S. 1—10.

R. PÉTER (POLITZER) [1] *Rekursive Funktionen.* Verhandlungen des Internationalen Mathematiker Kongresses, Zürich 1932, II. Band S. 336—337.

[2] *Über den Zusammenhang der verschiedenen Begriffe der rekursiven Funktion.* Math. Annalen 110 (1934) S. 612—632.

[3] *Konstruktion nichtrekursiver Funktionen.* Math. Annalen 111 (1935) S. 42—60.

[4] *A rekurziv függvények elméletéhez* (ungarisch mit deutschem Auszug: *Zur Theorie der rekursiven Funktionen*). Matematikai és Fizikai Lapok 42 (1935) S. 25—49.

[5] *Über die mehrfache Rekursion.* Math. Annalen 113 (1936) S. 489—527.

[6] *Über rekursive Funktionen der zweiten Stufe.* Comptes rendus du Congrès International des Mathématiciens, Oslo 1936, II. Band S. 267.

[7] *Contribution to recursive number theory.* Acta Scient. Math., Szeged, 9 (1940) S. 233—238.

[8] *Az axiomatikus módszer korlátai* (ungarisch mit deutschem Auszug: *Die Schranken der axiomatischen Methode*). Matematikai és Fizikai Lapok 48 (1941) S. 120—143.

[9] *Mehrfache und transfinite Rekursionen.* The Journ. of Symb. Log. 15 (1950) S. 248—272.

[10] *Zum Begriff der rekursiven reellen Zahl.* Acta Scient. Math., Szeged, 12/A. Leopoldo Fejér et Frederico Riesz LXX annos natis dedicatus. (1950) S. 239—245.

[11] *Transzfinit rekurziók.* (Transfinite Rekursionen.) Comptes Rendus du Premier Congrès des Mathématiciens Hongrois 1950. S. 191—203.

[12] *Probleme der Hilbertschen Theorie der höheren Stufen von rekursiven Funktionen.* Acta Math. Acad. Sci. Hungaricae 2 (1951) S. 247—274.

[13] *Rekursive Definitionen, wobei frühere Funktionswerte von variabler Anzahl verwendet werden.* Publicationes Mathematicae, Debrecen (1953) S. 33—70.

[14] *Újabb bizonyitás arra, hogy a Csillag—Kalmár-féle elemi függvények osztálya szűkebb, mint a primitiv-rekurziveké.* (Neuer Beweis dafür, dass die Klasse der Csillag—Kalmárschen elementaren Funktionen enger ist als die Klasse der primitivrekursiven Funktionen). Mat. Lapok 5 (1954) S. 244—252.

[15] *Ein neuer Beweis für die Tatsache, das die Klasse der primitiv-rekursiven Funktionen umfassender als die Klasse der elementaren Funktionen ist.* Zeitschr. f. Math. Logik und Grundlagen der Math. 1 (1955) S. 29—36.

[16] *Die beschränkt-rekursiven Funktionen und die Ackermannsche Majorisierungsmethode.* Im dem Andenken von T. Szele gewidmeten Heft des Publicationes Mathematicae, Debrecen (1956) S. 362—375.

L. POST [1] *Finite combinatory processes.* The Journ. of Symb. Log. 1 (1936) S. 103—105.

[2] *Recursively enumerable sets of positive integers and their decision problems.* Bulletin of the Am. Math. Soc. 50 (1944) S. 284—316.

[3] *A variant of a recursively unsolvable problem.* Bulletin of the Am. Math. Soc. 52 (1946) S. 264—268.

[4] *Note on a conjecture of Skolem.* The Journ. of Symb. Log. 11 (1946) S. 73—74.

[5] *Recursive unsolvability of a problem of Thue.* The Journ. of Symb. Log. 12 (1947) S. 1—11.

[6] *Note on a relation recursion calculus.* Thirteenth meeting of the Association for Symb. Log. Auszug im The Journ. of Symb. Log. 16 (1951) S. 238.

W. Quine [1] *On decidability and completeness.* Synthese 7 (1948—49) S. 441—446.

H. G. Rice [1] *Classes of recursively enumerable sets and their decision problems.* Trans. Amer. Math. Soc. 74 (1953) S. 135—149.

[2] *Recursive real numbers.* Proc. Amer. Math. Soc. 5 (1954) S. 784—791.

J. Robinson [1] *Definability and decision problems in arithmetic.* The Journ. of Symb. Log. 14 (1949) S. 98—114.

[2] *Undecidability in the arithmetic of integers and rationals and in the theory of fields.* Ebenda S. 77.

[3] *General recursive functions.* Proceedings of the Amer. Math. Soc. 1 (1951) S. 703—718.

R. M. Robinson [1] *Primitive recursive functions.* Bulletin of the Am. Math. Soc. 53 (1947) S. 925—942.

[2] *Recursion and double recursion.* Bulletin of the Am. Math. Soc. 54 (1948) 987—993.

[3] *Undecidable rings.* Trans. of the Amer. Math. Soc. 70 (1951) S. 137—139.

B. Rosser [1] *Extensions of some theorems of Gödel and Church.* The Journ. of Symb. Log. 1 (1936) S. 87—91.

N. A. Routledge [1] *Ordinal recursion.* Proc. Cambridge Philos. Soc. 49 (1953) S. 175—182.

[2] *Concerning definable sets.* Fund. Math. 41 (1954) S. 6—11.

N. A. San'in [1] О некоторых операциях надлогико-арифметическими формулами. (Über einige Operationen, bezüglich der logisch-arithmetischen Formeln.) ДАН СССР 93 (1953) S. 779—782.

[2] О погружениях классического логико-арифметического исчисления в конструктивное логико-арифметическое исчисление. (Über die Einbettungen des klassischen logisch-arithmetischen Kalküls in den konstruktiven logisch-arithmetischen Kalkül.) ДАН СССР 94 (1954) S. 193—196.

S. Sarantapontos [1] *Quelques théorèmes relatifs à la méthode par récurrence.* Rendiconti Accademia dei Lincei, Roma (6) 20 S. 242—251 und S. 293—301.

[2] *Un théorème se rattachant à la méthode par récurrence (induction complète).* Actes Congrès Interbalk. Math., Athènes 1934, S. 261—263.

A. Schmidt [1] *Mathematische Grundlagenforschung. Enzyklopedie der mathematischen Wissenschaften mit Einschluss ihrer Anwendungen.* Band I. Algebra und Zahlentheorie, Teil 1. A. Grundlagen, Heft 1, B. G. Teubner, Leipzig (1950).

K. Schütte [1] *Eine Bemerkung über quasirekursive Funktionen.* Archiv für math. Logik und Grundlagenforschung 1 (1951) S. 63—64.

[2] *Kennzeichnung von Ordnungszahlen durch rekursiv erklärte Funktionen.* Math. Ann. 127 (1954) S. 15—32.

Th. Skolem [1] *Begründung der elementaren Arithmetik durch die rekurrierende Denkweise ohne Anwendung scheinbarer Veränderlichen mit unendlichem Ausdehnungsbereich.* Videnskapsselskapets Skrifter I. Mat-Naturv. Kl. 6 (1923) S. 3—38.

[2] *Über die Zurückführbarkeit einiger durch Rekursionen definierten Relationen auf „arithmetische".* Acta Scient. Math., Szeged, 8 (1936—37) S. 73—88.

[3] *Eine Bemerkung über die Induktionschemata in der rekursiven Zahlentheorie.* Monatshefte für Math. und Phys. 48 (1939) S. 268—276.

[4] *Einfacher Beweis der Unmöglichkeit eines allgemeinen Lösungsverfahrens für arith-*

metische Probleme. Det Kongelige Norske Videnskabers Selskab Forhandlinger 13 (1940) S. 1—4.

[5] *Remarks on recursive functions and relations.*

[6] *Some remarks on recursive arithmetic.*

[7] *A note on recursive arithmetic.*

[8] *Some remarks on the comparison between recursive functions.* Det Kongelige Norske Videnskabers Selskab Forhandlinger 17 (1944) S. 89—92, 103—106, 107—109, 126—129.

[9] *Den rekursive aritmetikk.* Norsk Mat. Tidsskrift (1946) S. 1—12.

[10] *The development of recursive arithmetic.* Dixième Congrès des Mathématiciens Scandinaves. Copenhague 1946. S. 1—16.

[11] *A remark on the Induction Schema.* Det Kongelige Norske Videnskabers Selskab 22 (1950) S. 167—170.

[12] *Sobre la naturaleza del razonamiento matemático. Considerationes sobre los fundamentos de la matemática.* Publicationes del Instituto de Matematicas „Jorge Juan", Madrid (1952).

[13] *Some considerations concerning recursive functions.* Math. Scand. 1 (1953) S. 213—221.

[14] *Some considerations concerning recursive arithmetic.* Bull. de la Soc. Math. de Belgique 6 (1953) S. 35—46.

[15] *Remarks on „Elementary" Arithmetic Functions.* Det Kongelige Norske Videnskabers Selskabs Forhandlinger 27 (1954) S. 1—6.

E. Specker [1] *Nicht konstruktiv beweisbare Sätze der Analysis.* The Journ. of Symb. Log. 14 (1949) S. 145—158.

C. Spektor [1] *Recursive well-orderings.* The Journ. of Symb. Log. 20 (1955) S. 151—163.

G. Sudan [1] *Sur le nombre transfini ω^ω.* Bulletin Math. de la Soc. Roumaine des Sciences 30 (1927) S. 1—20.

A. Tarski [1] *On essential undecidability.* Eleventh meeting of the Association for Symb. Log. Auszug im The Journ. of Symb. Log. 14 (1949) 75—76.

[2] *Undecidability of group theory.* Ebenda S. 76—77.

[3] *Undecidability of the theory of lattices and projective geometries.* Ebenda S. 78.

[4] *Undecidable theories.* (In collaboration with A. Mostowski and R. M. Robinson.) Studies in Logik and the Foundations of Mathematics. North-Holland Publishing Co., Amsterdam (1953) XI S. 38.

B. A. Trahtenbrot [1] Невозможность алгорифма для проблеми разрешимости на конечных классах. (Über die algorithmische Unlösbarkeit des Entscheidungsproblems für endliche Individuumbereiche.) ДАН СССР 70 (1950) S. 569—572.

[2] О рекурзивной отделимости. (Über die rekursive Trennbarkeit.) 88 (1953) S. 953—956.

A. M. Turing [1] *On computable numbers, with an application to the Entscheidungsproblem.* Proceedings of the London Math. Soc. (2) 42 (1937) S. 230—265. *A correction.* 43 (1937) S. 544—546.

[2] *Computability and λ-definability.* The Journ. of Symb. Log. 2 (1937) S. 153—163.

[3] *Solvable and unsolvable problems.* Sci. News (1954) No. 31. S. 7—23.

[4] *The word problems in semi-groups with cancellation.* Annals of Mathematics, Serie 2, Band 52 (1950) S. 409—505.

V. A. Uspenskij [1] Теорема Гёделя и теория алгорифмов. (Der Gödelsche Satz und die Theorie der Algorithmen.) ДАН СССР 91 (1953) S. 734—741.

R. L. Vaught [1] *Applications of the Löwenheim—Skolem—Tarski theorem to problems of completeness and decidability.* Nederl. Akad. Wetensch. Indagationes Math. 16 (1954) S. 467—472.

H. Wang [1] *Arithmetic translation of axiom systems.* Trans. Amer. Math. Soc. 71 (1951) S. 283—293.

INHALT

	Seite
Vorwort	3
Vorwort zur zweiten Auflage	5
§ 1. *Die übliche Definition von zahlentheoretischen Funktionen durch Übergang von n zu n+1*	7

1. Das Weiterzählen um 1, als eine der wichtigsten Methoden in der elementaren Zahlentheorie; auch die Definition zahlentheoretischer Funktionen kann auf diese Weise geschehen. **2.** Definition der Summe, des Produktes und der Potenz. **3.** Die arithmetische Differenz: $a \dot{-} n$. **4.** Summe und Produkt mit variabler Glieder- bzw. Faktorenzahl. **5.** Die charakteristischen Funktionen von $m > n$, $m = 0$ und $0 < m \leqq n$. Die arithmetische sign-Funktion und ihr Gegenteil: $\mathrm{sg}(n)$ und $\overline{\mathrm{sg}}(n)$. **6.** Aus mehreren Fällen „zusammengeflickte" Funktionen. **7.** Der Ausdruck von „für alle i unter einer Schranke..." und „es gibt ein i unter einer Schranke, für welches..." mit Hilfe von Σ und Π. **8.** Der arithmetische Quotient: $\left[\frac{a}{n}\right]$. **9.** Der Ausdruck vom „kleinsten i unter einer Schranke, für welches..." mit Hilfe von Σ und Π. **10.** Der Rest $\mathrm{res}(a, n)$ der Division $\frac{a}{n}$. Die charakteristische Funktion der Teilbarkeit. **11.** Teileranzahl, Teilersumme. Die charakteristische Funktion der Primzahleigenschaft. Die Anzahl der Primzahlen bis n. **12.** Der absolute Betrag einer Differenz: $|a - b|$. **13—14—15.** Verschiedene Charakterisierungen der Primzahlen. **16.** Die n-te Primzahl: $p_0 = 2$; p_n ist die $n+1$-te Primzahl. **17.** Der Exponent von p_a in der Primfaktorenzerlegung von n: $\exp_a(n)$. **18.** Die „Länge" der Primfaktorenzerlegung von n: $\mathrm{long}(n)$. **19.** Die Eulersche φ-Funktion. **20.** $\min(a, b)$ und $\max(a, b)$. **21.** Grösster gemeinsamer Teiler und kleinstes gemeinsames Vielfache zweier Zahlen. Zwei Variablen mit gleicher Rolle in einer Definition. **22.** Beispiele aus der Kombinatorik. Die Anzahl der Permutationen: $n!$. Die

Seite

Berechnung des Funktionswertes an einer gegebenen Stelle durch Rekursion. **23.** Die Definition von $\binom{n}{a}$. Beispiel einer Definition, bei der die in der Rekursion nicht teilnehmende Variable nicht unverändert bleibt. **24.** Die Definition der Folge von Fibonacci. Übergang nicht von der unmittelbar vorangehenden, sondern von gewissen vorangehenden Stellen zu späteren. **25.** Zahlentheoretische Funktionen, die von der Analysis geliefert werden. Die rekursive Definition von $[\sqrt{n}]$. Die Abweichung von der nächsten nichtgrösseren Quadratzahl: quadres (n). Die charakteristische Funktion der Quadratzahl-Eigenschaft: quad (n). **26.** Die Definition von $[e \cdot n]$ durch Rekursion. **27.** Beispiel für eine Funktion, die von der Mengenlehre geliefert wird: Anordnung der Zahlenpaare in eine Folge. Simultane Definition zweier Funktionen.

§ **2.** *Rekursive Funktionen und Beziehungen* 30

1. Der Begriff der rekursiven Funktion und seine Vorteile. **2.** Primitive Rekursion, primitiv-rekursive Funktionen. **3.** Definitionen, die vom Schema der primitiven Rekursion abweichen. **4.** Der Begriff der rekursiven und der primitiv-rekursiven Beziehung. $a > b$, $a = b$, „a ist teilbar durch b“, „a ist eine Primzahl“, „a ist eine Quadratzahl“ — als primitiv-rekursive Beziehungen. **5.** Zusammensetzungen primitiv-rekursiver Beziehungen. $\overline{B}$, als Negation von B. **6.** „B_1 und B_2“: $B_1 \& B_2$. **7.** „B_1 oder B_2“: $B_1 \vee B_2$. **8.** „Aus B_1 folgt B_2“: $B_1 \rightarrow B_2$. **9.** „Für alle i bis n ...“: $(i)\,[i \leqq n \rightarrow \ldots]$. „Es gibt ein i bis n, für welches ...“: $(Ei)\,[i \leqq n \,\&\, \ldots]$. **10.** Die „zusammengeflickte“ Definition. **11.** „Das kleinste bzw. grösste i bis n, für welches ...“: $\mu_i[i \leqq n \,\&\, \ldots]$ bzw. $\mu'_i[i \leqq n \,\&\, \ldots]$. **12.** Tabelle für die gebräuchlichsten primitiv-rekursiven Funktionen und Beziehungen.

§ **3.** *Die Wertverlaufsrekursion* 42

1. Verallgemeinerung der Definition der Folge von FIBONACCI: die allgemeine Wertverlaufsrekursion. **2.** Zurückführung der Wertverlaufsrekursion auf primitive Rekursion und Substitution.

§ **4.** *Die simultane Rekursion* 44

1. Zurückführung der simultanen Rekursion, die bei der Anordnung der Zahlenpaare in eine Folge aufgetreten ist, auf eine Wertverlaufsrekursion. **2.** Die allgemeine simultane Rekursion führt nicht über die Klasse der primitiv-rekursiven Funktionen hinaus.

§ **5.** *Rekursion, bei der für die Parameter Einsetzungen erfolgen* . . 46

1. Die „Bausteine“, die beim Aufbau der definierten Funktion

Seite

benutzt werden. **2.** Die Funktion $\psi(n, a)$, deren Werte diese Bausteine sind, kann durch eine Wertverlaufsrekursion definiert werden. **3.** Hilfssatz über die uneingeschachtelte Darstellung eingeschachtelter ψ-Werte. **4.** Die Herausholung der Werte der zu definierenden Funktion aus den Werten von $\psi(n, a)$. **5.** Die Verallgemeinerung des Ergebnisses: Rekursionen dieser Art führen nicht über die Klasse der primitiv-rekursiven Funktionen hinaus.

§ **6.** *Rekursion nach mehreren Variablen* 52
1. Die Definition von dv (m, n). Die Wertverlaufsrekursion nach der einen Variablen. **2.** Die Wertverlaufsfunktion nach der anderen Variablen. **3.** Abbau der Definition der zweiten Wertverlaufsfunktion. **4.** Mit der zweiten Wertverlaufsfunktion ist auch die erste und auch dv (m, n) primitiv-rekursiv. **5.** Allgemein führen Definitionen dieser Art nicht über die Klasse der primitiv-rekursiven Funktionen hinaus.

§ **7.** *Reduktionen* 58
1. Die Reduktion der allgemeinen Substitution auf das Einsetzen von 1. **2.** Das gelingt, weil die Substitution im Rekursionschema enthalten ist. Ihre Ausschaltung aus ihm, auf Kosten der Einführung noch eines Parameters. **3.** Die Verkleinerung der Anzahl der Parameter. **4.** Zurückführung auf ein Rekursionschema in dem höchstens zweistellige Funktionen auftreten. **5.** Die Ausschaltung der Substitution aus dem neuen Schema; jetzt schon ohne Vermehrung der Variablenanzahl. **6.** Ausschaltung des letzten Parameters. **7.** Definition der bisher unbestimmten Hilfsfunktionen $\iota, \varkappa, \lambda$. **8.** Die Zurückführung der Rekursion auf die Iteration einer einstelligen Funktion an der Stelle 0. **9.** Die Reduktion gelang auf Kosten der Vermehrung der Ausgangsfunktionen. Man hat zu zeigen, dass auch drei Ausgangsfunktionen genügen, zum Beispiel (A_2): $n+1$, $a+n$, quadres(n). **10.** Bildung der Differenz auf Grund von (A_2). **11.** Der Aufbau von $\overline{\mathrm{sg}}(n)$. **12.** Der Aufbau von $\left[\frac{n}{2}\right]$. **13.** Der Aufbau von n^2. **14.** Der Aufbau von $[\sqrt{n}]$. **15.** Die Zurückführung von $a+n$ auf $|a-n|$. **16.** Das Ergebnis: Aus drei Ausgangsfunktionen kann man alle einstellige primitiv-rekursive Funktionen durch Substitutionen und Iterationen aufbauen. Die mehrstelligen können durch blosse Verwendung von Substitutionen aus den einstelligen und aus $a+n$ aufgebaut werden. **17.** Die einstelligen primitiv-rekursiven Funktionen lassen sich aus zwei Ausgangsfunktionen, ohne Verwendung von mehrstelligen Funktionen, durch drei einfache Schemata aufbauen.

Seite

§ 8. *Elementare Funktionen* 76

1. Lässt sich nicht auch die Iteration ausschalten? Die Klasse der durch die vier Spezies definierbaren „elementaren Funktionen" enthält auch schon einen grossen Teil der in der elementaren Zahlentheorie gebräuchlichen Funktionen. **2.** Die Iteration beschleunigt das Wachsen stark. Heuristisch scheint die Iteration des Potenzierens $\psi(n, a)$, alle elementaren Funktionen zu „majorisieren". Zur genauen Untersuchung: Zu jeden n_1 und n_2 gibt es ein m, so dass $\psi(m, a)$ nicht kleiner ist als: **3.** $\psi(n_1, a) + \psi(n_2, a)$, **4.** $\psi(n_1, a) \cdot \psi(n_2, a)$, **5.** $\psi(n_1, a)^{\psi(n_2, a)}$ und **6.** $\psi(n_1, \psi(n_2, a))$. **7.** $\psi(n, a)$ majorisiert die elementaren Ausgangsfunktionen. **8.** Diese Eigenschaft vererbt sich bei Anwendung der vier Spezies und: **9.** bei Summen- oder Produktbildung. **10.** Die Iteration des Potenzierens ist primitiv-rekursiv, und führt über die Klasse der elementaren Funktionen hinaus. Eine — auch die Klasse der elementaren Funktionen enthaltende — unendliche Folge von immer umfassenderen Funktionenklassen, die insgesamt die Klasse der primitiv-rekursiven Funktionen ergeben. Der Begriff der beschränkten Rekursion.

§ 9. *Beispiel einer nicht primitiv-rekursiven zahlentheoretischen Funktion.* 86

1. Wird die Iteration des Potenzierens weiter iteriert, so ist zu erwarten, dass man zu Funktionen gelangt, die sämtliche primitiv-rekursiven Funktionen majorisieren. **2.** Die Definition einer zweistelligen Funktion $\psi(m, n)$, von der dasselbe erwartet wird. **3—4—5.** Untersuchungen über das Wachsen von $\psi(m, n)$. **6.** Der Aufbau der einstelligen primitiv-rekursiven Funktionen aus einigen Ausgangsfunktionen mit Hilfe einiger Schemata ermöglicht, dass Behauptungen über diese Funktionen ähnlich wie Behauptungen über natürliche Zahlen bewiesen werden können. **7.** Alle einstelligen primitiv-rekursiven Funktionen werden von $\psi(m, n)$ majorisiert. **8.** $\psi(m, n)$ kann nicht primitiv-rekursiv sein. **9.** Alle beliebigvielstelligen Funktionen werden von $\psi(m, n)$ majorisiert.

§ 10. *Die eingeschachtelte Rekursion* 93

1. Die eingeschachtelte mehrfache (nach mehreren Variablen verlaufende) Rekursion führt über die Klasse der primitiv-rekursiven Funktionen hinaus; die uneingeschachtelte nicht. **2.** Die beschränkte mehrfache Rekursion führt von der Klasse der primitiv-rekursiven Funktionen nicht hinaus. **3.** Auch die eingeschachtelte einfache Rekursion führt nicht über diese Klasse hinaus. **4.** Wird das eben geschilderte Verfahren auf eine mehrfache Rekursion angewandt, so gewinnt man eine Normalform mit nur einmaliger Einschachte-

Seite

lung. **5—6.** Normierung der Anfangswerte. **7.** Begriff der *in gewissen Funktionen rekursiven Funktion*. Mehrfach, genauer k-fach rekursive Funktionen und ihr Aufbau.

§ **11.** *Das Diagonalverfahren und die mehrfachen Rekursionen* . . . 101

1. Es gibt auch aus Mächtigkeitsgründen notwendigerweise nicht-primitiv-rekursive Funktionen; sogar unter den Funktionen der Form $[\tau n]$, wo τ eine nicht-negative reelle Zahl ist. **2.** Für irrationales τ ist $[\tau n]$ dann rekursiv, wenn der Koeffizient a_n einer „Faktoriellenentwicklung" von τ primitiv-rekursiv ist. Es ist entscheidend beim Beweis, dass $a_n < n-1$ über alle Grenzen vorkommt. **3.** Anwendung des Cantorschen Diagonalverfahrens auf die Folge der einstelligen primitiv-rekursiven Funktionen. **4—5.** Die effektive Abzählung dieser Funktionen mit Hilfe einer Funktion $\varphi(m, n)$. **6.** Die Definition von $\varphi(m, n)$ ist eine eingeschachtelte zweifache Rekursion; also ergibt sich wieder, dass diese über die Klasse der primitiv-rekursiven Funktionen hinausführt. **7.** Es ergibt sich daraus sogar eine nicht-primitiv-rekursive Funktion, welche keinen grösseren Wert als 1 annimmt; trotzdem ist die Majoranteneigenschaft in der Konstruktion eines solchen Beispiels wesentlich. **8.** Ähnlich als $\varphi(m, n)$ definiert man eine $r+2$-stellige Funktion, die bei geeignetem ersten Argument mit einer beliebigen $r+1$-stelligen primitiv-rekursiven Funktion identisch wird. **9.** Die Anwendung des Diagonalverfahrens auf die k-rekursiven Funktionen ergibt, dass die $k+1$-fache Rekursion über die Klasse der k-rekursiven Funktionen hinausführt.

§ **12.** *Transfinite Rekursionen* 109

1. Bei der Definition mehrstelliger Funktionen wäre es eine sehr willkürliche Abgrenzung, sich auf einfache Rekursionen zu beschränken. **2.** Bei einer k-stelligen Funktion ist die natürliche Anordnung der Stellen eine Anordnung vom Typus ω^k. **3.** Eine Anordnung der Zahlen vom Typus ω^2. **4.** Die charakteristischen Eigenschaften der „charakterisierenden Funktionen" dieser Anordnung. **5.** Die transfinite Rekursion. Beispiel einer Rekursion vom Typus ω^2. **6.** Beispiel der Berechnung eines Funktionswertes aus einem an grösserer Stelle angenommenen Funktionswert. Die Werte der durch transfinite Rekursionen definierten Funktionen lassen sich in endlich vielen Schritten berechnen. **7—8.** Die Rekursion vom Typus ω^2 kann auf eine gewöhnliche zweifache Rekursion zurückgeführt werden. Dabei wird benutzt, dass das Schema der primitiven Rekursion die definierte Funktion eindeutig bestimmt.

9. Umgekehrt: die zweifache Rekursion lässt sich auf eine einfache Rekursion vom Typus ω^2 zurückführen. **10.** Die Anordnung der Zahlen nach dem Typus ω^3; als Fortsetzung des Verfahrens: die Anordnung vom Typus ω^k und die vom Typus ω^ω. **11.** Die k-fachen gewöhnlichen und die transfiniten Rekursionen vom Typus ω^k lassen sich gegenseitig auf einander zurückführen. Auch die transfiniten mehrfachen Rekursionen sind auf transfinite einfache Rekursionen zurückführbar. **12.** Eine Eigentümlichkeit der transfiniten Rekursion: Hierbei kann auch die Definition einer einstelligen Funktion eingeschachtelt sein; und die Einschachtelungen lassen sich dabei im allgemeinen nicht auflösen. **13.** Das auf die dreistelligen mehrfach-rekursiven Funktionen angewandte Diagonalverfahren ergibt, dass die Rekursion vom Typus ω^ω über die Klasse der mehrfach-rekursiven Funktionen hinausführt.

§ **13.** *Rekursionen höherer Stufen* 126

1. Die Iteration als Funktionsfunktion. Die Auflösung der zweifachen Rekursion, welche die vom Produkt ausgehenden Iterationen liefert, auf einfache Rekursionen, wobei auch Funktionsvariablen auftreten. **2.** Die einfachste Funktionsfunktion: $V_x(n, f(x)) = f(n)$. **3.** Rekursionen und rekursive Funktionen höherer Stufen. **4.** Alle zweifachen Rekursionen der ersten Stufe lassen sich in zwei einfache Rekursionen der zweiten Stufe auflösen. **5.** Die exakte Durchführung des Beweises. **6.** Eine mehrfache Rekursion der ersten Stufe kann schrittweise auf nach immer wenigeren Variablen verlaufende Rekursionen der zweiten Stufe zurückgeführt werden. Jede mehrfach-rekursive Funktion der ersten Stufe gehört unter die 1-rekursiven Funktionen der zweiten Stufe. **7.** Darstellung der primitiv-rekursiven Funktionen der II-ten Stufe als mehrfach-rekursive Funktionen der I-ten Stufe. **8.** Eine neue Möglichkeit der eingeschachtelten Rekursion auf der II-ten Stufe. **9.** Offene Probleme.

§ **14.** *Die Normalform der mehrfachen Rekursionen* 138

1. Die Verwendung von Funktionsfunktionen ermöglicht das einheitliche Aufschreiben der verwickeltesten eingeschachtelten Rekursionen; auf diese Art wird jetzt die im § **10** versprochene Normalform der mehrfachen Rekursion hergestellt. Der aus den „Komponenten" der Rekursion aufgebaute „Substitutionsterm". **2.** Drei Forderungen an die Funktion ψ, welche die Bausteine der Definition als Werte anzunehmen hat. **3.** Die Definition von ψ mit einstweilen unbestimmtem $\varkappa(n)$. Dieses ψ genügt den bei-

Seite

den ersten Forderungen. **4.** Hilfssatz zur Auflösung von Einschachtelungen. **5.** Induktionsannahme; besteht sie, so erfüllt ψ auch die dritte Forderung, und noch mehr. **6.** Die Induktion wird zu Ende geführt; die Definition von $\varkappa(n)$. **7.** Alle mehrfachen Rekursionen lassen sich auf eine Normalform bringen, worin nur einmalige Einschachtelungen vorkommen.

§ 15. *Das „Gödelisieren" der Rekursionen von höherer Stufe* 146
1. Die Berechnung der Werte einer Funktion ψ, die durch eine Rekursion von höherer Stufe definiert wird. **2.** Eine Anordnung der Berechnung, die sich auch auf kompliziertere Fälle übertragen lässt. **3—8.** Untersuchung der bei der Berechnung angewandten formalen Schritte. **9.** Die Berechnung endet immer in endlich vielen Schritten. **10.** Konstruktion eines Wörterbuches, in dem allen verwendeten Zeichen und Zeichenfolgen Zahlen zugeordnet werden. **11—22.** Übersetzung (mit Verwendung des Wörterbuches) der formalen Schritte der Berechnung in die Sprache der Zahlen. Dabei wird in Nr. **11** $\mathrm{Sb}_n\binom{a}{b}$, in Nr. **12** $a * b$, in Nr. **17** $\mathrm{Subst}_n\binom{u, v}{m}$ definiert. **23.** Zusammenfassung der Schritte in einer Definition der ersten Stufe einer gewissen zahlentheoretischen Funktion $\gamma(n)$. Man erhält daraus ψ durch Einsetzen einer primitiv-rekursiven Funktion. **24.** Die Definition von $\gamma(n)$ ist bloss „partiell", sie scheint auch gar keine Rekursion zu sein. Trotzdem ermöglichen die Definitionsgleichungen von γ die Berechnung der Werte von ψ an beliebigen Stellen.

§ 16 *Allgemein-rekursive Funktionen* 166
1. Die Definition von $[\sqrt{n}]$ mit Hilfe der nächst *grösseren* Quadratzahl. **2.** Die Definition liefert die Funktionswerte widerspruchsfrei. **3.** Hinzufügung der Definitionsgleichungen der Hilfsfunktionen. **4.** Die Berechnung der Funktionswerte aus der vollständigen Definition; die Schritte der Berechnung. **5.** Begriff der allgemeinen Rekursion und der allgemein-rekursiven Funktion.

§ 17. *Die explizite Form der allgemein-rekursiven Funktionen* 173
1. μ_i ist allgemein-rekursiv, wenn zwar keine Schranke für i angegeben ist, aber ein i von der gewünschten Eingenschaft existiert. **2.** Partiell-rekursive Funktionen. Plan der Darstellung einer allgemein-rekursiven Funktion in expliziter Form. Das neue Wörterbuch. **3.** Die Gödel-Nummer einer Zahl. **4.** Die Auflösung der bei der Berechnung erlaubten Substitutionen in elementare Schritte.

Seite

5. Gödel-Nummern der elementaren reduzierenden Substitutionsschritte. 6. Der übriggebliebene Reduktionsschritt und die Gödel-Nummer seines Ergebnisses. 7. Zusammenfassung der Ergebnisse der Reduktionen. 8. Charakterisierung der Gödel-Nummer einer Ableitung. 9. Die Gödel-Nummer des Wertes von $\varphi(a_1, \ldots, a_r)$. 10. Die explizite Form. 11. Der Aufbau der allgemein-rekursiven Funktionen aus primitiv-rekursiven Ausgangsfunktionen mit Hilfe von zwei Operationen. Die erhaltene explizite Form ist universell. Die explizite Form der partiell-rekursiven Funktionen.

§ 18. *Möglichkeiten zur weiteren Vereinfachung der expliziten Form* . . 186

1. Die Bedingung dafür, dass eine allgemein-rekursive Funktion φ auf eine einfachere explizite Form (ohne ψ) gebracht werden kann, ist die primitive Rekursivität von $\varphi(a_1, \ldots, a_r) = m$. 2. Beispiel einer nicht-primitiv-rekursiven Funktion, für welche diese Beziehung primitiv-rekursiv ist. 3. Dabei tritt eine Art Rekursion auf, welche die Funktionswerte aus früheren Funktionswerten von nicht bestimmter, sondern variabler Anzahl aufbaut. 4. Beispiel einer allgemein-rekursiven Funktion, für welche die betrachtete Beziehung nicht primitiv-rekursiv ist. 5. Andere hierher gehörige Ergebnisse. 6. MARKOV's Beweis dafür, dass nicht alle allgemein-rekursiven Funktionen in der einfacheren expliziten Form geschrieben werden können. „Umfangsreiche" Funktionen. 7. Begriff der „universalen" ψ-Funktion. Eine notwendige Bedingung der Universal-Eingeschaft. 8. Hilfssatz zum Beweis, dass die Bedingung auch hinreichend ist. 9. Beweis des Satzes von MARKOV, dass eine „umfangsreiche" Funktion ψ für jede Variablenanzahl „universal" ist.

§ 19. *Beispiel einer nicht-allgemein-rekursiven Funktion* 199

1. Die explizite Form ermöglicht die Anwendung des Diagonalverfahrens auf die allgemein-rekursiven und auf die partiell-rekursiven Funktionen. Existenz einer partiell-rekursiven Funktion, die sich zu keiner allgemein-rekursiven Funktion erweitern lässt. 2. Kann die Diagonalfunktion in irgendeinem noch allgemeineren Sinn rekursiv, oder überhaupt berechenbar sein? Die Annahme, dass sie nicht berechenbar ist, zieht die Existenz eines wahren, jedoch unbeweisbaren Satzes nach sich.

§ 20. *Berechenbare Funktionen* 202

1. Eine Berechnung, die wiederholt und auch Anderen überlassen werden kann, kann nur mechanisch sein. Die Idee einer Maschine, welche die Berechnung ausführt. 2. Die Zeichen und Konfigura-

Seite

tionen der Maschine, die Einzelakte ihrer Tätigkeit: das Erscheinen der Funktionswerte $\varphi(0), \varphi(1), \varphi(2), \ldots$ auf der Schleife. **3.** Eine Maschine zur Berechnung von $\varphi(n) = 1$. **4—5.** Eine Maschine zur Berechnung von $\varphi(n) = n+1$. **6.** Eine Turing-Maschine ist zur Berechnung jeder allgemein-rekursiven Funktion, aber auch zur Berechnung von effektiv angegebenen reellen Zahlen fähig. **7—10.** Berechnet eine Turing-Maschine die Werte einer zahlentheoretischen Funktion $\varphi(n)$, so lassen sich die Einzelakte ihrer Tätigkeit und die Stadien ihres Zustandes mit primitiv-rekursiven Funktionen beschreiben. **11.** Die Anzahl der 1-Zeichen, die von einem 0-schreibenden Stadium an bis zum n-ten Stadium geschrieben werden, ist auch eine primitiv-rekursive Funktion von n. **12.** Schreibt die Maschine im $\xi(n)$-ten Stadium die $n+1$-te 0, so ist $\xi(n)$ allgemein-rekursiv. Daraus folgt auch die Allgemein-Rekursivität der von der Maschine berechneten Funktion. **13.** Auf diese Art kann es als plausibel hingestellt werden, dass die allgemein-rekursiven Funktionen als die im allgemeinsten Sinn berechenbaren zahlentheoretischen Funktionen angesehen werden können.

§ 21. *Geschichte und Anwendungen* 218

1. Die Geschichte der rekursiven Funktionen ist mit der Geschichte der mathematischen Grundlagenforschung eng verflochten. **2.** Aufbau der rekursiven Zahlentheorie ohne Verwendung unendlicher Mengen. **3.** Das Programm der Beweistheorie; die Brauchbarkeit der rekursiven Zahlentheorie in der Metamathematik. **4.** Das Programm von HILBERT zum Beweis der Kontinuumhypothese: Aufbau der zahlentheoretischen Funktionen durch Rekursionen immer „höherer" Art. **5.** Der Satz von GÖDEL über die Unbeweisbarkeit der Widerspruchsfreiheit mit den Mitteln des betrachteten Systems; die Methode der „Gödelisierung". **6.** Eine Methode, die sich im System der Zahlentheorie nicht formalisieren lässt: die transfinite Rekursion. **7.** Das Identifizieren der allgemeinsten berechenbaren Funktionen mit den allgemein-rekursiven Funktionen. **8.** Beispiel für ein Funktionalgleichungssystem, welches eine einzige Lösung besitzt, worin jedoch eine nicht-allgemein-rekursive Funktion auftritt. Anwendungen der Annahme von Nr. 7: **9.** in der Wahrscheinlichkeitsrechnung, **10.** in der intuitionistischen Logik (**11.** ein Beispiel aus dem Gebiet der rekursiven Funktionen erhellt, weshalb die intuitionistische Vorsicht nötig sein kann), **12.** in der Mengenlehre, **13.** bei der Charakterisierung der transfiniten Ordnungszahlen, **14.** beim Beweis der effektiven Unentscheidbarkeit

Seite

gewisser Probleme (z. B. Entscheidungsproblem, „Wortproblem“ von Halbgruppen).

§ 22. *Effektive Unentscheidbarkeit der Frage, welche Gleichungssysteme allgemein-rekursive Funktionen definieren* 235

1. Zahlen, die allgemein-rekursive Funktionen definieren (und somit Definitionsgleichungssysteme vertreten). 2. Diese Zahlen sind nicht effektiv abzählbar. Man kann nicht effektiv entscheiden, welche Zahlen allgemein-rekursive Funktionen definieren.

§ 23. *Die Frage der allgemeinen Entscheidbarkeit der arithmetischen Probleme* 238

1. Arithmetische Formeln. Die arithmetische Form der GOLDBACHschen Vermutung. 2. Die Identität $y = a^x$ ist gleichbedeutend mit der Existenz einer gewissen Folge. Die Glieder einer beliebigen endlichen Folge können als Reste der Teilung einer Zahl durch die Glieder einer arithmetischen Progression angesehen werden. 3. Auf diese Art kann $y = a^x$ auf eine arithmetische Form gebracht werden. 4. Alle primitiv-rekursiven Beziehungen sind arithmetisch. 5. Alle allgemein-rekursiven Beziehungen sind arithmetisch. 6. Auch Reduktionen mit umgekehrter Tendenz sind möglich: Das Zusammenziehen der Quantoren. 7. Es kann kein effektives allgemeines Verfahren zur Entscheidung der arithmetischen Probleme mit genau einer freien Variablen angegeben werden.

§ 24. *Ausdehnung des Begriffes der Rekursivität. Anwendungen auf die Analysis* 246

1. Die zu einer Fehlergrenze gehörige Schwellenzahl als rekursive Funktion. Effektive, rekursive Konvergenz. Rekursive Folgen von Rationalzahlen. Rekursive reelle Zahl. 2. Die Angabe einer monotonen, beschränkten, primitiv-rekursiven Folge von Rationalzahlen, mit Verwendung einer primitiv-rekursiven Funktion $\varrho(m, n)$, für welche $\mu_x[\varrho(m, x) = 0]$ nicht allgemein-rekursiv ist. 3. Diese Folge kann nicht effektiv konvergieren. 4. Nicht alle rekursiven reellen Zahlen haben eine rekursive Dezimalbruchentwicklung. Eine Zahl mit einer rekursiven Faktoriellenentwicklung bestimmt einen rekursiven Schnitt. 5. Wenn eine Zahl einen rekursiven Schnitt bestimmt, so ist sie in eine Schar von Reihen mit rekursiven Koeffizienten entwickelbar. 6. Unter diese Reihen gehört auch die Dezimal- und Faktoriellenentwicklung. 7. Ist die rekursiv-reelle Zahl r „rekursiv-irrational“, so bestimmt sie einen rekursiven Schnitt. 8. Andere Untersuchungen auf diesem Gebiet.

Literatur 261

MIX
Papier | Fördert
gute Waldnutzung
FSC® C083411

Zeitfracht Medien GmbH
Ferdinand-Jühlke-Straße 7
99095 Erfurt, Deutschland
produktsicherheit@kolibri360.de